资源环境遥感实践教程

朱秀芳 赵 祥 孙 林 编著

科学出版社

北 京

内 容 简 介

本书包括遥感数据基础操作、基本处理和专题应用三部分，共 9 章。第一部分（第 1 和 2 章）旨在指导学生在 ENVI 环境下进行常用的遥感数据的读写、显示、波段运算、裁剪、镶嵌等基本操作。第二部分（第 3~5 章）旨在加深学生对遥感数字图像基本处理方法的理论知识的理解，使学生熟悉在 ENVI 软件里进行遥感数据的校正处理、增强处理和自动分类。第三部分（第 6~9 章）从实际案例出发，围绕遥感在水资源、土地资源、大气、植被资源调查中的具体应用，综合使用遥感图像基本处理部分介绍的软件工具进行遥感指数（如水体指数、植被指数）计算、参数（如植被参数、气溶胶）反演、变化检测、生态环境（如土地退化、沙尘暴、植被长势）监测等练习，提高学生解决实际问题的思维能力和动手能力。

本书可以作为高等院校地理、遥感、生态、资源、环境、农林等相关专业本科生教材，也可作为相关专业科技工作者的参考书。

审图号：京 S（2025）045 号

图书在版编目（CIP）数据

资源环境遥感实践教程 / 朱秀芳，赵祥，孙林编著.--北京：科学出版社，2025. 8. -- ISBN 978-7-03-083017-3

Ⅰ. X87

中国国家版本馆 CIP 数据核字第 202585DH88 号

责任编辑：杨 红 程雷星 / 责任校对：杨 赛
责任印制：张 伟 / 封面设计：有道文化

科学出版社 出版
北京东黄城根北街 16 号
邮政编码：100717
http://www.sciencep.com

北京中石油彩色印刷有限责任公司印刷
科学出版社发行 各地新华书店经销

*

2025 年 8 月第 一 版　开本：787×1092　1/16
2025 年 8 月第一次印刷　印张：15 1/2
字数：355 000

定价：59.00 元
（如有印装质量问题，我社负责调换）

前　言

新时代背景下对资源与环境科学研究提出了更高的要求，研究和解决资源环境问题需要多学科的理论和方法。遥感科学与技术是支撑资源与环境宏观监测、评估与预警的现代化技术手段，提供了对整个地球表层系统进行长期、立体和实时监测的能力。与此同时，资源与环境科学的发展，拓宽了遥感的应用领域和应用深度，反过来促进了遥感观测理论、方法和技术的进一步发展和创新，使得遥感加速走向定量化、自动化、智能化。资源环境遥感是资源与环境科学同遥感科学与技术交叉融合的产物，是遥感科学与技术在资源与环境科学研究中的具体应用，同遥感科学与技术以及资源与环境科学紧密联系。

资源环境遥感课程旨在使学生能够应用遥感的理论、方法和技术去解决资源环境相关的科学问题和应用问题。该课程具有明显的应用技术学科特点，是资源环境类各专业的基础技术方法课。目前市面上还没有针对"资源环境遥感"课程的教材，多是针对遥感科学与技术相关专业的教材，如《遥感原理与应用》《遥感技术导论》《遥感概论》《遥感导论》《遥感应用分析原理与方法》等。这些教材重在介绍遥感的基本原理和遥感数据处理的基本方法，对于遥感应用的介绍篇幅很少，也很概括。本教材作者拟通过《资源环境遥感》和《资源环境遥感实践教程》两本教材，系统介绍遥感在资源环境调查、监测和评价中的应用原理、方法和技能，力求理论、实践和应用紧密结合，使学生在"学中练"、在"练中学"。

本教材为《资源环境遥感》的实践与操作篇，由朱秀芳筹划并提出大纲初稿，经编写团队讨论确定最终的大纲。全书分为遥感数据基础操作、基本处理和专题应用三部分，共9章。第一部分包括第1和2章，介绍ENVI影像处理软件的用户界面、功能模块和基于ENVI软件的遥感数据读取、浏览、显示、查看、简单的波段运算、裁剪、镶嵌、保存、输出等基本操作，以及数据文件读取、彩色合成等遥感数据图像读写。第二部分包括第3~5章，练习基于ENVI软件的遥感数字图像的校正处理（辐射校正和几何校正）、增强处理（灰度变换、直方图变换、空间域增强、频率域增强和图像运算）和自动分类（非监督分类、监督分类、面向对象的分类和混合像元分解），对应《资源环境遥感》的第6~8章。第三部分包括第6~9章，通过水体指数计算、水体提取、水质监测、水温反演、土地利用/土地覆盖变化检测、土地退化监测、云检测和分类、气溶胶监测、沙尘暴遥感监测、植被指数计算、植被参数反演、植被长势监测等一系列真实案例的操作练习，使学生掌握遥感在水资源、土地资源、大气、植被资源调查、监测和评价中的最基本应用和操作，对应《资源环境遥感》的第9~12章。其中，第6和8章由山东科技大学孙林教授撰写，第2、3和7章由北京师范大学赵祥教授撰写，第1、4、5和9章由北京师范大学朱秀芳教授撰写。全书最后由朱秀芳统稿。本教材配套的实验数据请发信至 dx@mail.sciencep.com 获取。

本教材出版得到了北京师范大学地理科学学部定量遥感本科教学团队经费的支持，特此致谢！

本书经过多次修改，但受限于学识水平，可能存在不妥之处，恳请读者批评指正。

朱秀芳

2025 年 2 月 22 日

目　录

前言
第1章　ENVI软件基本操作 ··· 1
1.1　实践目的 ··· 1
1.2　预备知识 ··· 1
1.3　实践数据 ··· 5
1.4　实践内容与步骤 ·· 6
1.4.1　数据打开和浏览 ··· 6
1.4.2　数据显示和查看 ··· 8
1.4.3　简单的波段运算 ··· 13
1.4.4　图像的裁剪与镶嵌 ··· 17
1.4.5　数据的保存与输出 ··· 26
1.5　课后练习 ··· 27
第2章　遥感数据图像读写 ··· 28
2.1　实践目的 ··· 28
2.2　预备知识 ··· 28
2.3　实践数据 ··· 29
2.4　实践内容与步骤 ·· 30
2.4.1　读取开放式数据文件 ·· 30
2.4.2　读取封装式数据文件 ·· 34
2.4.3　遥感数字图像彩色合成 ··· 36
2.5　课后练习 ··· 37
第3章　图像校正 ··· 38
3.1　实践目的 ··· 38
3.2　预备知识 ··· 38
3.3　实践数据 ··· 38
3.4　实践内容与步骤 ·· 39
3.4.1　辐射校正 ·· 39
3.4.2　几何校正 ·· 47
3.5　课后练习 ··· 50
第4章　图像增强 ··· 51
4.1　实践目的 ··· 51
4.2　预备知识 ··· 51
4.3　实践数据 ··· 52
4.4　实践内容与步骤 ·· 52

  4.4.1 灰度变换 ·· 52
  4.4.2 直方图变换 ·· 57
  4.4.3 空间域增强 ·· 58
  4.4.4 频率域增强 ·· 67
  4.4.5 图像运算 ·· 80
 4.5 课后练习 ·· 95

第 5 章 图像分类 ·· 96
 5.1 实践目的 ·· 96
 5.2 预备知识 ·· 96
 5.3 实践数据 ·· 97
 5.4 实践内容与步骤 ·· 98
  5.4.1 非监督分类 ·· 98
  5.4.2 监督分类 ·· 105
  5.4.3 面向对象的分类 ···································· 117
  5.4.4 混合像元分解 ······································ 125
 5.5 课后练习 ·· 147

第 6 章 水体遥感 ·· 148
 6.1 实践目的 ·· 148
 6.2 预备知识 ·· 148
 6.3 实践数据 ·· 149
 6.4 实践内容与步骤 ·· 149
  6.4.1 水体指数计算 ······································ 149
  6.4.2 水体提取 ·· 157
  6.4.3 水质监测 ·· 159
  6.4.4 水温反演 ·· 164
 6.5 课后练习 ·· 173

第 7 章 土地遥感 ·· 174
 7.1 实践目的 ·· 174
 7.2 预备知识 ·· 174
 7.3 实践数据 ·· 175
 7.4 实践内容与步骤 ·· 176
  7.4.1 土地利用/土地覆盖变化检测 ···················· 176
  7.4.2 土地退化监测 ······································ 184
 7.5 课后练习 ·· 191

第 8 章 大气遥感 ·· 192
 8.1 实践目的 ·· 192
 8.2 预备知识 ·· 192
 8.3 实践数据 ·· 193
 8.4 实践内容与步骤 ·· 194

		8.4.1 云检测和分类 ………………………………………………………… 194

        8.4.1 云检测和分类 ………………………………………………………… 194
        8.4.2 气溶胶监测 …………………………………………………………… 199
        8.4.3 沙尘暴遥感监测 ……………………………………………………… 212
  8.5 课后练习 ………………………………………………………………………… 221

第 9 章 植被遥感 ………………………………………………………………………… 222
  9.1 实践目的 ………………………………………………………………………… 222
  9.2 预备知识 ………………………………………………………………………… 222
  9.3 实践数据 ………………………………………………………………………… 222
  9.4 实践内容与步骤 ………………………………………………………………… 224
        9.4.1 植被指数计算 ………………………………………………………… 224
        9.4.2 植被参数反演 ………………………………………………………… 231
        9.4.3 植被长势监测 ………………………………………………………… 235
  9.5 课后练习 ………………………………………………………………………… 240

第 1 章　ENVI 软件基本操作

1.1　实　践　目　的

熟悉 ENVI 影像处理软件的用户界面和功能模块。通过实际操作数据的打开和浏览、数据的显示和查看、简单的波段运算、图像的裁剪与镶嵌以及数据的保存与输出等基本功能，进一步理解遥感数据的基本概念和特征，初步掌握 ENVI 软件的使用方法。

1.2　预　备　知　识

ENVI 是一款由美国 Exelis Visual Information Solutions 公司（现改名为 Harris Geospatial Solutions）开发和销售的专业遥感图像处理软件。ENVI 采用交互式数据语言（interactive data language，IDL）开发，提供了一系列用于处理、分析和可视化遥感数据的工具。

本教材使用的 ENVI 版本为 ENVI 5.3.1。ENVI 5.3.1 可以在 Windows、Linux 和 MacOS 操作系统上运行，可以处理包括卫星和航空遥感图像、地面观测数据、雷达数据等在内的多种类型的遥感数据。ENVI 5.3.1 还支持多种数据格式，如 TIFF、JPEG、HDF 等，使用户可以更加便捷地处理各种格式的数据。此外，ENVI 5.3.1 还提供了丰富的功能和工具，如图像处理、光谱分析、分类、变化检测、3D 可视化等，使用户可以进行深入的数据分析和处理。ENVI 5.3.1 的操作界面友好直观，用户可以通过拖拽和点击完成大部分操作。同时，ENVI 5.3.1 还提供了一系列的快捷键和菜单选项，帮助用户快速完成常用操作，提高工作效率。为了帮助用户更好地使用 ENVI 5.3.1，官方提供了大量的学习资源，包括使用手册、视频教程、示

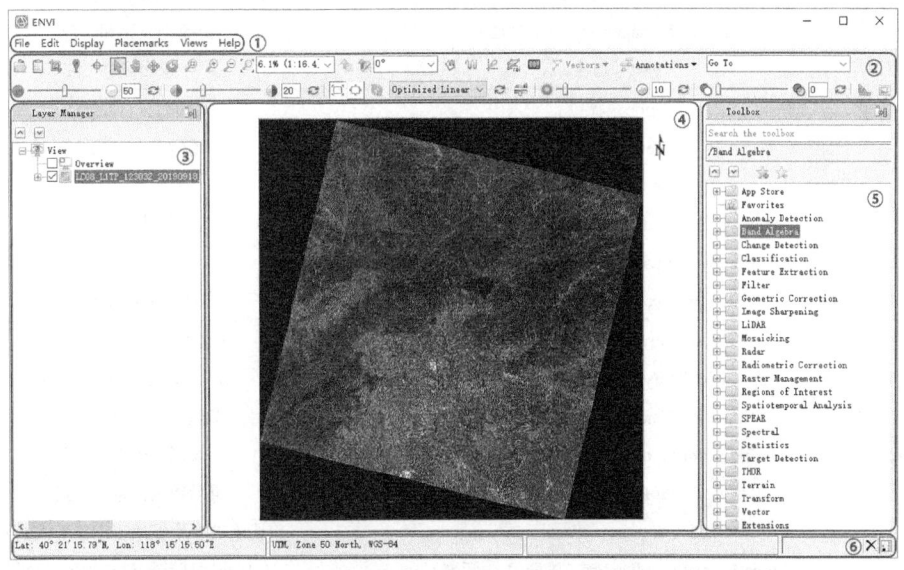

图 1-1　ENVI 5.3.1 界面
①菜单栏；②工具栏；③图层管理；④图像窗口；⑤工具箱；⑥状态栏

例数据等，用户可以通过这些资源进行自学。此外，还有一些在线论坛和社群，用户可以在这些平台上交流和分享经验，获取更多的支持和帮助。

ENVI 5.3.1 的操作界面主要由菜单栏（Menu Bar）、工具栏（Toolbar）、图层管理（Layer Manager）、图像窗口（Image Window）、工具箱（Toolbox）和状态栏（Status Bar）6 个部分组成（图 1-1）。

（1）菜单栏。菜单栏中主要包括 6 个下拉菜单，每个菜单中包含若干相关菜单命令。具体命令和功能如表 1-1 所示。

表 1-1　ENVI 5.3.1 菜单项

主菜单命令	菜单命令	功能
File（文件）	Open...（打开）	打开 ENVI 支持格式的文件
	Open As（打开特定文件）	打开特定类型的数据
	Open Recent（打开最近使用的文件）	打开最近使用的文件
	Open World Data（打开全球数据）	打开 ENVI 提供的全球矢量/栅格数据
	Open Remote Dataset...（打开远程数据）	打开 JPIP、IAS 和 OGC 等服务器上的数据
	Remote Connection Manager（远程连接管理）	管理远程连接
	New（新建）	新建一个矢量/注记图层、感兴趣区或栅格序列文件
	Views & Layers（视图/图层）	保存或加载一个视图/图层
	Save（保存）	保存文件
	Save As（另存为）	文件另存为 ENVI 支持的格式
	Chip View To（视图保存为）	截屏保存
	Export View To（视图输出为）	将视图图层输出
	Data Manager（数据管理）	管理打开的数据
	Close All Files（关闭所有文件）	关闭所有文件
	Preferences（参数设置）	对 ENVI 当前配置文件信息进行更改
	Shortcut Manager（快捷键管理）	快捷键设置和管理
	Exit（退出）	退出软件
Edit（编辑）	Undo（撤销）	撤销上一步操作
	Redo（重做）	重做上一步操作
	Rename Item...（重命名）	重命名
	Remove Selected Layer（移除选中图层）	移除选中图层
	Remove All Layers（移除所有图层）	移除所有图层
	Order Layer（更改图层顺序）	更改图层顺序
Display（显示）	Custom Stretch（自定义拉伸）	数据对比度自定义拉伸
	Spectral Library Viewer（查看光谱库）	打开、浏览、创建光谱库
	New Plot Window（新建绘图窗口）	新建 ENVI 绘图窗口
	2D Scatter Plot（绘制二维散点图）	绘制二维散点图
	Profiles（剖面）	查看数据的剖面曲线
	Band Animation（波段动画）	将图像的多个波段以动画形式显示
	Series/Animation Manager（序列/动画管理）	将时间序列数据以动画形式显示
	Full Motion Video（全动态视频）	视频播放

主菜单命令	菜单命令	功能
Display（显示）	ENVI LiDAR（ENVI 激光雷达）	LiDAR 数据的浏览、处理和分析
	Cursor Value（光标定位）	显示光标处的灰度值及地理坐标等信息
	Portal（窗口透视）	在图像窗口最上层开启可移动小窗口
	View Blend（视图渐变）	对最上面两个图层进行渐变切换显示
	View Flicker（视图闪烁）	对最上面两个图层进行闪烁切换显示
	View Swipe（视图卷帘）	对最上面两个图层进行卷帘切换显示
Placemarks（地标）	Add Placemark（添加地标）	添加一个新的地标
	Placemarks Manager（地标管理）	管理地标
Views（视图）	Create New View（新建视图）	创建一个新的视图窗口
	One View（单视图）	图像窗口中只显示一个视图
	Two Vertical Views（双垂直视图）	图像窗口中按垂直方向显示两个视图
	Two Horizontal Views（双水平视图）	图像窗口中按水平方向显示两个视图
	2×2 Views（2×2 视图）	图像窗口中显示 2×2 个视图
	3×3 Views（3×3 视图）	图像窗口中显示 3×3 个视图
	4×4 Views（4×4 视图）	图像窗口中显示 4×4 个视图
	Link Views（关联视图）	对几个视图进行地理关联
	Reference Map Link（参考地图关联）	显示与图像窗口关联的基础地图窗口
Help（帮助）	Contents（目录）	打开帮助内容
	Shortcut List（快捷键列表）	快捷键的查看和管理
	About ENVI（关于 ENVI）	关于 ENVI

注：JPIP 表示 JPEG 2000 渐进式图像协议服务器（JPEG 2000 progressive image protocol）；IAS 表示 Oracle 互联网应用服务器（Oracle internet application server）；OGC 表示开放地理空间信息联盟（Open Geospatial Consortium）。

（2）工具栏。工具栏（图 1-2）中包含了 ENVI 中的常用工具，以方便用户进行快捷操作。各项工具的详细说明如表 1-2 所示。

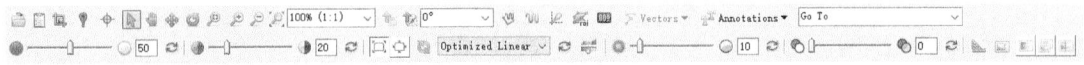

图 1-2　工具栏

表 1-2　ENVI 工具栏

模块	名称	图标	功能
数据的打开与输出	Open		打开 ENVI 支持格式的文件
	Data Manager		打开数据管理窗口
	Chip to File		截屏保存
数据值查询	Cursor Value		打开光标定位窗口
数据浏览	Select		选择
	Pan		平移
	Fly		漂移

续表

模块	名称	图标	功能
数据浏览	Rotate View		旋转视窗
	Zoom		缩放
	Fixed Zoom In		按固定比例放大
	Fixed Zoom Out		按固定比例缩小
	Zoom to Full Extent		完整显示
	Scale	100% (1:1)	比例尺
	North Up		北方向上
	Rotate To	0°	按指定角度旋转
剖面	Arbitrary Profile		任意剖面
	Spectral Profile		光谱剖面
散点图工具	Scatter Plot Tool		打开散点图工具
感兴趣区工具	Region of Interest (ROI) Tool		打开感兴趣区工具
特征计数工具	Feature Counting Tool		打开特征计数工具
矢量工具	Vectors	Vectors ▼	打开矢量工具
注记工具	Annotations	Annotations ▼	打开注记工具
定位	Go To	Go To	平移到指定经纬度
显示调节	Brightness	50	亮度调整
	Contrast	20	对比度调整
	Stretch on Full Extent		在整幅图像内拉伸
	Stretch on View Extent		在视图范围内拉伸
	Update Stretch		更新拉伸
	Stretch Type	Optimized Linear	设置拉伸类型
	Custom Stretch		自定义拉伸
	Sharpen	10	锐化度调整
	Transparency	0	透明度调整
测量工具	Mensuration		测量
图像对比显示	Portal		透视
	View Blend		渐变
	View Flicker		闪烁
	View Swipe		卷帘

（3）图层管理。图层管理面板负责管理所有在图像窗口中显示的图层，在图层上单击右键可以对该图层进行操作。

（4）图像窗口。图像窗口是图像显示的区域，最多可以分为 16 个不同的视图，每个视图都可以加载不同的图层，并且拥有独立的操作工具。

（5）工具箱。工具箱（Toolbox）（图 1-3）提供了 ENVI 软件中的主要工具，包括：异常检测（Anomaly Detection）、波段运算（Band Algebra）、变化检测（Change Detection）、图像分类（Classification）、特征提取（Feature Extraction）、滤波（Filter）、几何校正（Geometric Correction）、图像融合（Image Sharpening）、激光雷达（LiDAR）、图像镶嵌（Mosaicking）、雷达（Radar）、辐射校正（Radiometric Correction）、栅格数据管理（Raster Management）、感兴趣区（Regions of Interest）、时空分析（Spatiotemporal Analysis）、流程化工具（SPEAR）、光谱处理（Spectral）、统计（Statistics）、目标检测（Target Detection）、高光谱流程化工具（THOR）、地形（Terrain）、变换（Transform）和矢量（Vector）。

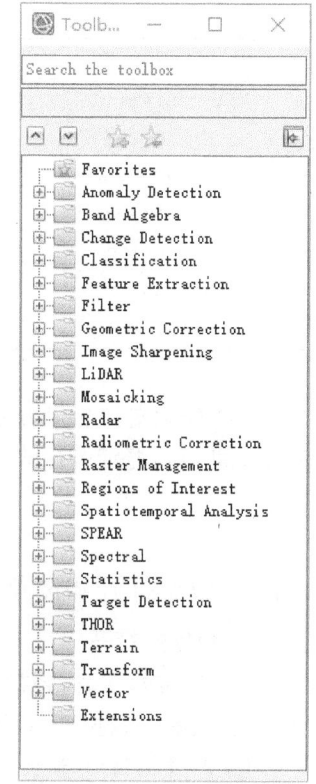

图 1-3　ENVI Toolbox

（6）状态栏。状态栏在整个界面的最下方，主要用来显示图像的投影，即光标所在位置的经纬度信息。

1.3　实　践　数　据

本章实践数据包括 Landsat 8 OLI_TIRS 卫星数字影像和研究区矢量数据。遥感影像数据由地理空间数据云网站（https://www.gscloud.cn）下载得到，分辨率为 30m×30m，云量小于 1%。数据及存放路径介绍如下。

（1）LC81230322019261LGN00：...\DATA\Chapter1\ LC81230322019261LGN00\ LC08_L1TP_123032_20190918_20190926_01_T1_...。数据获取时间为 2019 年 9 月 18 日，主要用于数据打开、查看、波段运算、影像裁剪和数据保存等操作演示。

（2）LC81220322019270LGN00：...\DATA\Chapter1\ LC81220322019270LGN00\ LC08_L1TP_122032_20190927_20191017_01_T1_...。数据获取时间为 2019 年 9 月 27 日，主要用于图像镶嵌操作演示。

（3）LC81230322020264LGN00：...\ExerciseData\Chapter1\LC81230322020264LGN00\ LC08_L1TP_123032_20200920_20201006_01_T1_...。数据获取时间为 2020 年 9 月 20 日，主要用于练习数据的打开、查看、裁剪、波段运算和保存等。

（4）LC81230332020264LGN00：...\ExerciseData\Chapter1\LC81230332020264LGN00\ LC08_L1TP_123033_20200920_20201006_01_T1_...。数据获取时间为 2020 年 9 月 20 日，主要用于练习图像镶嵌。

Landsat 8 OLI 波段信息如表 1-3 所示。

表 1-3　Landsat 8 OLI 波段信息

波段名称	波长范围/μm	分辨率/m
B1 Coastal	0.435~0.451	30
B2 Blue	0.452~0.512	30
B3 Green	0.533~0.590	30
B4 Red	0.636~0.673	30
B5 NIR	0.851~0.879	30
B6 SWIR1	1.566~1.651	30
B7 SWIR2	2.107~2.294	30

（5）矢量文件 haidian.shp：...\DATA\Chapter1\haidian\haidian.shp。从国家基础地理信息中心获取北京市海淀区行政边界矢量数据，用于影像裁剪操作演示。

1.4　实践内容与步骤

1.4.1　数据打开和浏览

1. 数据的打开

ENVI 支持多种格式数据，包括全色、多光谱、高光谱、热红外、雷达、激光雷达、地形数据、GPS 数据等。以下介绍最基本的几种数据的打开方式。

1）打开栅格/矢量数据

在菜单栏中选择【File】—【Open...】（或者在工具栏中单击【Open】按钮），打开 Open 对话框，在正确路径下选中需要打开的文件，单击打开按钮即可。本章以 Landsat 8 数据为例，选择元数据文件"_MTL.txt"打开。

2）打开特定类型的数据

对于一些特定的已知文件类型，可以通过在菜单栏中选择【File】—【Open As】，选择一个传感器或文件类型。通过这种方式打开数据要确保图像文件有正确的元数据或者辅助文件，具体支持的数据格式可以参考 ENVI 帮助文档。

3）打开最近使用的文件

在菜单栏中选择【File】—【Open Recent】打开最近使用的文件。

4）打开全球数据

在菜单栏中选择【File】—【Open World Data】即可打开 ENVI 提供的全球矢量数据和栅格数据。其中，矢量数据包括机场（Airports）、海岸线（Coastlines）、国界线（Countries）、地理线（Geographic Lines）、湖泊（Lakes）、小岛屿（Minor Islands）、人类居住区（Populated Places）、港口（Ports）、河流（Rivers）、道路（Roads）和州/省界线（States/Provinces）。栅格数据则包括地形阴影渲染图（Shaded Relief）和高程图[Elevation（GMTED2010）]。

5）打开远程数据

在菜单栏中选择【File】—【Open Remote Dataset...】，在弹出的对话框（图 1-4）中输入网址即可打开相应的远程数据。

图 1-4　Open Remote Dataset 对话框

6）数据管理

在菜单栏中选择【File】—【Data Manager】（或者在工具栏中单击【Data Manager】按钮），打开 Data Manager 窗口（图 1-5）。Data Manager 窗口从上到下主要包括工具栏、文件列表、文件信息（File Information）和波段选择（Band Selection）4 个部分。用户可以通过数据管理窗口管理所有在 ENVI 中打开的数据，选择 RGB 彩色合成显示或灰度显示，浏览数据信息以及打开/关闭数据。

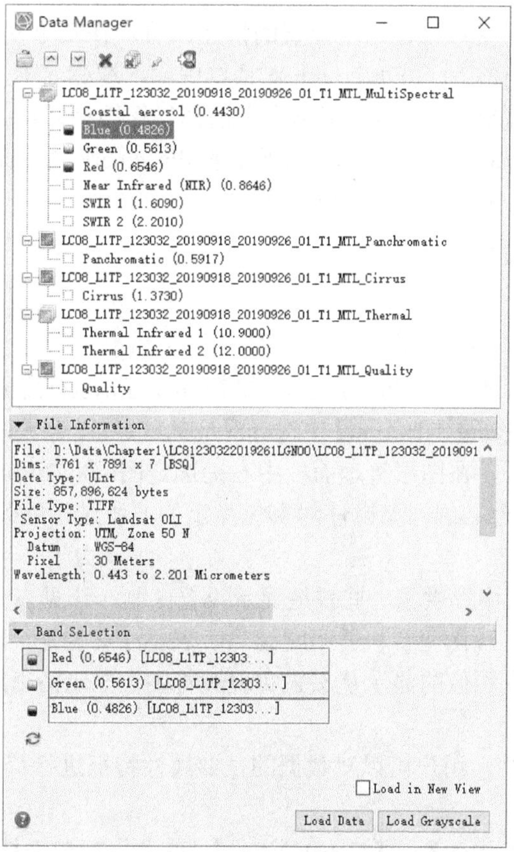

图 1-5　Data Manager 窗口

2. 数据的浏览

1）视图空间浏览

通过平移（Pan）、漂移（Fly）和定位（Go To）可以查看已加载数据的视图空间位置。在工具栏中单击【Pan】按钮，可以通过鼠标左键拖动视图浏览数据；单击【Fly】按钮，可以通过长按鼠标左键移动视图浏览数据；在 Go To 【Go To】一栏中输入经纬度，则可以将指定坐标点平移到视图中心。

2）放大和缩小

在工具栏中选择【Zoom】按钮，在图像中通过拖拽或鼠标滚轮的方式对图像进行放大或缩小；单击【Fixed Zoom In】或【Fixed Zoom Out】按钮可以将图像按固定比例放大或缩小；单击【Zoom to Full Extent】可以完整显示图像。此外，还可以通过在 100% (1:1) 【Scale】下拉菜单中选择固定显示比例的方式对图像进行缩放。

3）旋转

在工具栏中选择【Rotate View】按钮，可以通过鼠标的拖动旋转视图窗口中的图像，在 0° 【Rotate To】下拉菜单中可以自由设置旋转角度。单击【North Up】按钮则可将视图还原到北朝上。

4）地标游览

通过设置地标可以实现对标记地理位置的快速回看。在菜单栏中选择【Placemarks】—【Add Placemark】，在弹出的 New Placemark 对话框中输入地标名称，单击【OK】即可完成地标标记，需要查看时在【Placemarks】菜单栏中选择目标地标即可。此外，在菜单栏中选择【Placemarks】—【Placemarks Manager】，在弹出的 Placemarks Manager 窗口中可以对地标进行保存、导入、重命名、删除、搜索等管理操作。

1.4.2 数据显示和查看

1. 数据的显示

1）灰度/彩色显示

在数据管理窗口中（图 1-5）可以通过单击【Load Grayscale】按钮对选中的单一波段进行灰度显示，也可以在【Band Selection】中选择对应的红、绿、蓝波段，通过单击【Load Data】按钮进行彩色显示。此外，在图层管理面板中右键选定图层，在弹出的菜单中选择【Change RGB Bands...】即可按照红、绿、蓝顺序对彩色显示的波段进行更改。

2）显示设置

ENVI 5.3.1 的工具栏中提供了一些快捷显示设置工具，详见表 1-2，主要包括亮度调节、对比度调节、拉伸调节、锐化调节和透明度调节。需要注意的是，这些操作不涉及对数据本身的改变，仅是通过改变图像的显示状态来实现改善图像显示清晰度和突出特征的效果。

2. 数据的查看

在 ENVI 5.3.1 软件中，用户可以对数据的主要属性特征进行查看。

1）像元灰度值

在菜单栏中选择【Display】—【Cursor Value】（或者直接在工具栏中单击【Cursor Value】按钮），在打开的 Cursor Value 窗口（图 1-6）中查看光标所在像元的地理位置信息[地理坐标（Geo）、地图坐标（Map）、军事格网参考坐标（MGRS）、投影信息（Proj）]、文件坐标（File

以及灰度值（Data）。

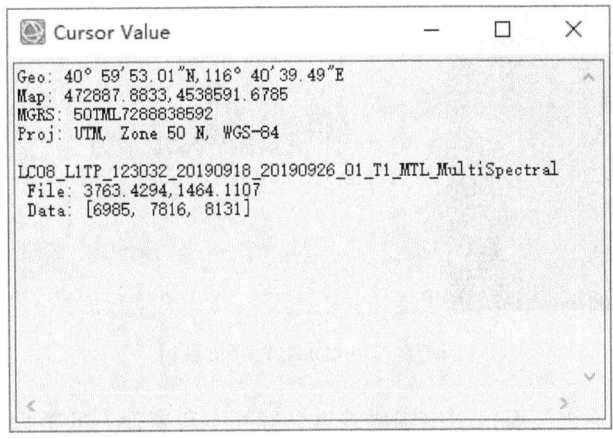

图 1-6　Cursor Value 窗口

2）剖面

ENVI 软件中可以获取的剖面包括光谱（Spectral）剖面、水平（Horizontal）剖面、垂直（Vertical）剖面以及任意（Arbitrary）剖面。

（1）光谱剖面。在 ENVI 中可以通过三种方式打开 Spectral Profile 窗口（图 1-7）：①在菜单栏中选择【Display】—【Profiles】—【Spectral】；②在图层管理面板中，右键单击选中图层，在弹出的菜单栏中选择【Profiles】—【Spectral】；③直接在工具栏中单击【Spectral Profile】按钮。

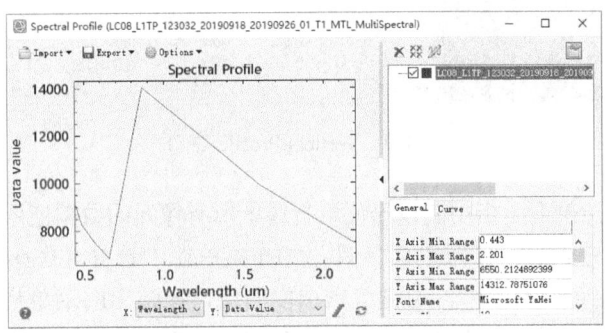

图 1-7　Spectral Profile 窗口

弹出的 Spectral Profile 窗口中默认显示图像窗口中心像元的光谱曲线，在图像窗口中通过单击鼠标左键的方式选中像元即可查看选定像元的光谱曲线。

（2）水平剖面。水平剖面是指由图像水平光标线上所有像元的数据值所构成的曲线。在菜单栏中选择【Display】—【Profiles】—【Horizontal】，即可打开 Horizontal Profile 窗口（图 1-8）。在图像窗口中单击鼠标左键可以查看任意像元全部波段在水平线上的剖面。

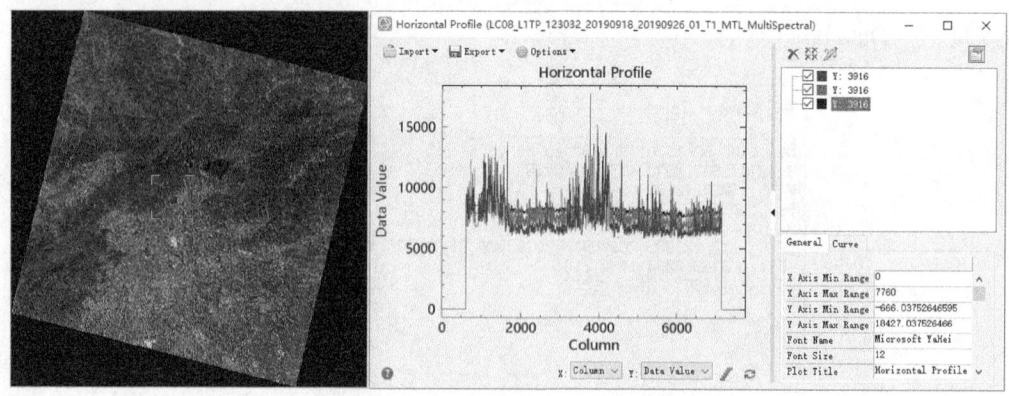

图 1-8 Horizontal Profile 窗口

（3）垂直剖面。垂直剖面是指由图像垂直光标线上所有像元的数据值所构成的曲线。在菜单栏中选择【Display】—【Profiles】—【Vertical】，即可打开 Vertical Profile 窗口（图 1-9）。在图像窗口中单击鼠标左键可以查看任意像元全部波段在垂直线上的剖面。

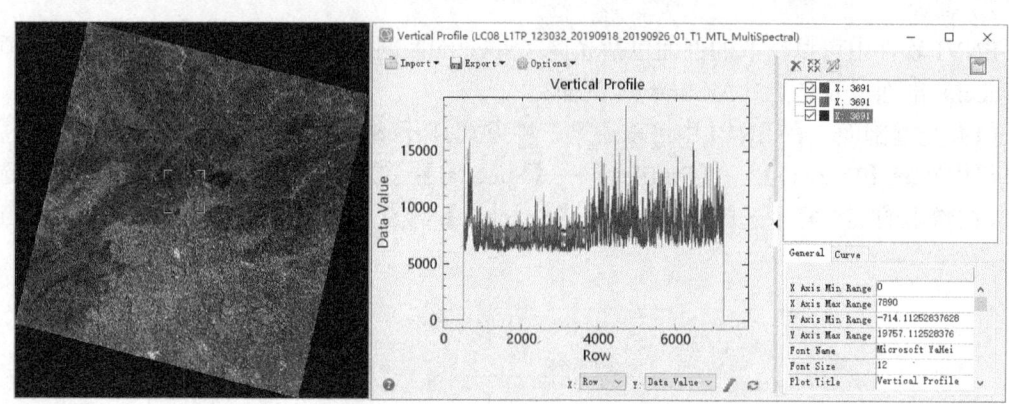

图 1-9 Vertical Profile 窗口

（4）任意剖面。任意剖面是指由图像沿任意折线上所有像元的数据值所构成的曲线。在 ENVI 中可以通过以下三种方式启动任意剖面工具：①在菜单栏中选择【Display】—【Profiles】—【Arbitrary】；②在图层管理面板中，右键单击选中图层，在弹出的菜单栏中选择【Profiles】—【Arbitrary】；③直接在工具栏中单击【Arbitrary Profile（Transect）】按钮。在图像窗口中绘制任意折线即可在弹出的 Arbitrary Profile 窗口（图 1-10）中得到沿该折线的剖面图。

3）数据统计

数据统计工具可以用来统计图像各个波段的最小值（Min）、最大值（Max）、平均值（Mean）、标准差（Standard Deviation）和直方图（Histograms）等基本统计量，也可以用来计算各波段之间的协方差（Covariance）、相关性（Correlation）、特征值（Eigenvalues）和特征向量（Eigenvectors）等。

在 ENVI Toolbox 中选择【Statistics】—【Compute Statistics】，在 Compute Statistics Input File 对话框中选中待统计的文件，单击【OK】后在弹出的 Compute Statistics Parameters 对话框（图 1-11）中勾选需要统计的参数，再次单击【OK】即可查看统计结果。

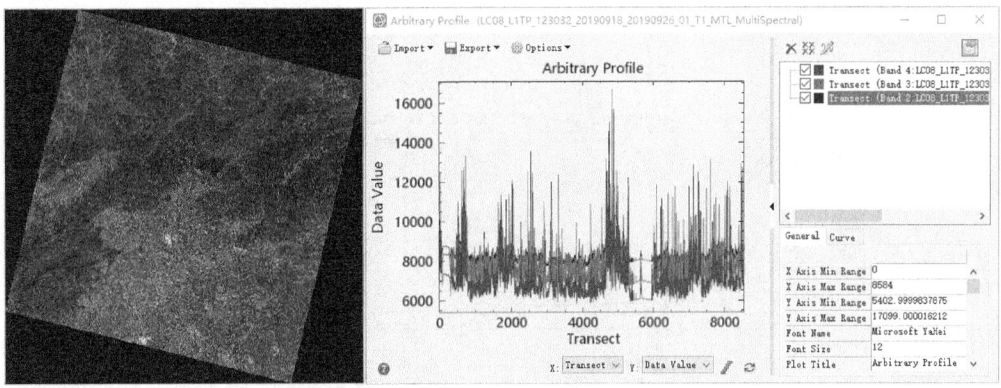

图 1-10　Arbitrary Profile 窗口

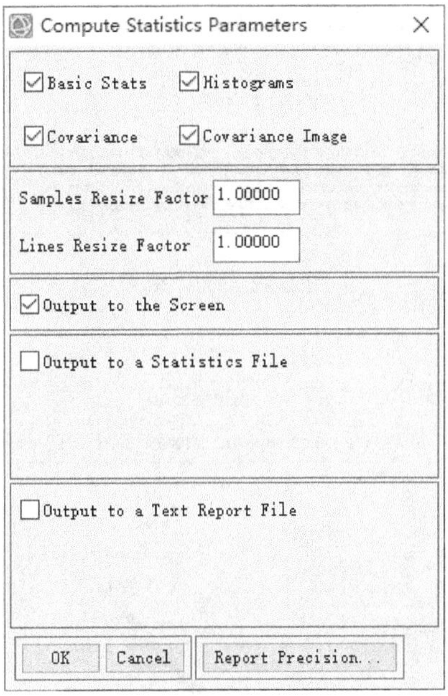

图 1-11　Compute Statistics Parameters 对话框

统计结果（图1-12）可以分为统计特征图和详细统计信息两部分。统计特征图可以通过对话框左上角的【Select Plot】下拉菜单选取显示任意统计特征图，内容主要包括各个波段的最大值、最小值、平均值、标准差、特征值和直方图。详细统计信息在对话框的下半部分显示，用户可在【Locate Stat】下拉菜单中选择优先显示的统计信息。

4）散点图

在菜单栏中选择【Display】—【2D Scatter Plot】（或者直接在工具栏中单击【Scatter Plot Tool】按钮），打开 Scatter Plot Tool 窗口（图1-13）。2D 散点图主要用于显示两个波段之间的相关性，在窗口显示的散点图中，底部和左侧的滑块和文本框均可用来设置散点图的 X 轴、Y 轴的波段，示例中以 Landsat 8 文件的第一波段和第二波段为例进行展示。

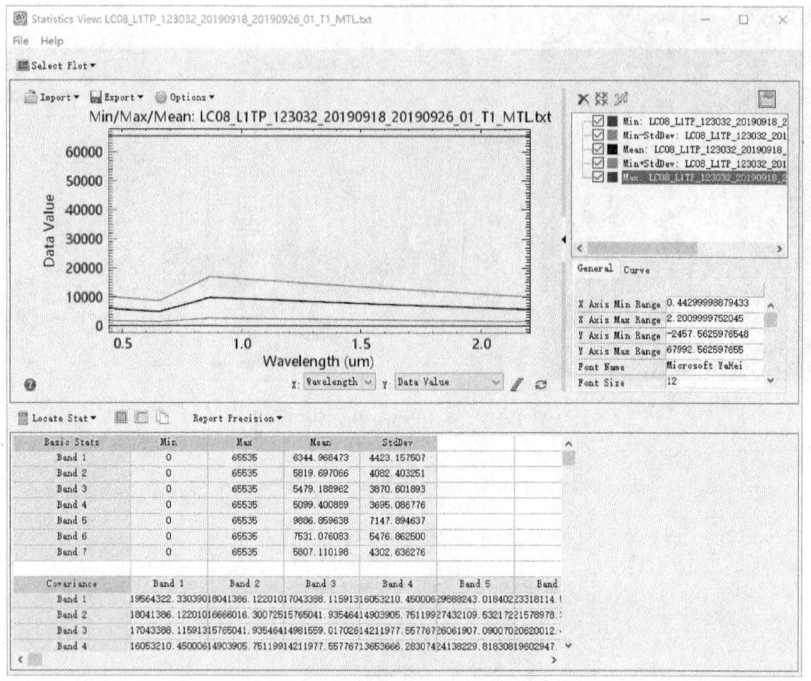

图 1-12 统计结果

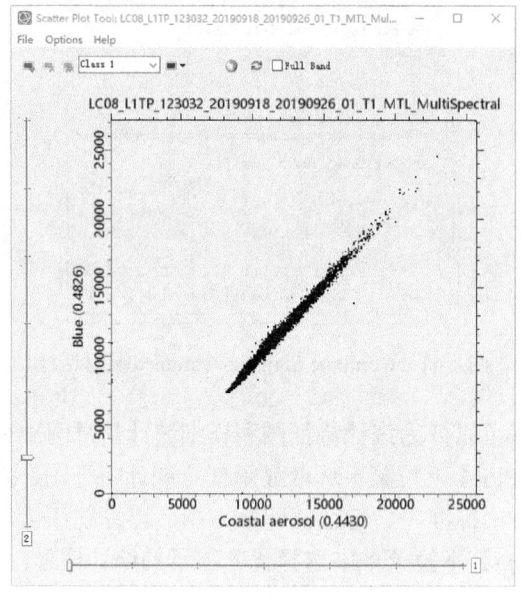

图 1-13 Scatter Plot Tool 窗口

需要注意的是，散点图中默认仅显示图像窗口中的部分像元，如需查看整幅图像的散点图，用户需要手动勾选对话框右上角的【Full Band】选项。此外，通过对话框左上角的类别定义模块还可以为散点图上不同区域的散点定义类别。

5）密度分割

密度分割，即将具有连续色调的灰度图像按一定密度范围分割为若干等级，通过分层设色显示出彩色图像的方法，主要可以起到图像视觉增强的作用。

在图像管理窗口中单击右键，选择【New Raster Color Slice】，在弹出的 File Selection 对话框中选择需要分割的波段，即可弹出 Edit Raster Color Slices: Raster Color Slice 窗口（图1-14）。在该窗口中，用户可以通过按钮命令自行定义密度分割的颜色表、颜色分割区域等设置。密度分割结果如图 1-15 所示。

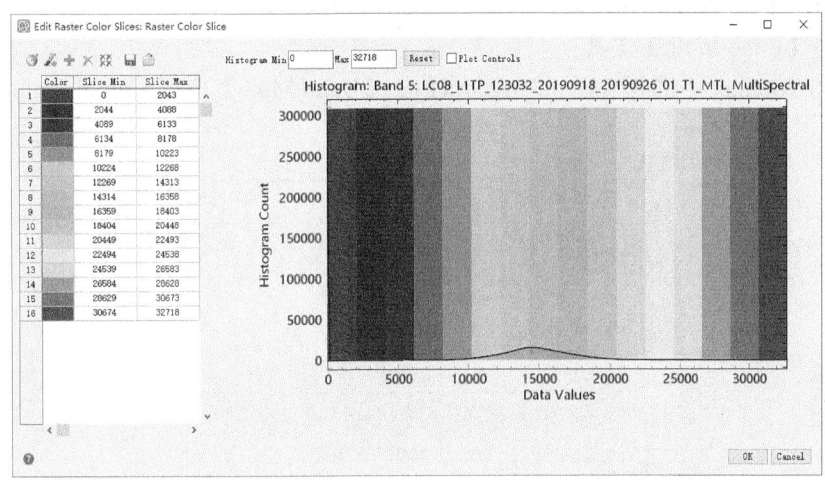

图 1-14　Edit Raster Color Slices: Raster Color Slice 窗口

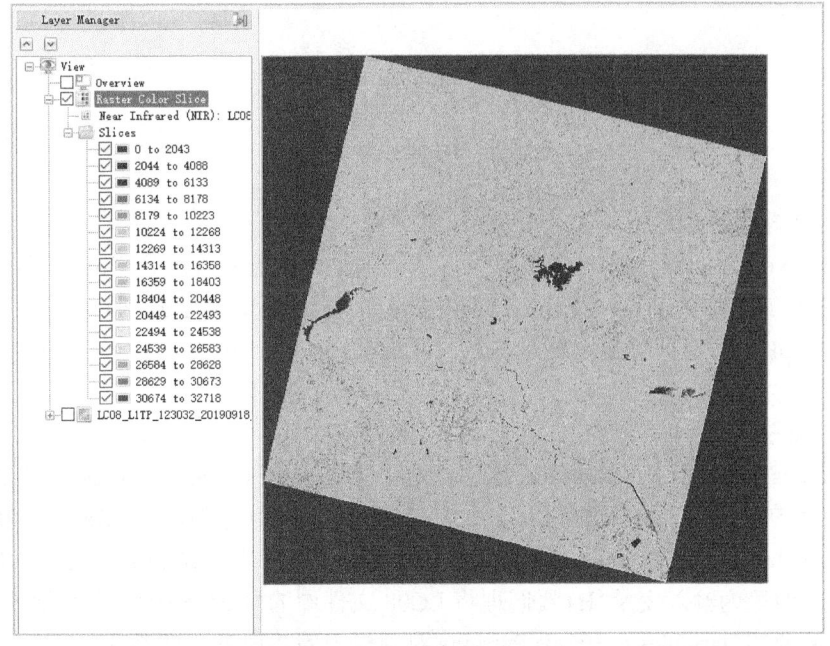

图 1-15　密度分割结果

1.4.3　简单的波段运算

波段运算【Band Math】是 ENVI 软件提供的图像处理工具之一。通过该工具用户可以自行定义图像处理算法并将其应用到已在 ENVI 打开的某个波段或整幅图像,并根据需要将运算结果写入文件或内存中。

1. 波段运算的基本操作

本节以两个波段求和为例简单介绍【Band Math】工具的使用。在使用【Band Math】工具之前首先需要将图像数据在 ENVI 中打开。下面以 Landsat 8 "Red"波段和"Near Infrared (NIR)"波段为例对波段运算的具体操作步骤进行介绍。

1) 启动【Band Math】工具

在 ENVI Toolbox 中选择【Band Algebra】—【Band Math】,打开 Band Math 对话框(图 1-16)。

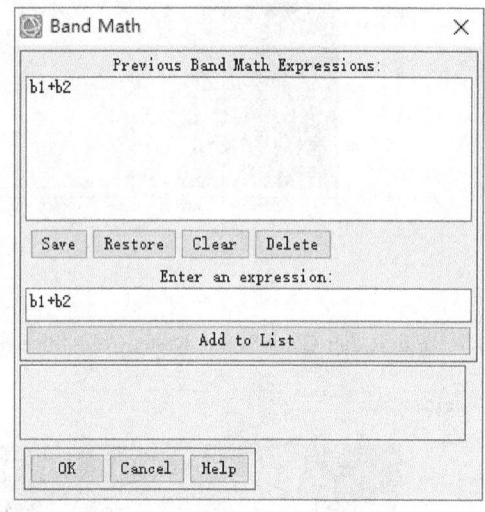

图 1-16 Band Math 对话框

2) 输入运算表达式

在 Enter an expression 文本框(运算表达式输入框)中输入表达式"b1+b2",单击【Add to List】按钮将其添加到 Previous Band Math Expression(运算表达式列表)中,单击选中表达式后单击【OK】按钮即可显示变量与波段匹配(Variables to Bands Pairings)对话框(图 1-17)。

3) 输入变量波段

在 Variables to Bands Pairings 对话框中,选中【Variables used in expression】选项框下变量"B1",然后在【Available Bands List】中选择 LC08 文件中的"Near Infrared (NIR)"波段。此时在【Variables used in expression】选项框中,变量"B1"与"Near Infrared (NIR)"对应,即设置该选中波段为输入变量"B1"。同理将 LC08 文件中的"Red"波段设置为输入变量"B2"。

以下简要介绍 Variables to Bands Pairings 对话框中的其他参数设置。

【Map Variable to Input File】:将指定的整幅图像导入为某一变量,在此不做设置。

【Spatial Subset】:设置输出图像的空间范围,这里采用默认设置"Full Scene",即对整幅图像进行处理。

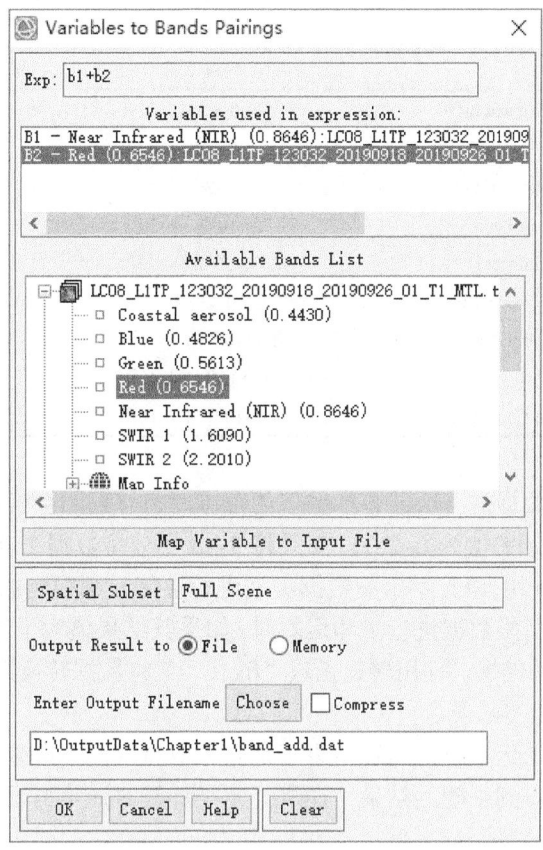

图 1-17　Variables to Bands Pairings 对话框

【Output Result to】—【File】/【Memory】：输出结果到文件/内存。当选择【Output Result to】—【File】时，单击【Enter Output Filename】右侧的【Choose】按钮可以设置输出文件的路径和输出文件名。【Compress】选项为是否压缩文件。

完成参数设置后，单击【OK】按钮即可执行波段运算操作。

此外应该注意，使用【Band Math】工具需要满足以下基本条件：波段运算表达式必须符合 IDL 语法，所有输入波段或文件必须具有相同的空间大小，表达式中的所有变量必须用"Bn"或者"bn"命名（n 表示正整数），输出结果必须与输入波段的空间大小相同。

2. 波段运算的数据类型

每种数据类型都包含一个有限的数据范围（表 1-4）。在【Band Math】工具中，表达式中的变量数据类型会根据默认规则进行动态变换，即自动提升为其在表达式中遇到的最高数据类型。因此，在运算表达式的构建过程中要特别注意数据类型是否合适，从而避免产生数据溢出或者是在处理整型除法时出现错误。

表 1-4　ENVI 数据类型及说明

数据类型	数据范围	字节数	转换函数
8-bit 字节型（Byte）	0~255	1	byte（ ）
16-bit 整型（Integer）	–32768~32767	2	fix（ ）

续表

数据类型	数据范围	字节数	转换函数
16-bit 无符号整型（Unsigned Int）	0~65535	2	unit（ ）
32-bit 长整型（Long Integer）	$-2^{31} \sim 2^{31}-1$	4	long（ ）
32-bit 无符号长整型（Unsigned Long）	$0 \sim 2^{32}-1$	4	ulong（ ）
32-bit 浮点型（Floating Point）	$-3.4 \times 10^{38} \sim 3.4 \times 10^{38}$	4	float（ ）
64-bit 整型（64-bit Integer）	$-2^{63} \sim 2^{63}-1$	8	long64（ ）
64-bit 无符号整型（Unsigned 64-bit）	$0 \sim 2^{64}-1$	8	ulong64（ ）
64-bit 双精度浮点型（Double Precision）	$-1.7 \times 10^{308} \sim 1.7 \times 10^{308}$	8	double（ ）
复数型（Complex）	$-3.4 \times 10^{38} \sim 3.4 \times 10^{38}$	8	complex（ ）
双精度复数型（Double Complex）	$-1.7 \times 10^{308} \sim 1.7 \times 10^{308}$	16	dcomplex（ ）

当一个值大于某个数据类型所能容纳的值的范围时，该值将会溢出并重新开始计算。例如，8-bit 字节型数据表示的值为 0~255，如果将 8-bit 字节型数据 250 和 10 求和，其期望结果为 260，但如果仍然采用 8-bit 字节型数据类型进行存储，则得到的实际计算结果为 4。由此可见，当两个 8-bit 字节型数据进行求和运算时，如果其结果值大于 255，直接使用"B1+B2"的表达式将会得到错误的结果。使用转换函数"fix（ ）"将数据转换为整型，如"fix（B1）+B2"，则可以有效避免此类错误。

对整型数据进行除法运算时，运算结果不是向上取整或向下取整，而是直接舍去小数点后面的数据。因此为了得到正确的结果，在进行此类计算时通常需要先将数据类型转换为浮点型，如"B1/float（B2）"。

3. 波段运算的常用函数

【Band Math】工具同样可以使用 IDL 的基本运算函数，如加减乘除等基本运算符、三角函数、关系和逻辑运算以及其他数学函数等（表 1-5），有关各种运算符和函数的详细介绍可以参阅 IDL 帮助文档。

表 1-5 波段运算基本函数

种类	操作函数
基本运算	加（+）、减（−）、乘（*）、除（/）
三角函数	正弦 sin（x）、余弦 cos（x）、正切 tan（x） 反正弦 asin（x）、反余弦 acos（x）、反正切 atan（x） 双曲正弦 sinh（x）、双曲余弦 cosh（x）、双曲正切 tanh（x）
关系和逻辑运算	关系运算符：小于（LT）、小于等于（LE）、等于（EQ）、不等于（NE）、大于等于（GE）、大于（GT） 逻辑运算符：与（&&）、或（||）、非（~） 较小值/较大值运算符：较小值运算符（<）、较大值运算符（>）
其他数学函数	指数（^）和自然指数 exp（x） 自然对数 alog（x） 以 10 为底的对数 alog10（x） 整型取整：四舍五入 round（x）、向上取整 ceil（x）、向下取整 floor（x） 平方根 sqrt（x） 绝对值 abs（x）

1.4.4 图像的裁剪与镶嵌

1. 图像裁剪

在图像处理过程中,图像裁剪通常分为空间范围裁剪和光谱裁剪。空间范围裁剪,即保留图像中感兴趣的部分,将不需要的部分去除。常见的裁剪方式是按照行政区划边界或自然区划边界进行裁剪,在基础数据的生成中有时还需要进行标准分幅裁剪。光谱裁剪则是指从多波段的图像文件中提取其中的部分波段。

以下将分别介绍基于矩形框的空间裁剪、基于 ROI 的空间裁剪、基于外部矢量数据的空间裁剪以及光谱裁剪的操作步骤。

1)基于矩形框的空间裁剪

(1)在主菜单中选择【File】—【Open...】,打开 Landsat 8 文件。

(2)在主菜单中选择【File】—【Save As】—【Save As...(ENVI, NITF, TIFF, DTED)】,打开 File Selection 对话框,在【Select Input File】列表中选择 LC08 的多光谱文件,单击【Spatial Subset...】按钮,则原始对话框右侧扩展出裁剪范围设置界面(图 1-18)。

(3)File Selection 扩展对话框的左上角提供了以下几种方法来确定裁剪部分的大小和位置:

【Use Full Extent】:裁剪范围为整幅图像;

【Use View Extent】:裁剪范围为视图显示窗口;

【Subset by Raster...】:以栅格文件为标准确定裁剪范围;

【Subset by Vector...】:以矢量文件为标准确定裁剪范围;

【Subset by ROI...】:以 ROI 文件为标准确定裁剪范围;

【Enter Map Coordinates...】:输入地图坐标进行裁剪。

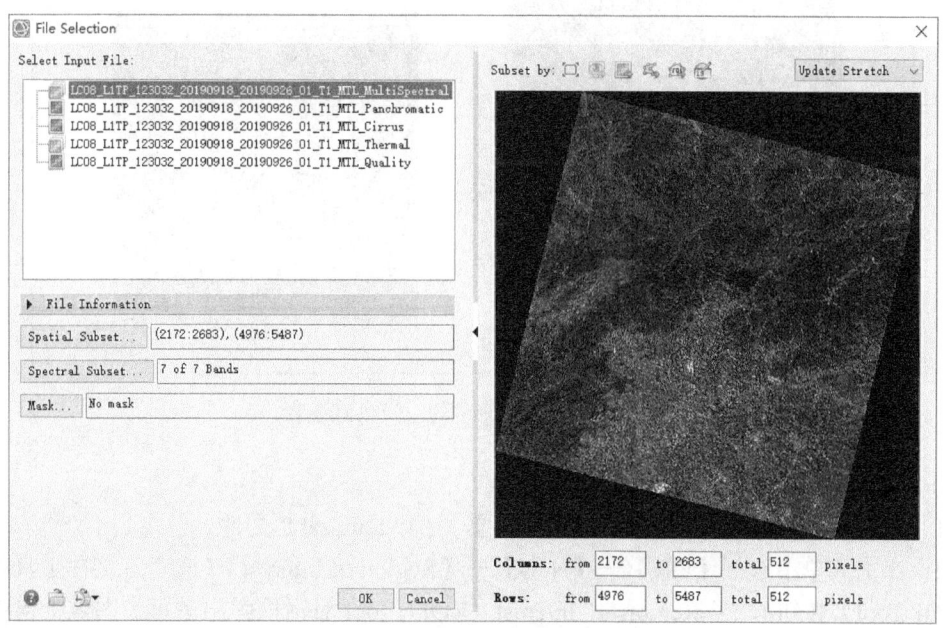

图 1-18 File Selection 扩展对话框

应当注意的是，上述裁剪结果均为矩形，如果作为标准的文件为不规则图形，则裁剪结果是该图形的最小外接矩形。此外，用户还可以通过鼠标左键拖拽的方式在 File Selection 扩展对话框的图像上自行定义裁剪范围；在 Columns 和 Rows 文本框中输入起止行列号也可以对图像裁剪的大小和位置进行设置。

（4）单击【OK】按钮打开 Save File As Parameters 对话框，设置裁剪后图像的输出格式、路径及文件名。选中【Display result】（显示结果），单击【OK】即可完成图像的裁剪操作（图 1-19）。

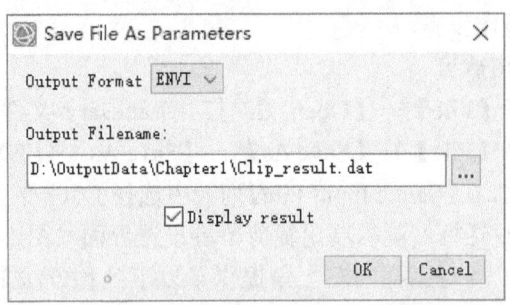

图 1-19　Save File As Parameters 对话框

裁剪结果如图 1-20 所示。

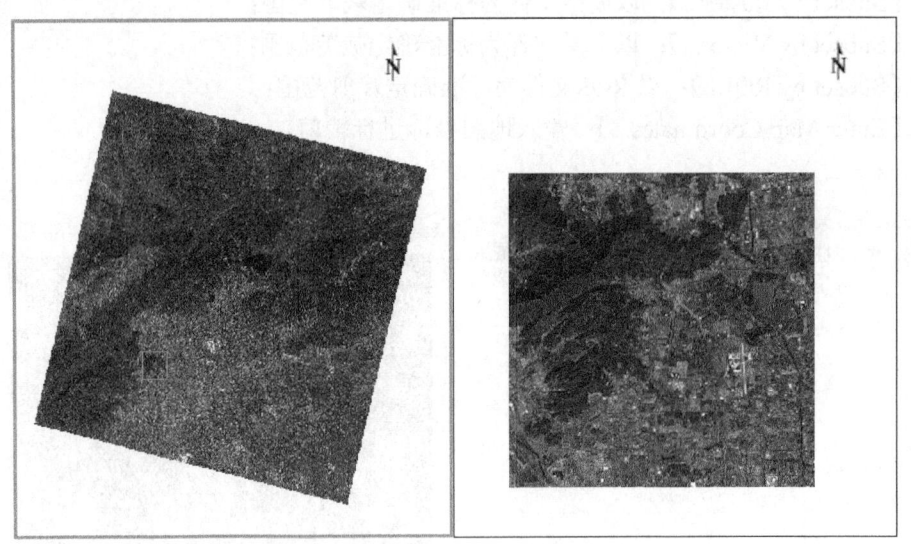

图 1-20　基于矩形框的空间裁剪结果

2）基于 ROI 的空间裁剪

（1）在主菜单中选择【File】—【Open...】，打开 Landsat 8 文件。

（2）在主菜单中选择【File】—【New】—【Region of Interest】（或者直接在工具栏中单击【ROI Tool】按钮），当 Region of Interest（ROI）Tool 对话框弹出后可在图像上自由绘制多边形（图 1-21），双击鼠标左键结束绘制。

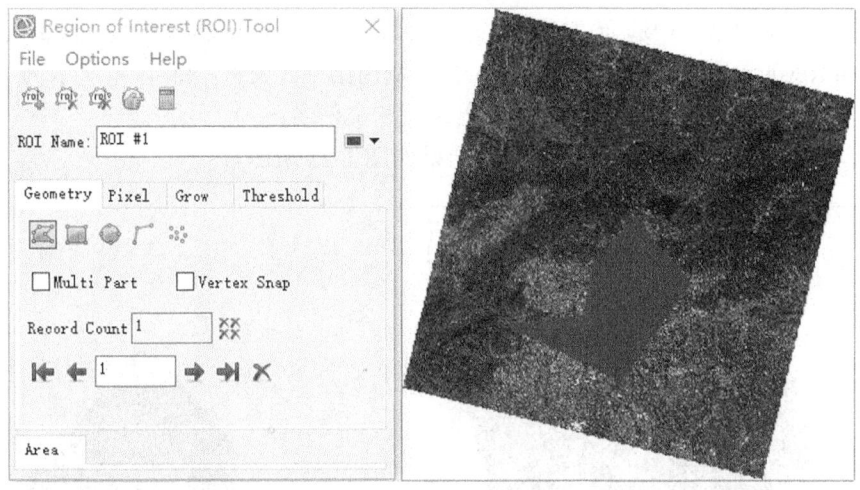

图 1-21　绘制多边形 ROI

（3）在 ENVI Toolbox 中选择【Regions of Interest】—【Subset Data from ROIs】，在弹出的 Select Input File to Subset via ROI 对话框中选中 Landsat 8 文件，单击【OK】后弹出 Spatial Subset via ROI Parameters 对话框（图 1-22）。裁剪参数设置如下。

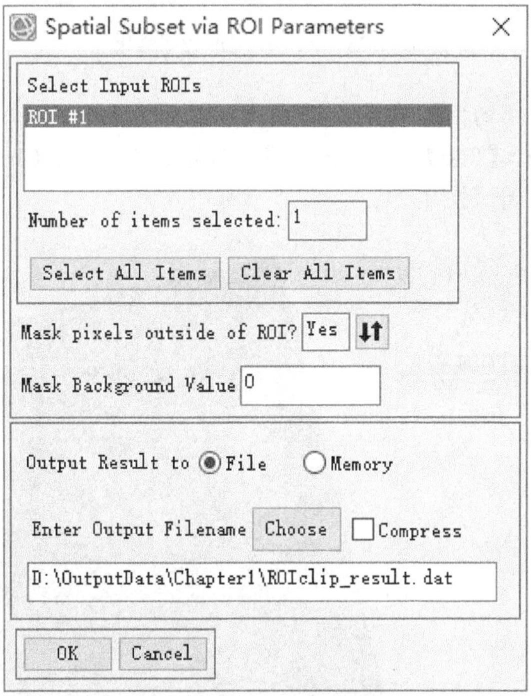

图 1-22　Spatial Subset via ROI Parameters 对话框

【Select Input ROIs】：选中绘制的多边形 "ROI #1"。

【Mask pixels outside of ROI】：设置感兴趣区外的区域是否覆盖。若选择 "No"，则输出范围是 ROI 的最小外接矩形；若选择 "Yes"，则输出范围是 ROI 本身，外部的区域会被设置为指定背景值。本次示例中选择"Yes",并将背景值【Mask Background Value】设置为 0。

【Output Result to】—【File】/【Memory】:输出结果到文件/内存。本次示例中选择输出到文件。【Enter Output Filename】:设置输出路径和文件名。

(4)单击【OK】按钮完成裁剪,裁剪结果如图 1-23 所示。

图 1-23　ROI 多边形裁剪结果

3)基于外部矢量数据的空间裁剪

(1)在主菜单中选择【File】—【Open...】,浏览至"...\Data\Chapter1\haidian"文件夹,选中"haidian.shp"并打开(图 1-24)。

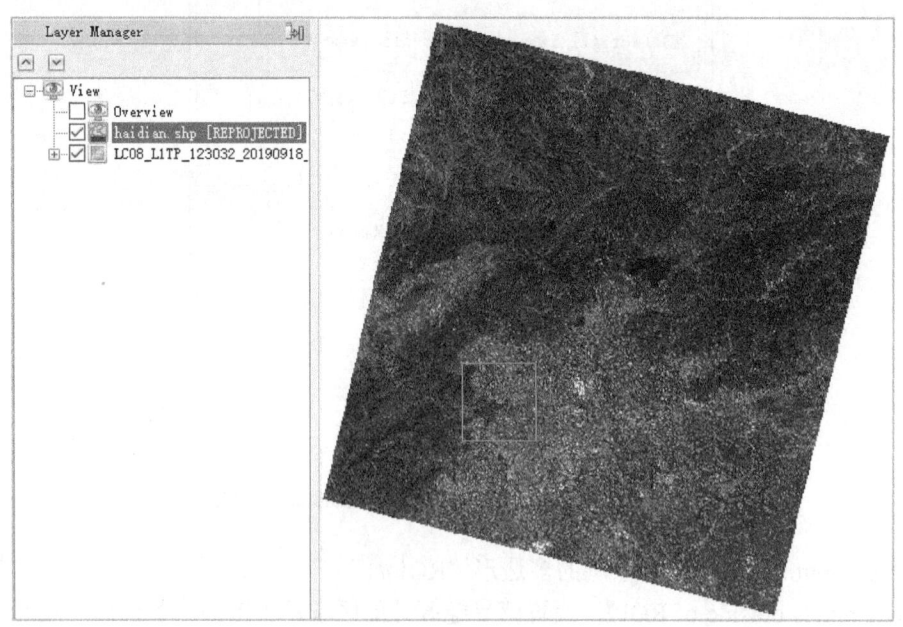

图 1-24　打开矢量文件

（2）在 Toolbox 中选择【Regions of Interest】—【Subset Data from ROIs】，在 Select Input File to Subset via ROI 对话框中选中 Landsat 8 文件，单击【OK】打开 Spatial Subset via ROI Parameters 对话框。在【Select Input ROIs】列表中选择 "EVF: haidian.shp"，其他参数设置与基于 ROI 的空间裁剪相同（图 1-25）。

裁剪结果如图 1-26 所示。

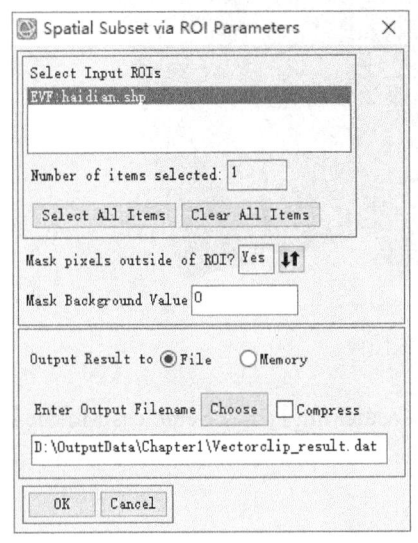

图 1-25　Spatial Subset via ROI Parameters 对话框

图 1-26　矢量文件裁剪结果

4）光谱裁剪

（1）在主菜单中选择【File】—【Open...】，打开 Landsat 8 文件。

（2）在主菜单中选择【File】—【Save As】—【Save As...（ENVI, NITF, TIFF, DTED）】，打开 File Selection 对话框，在【Select Input File】列表中选择 LC08 多光谱文件，单击【Spectral Subset...】按钮，打开 Spectral Subset 对话框（图 1-27）。

（3）在【Select Bands to Subset】列表中选择需要提取的波段（这里以第三波段为例），单击【OK】按钮。

（4）在 Save File As Parameters 对话框中设置输出文件的格式、路径及文件名。

2. 图像镶嵌

图像镶嵌是指在一定数学基础控制下，把多景相邻遥感影像拼接成一个大范围、无缝的图像的过程。一般包括图像拼接、色调调整、去重叠等过程。从 ENVI 5.1 版本开始，ENVI 提供了全新的影像无缝镶嵌工具 Seamless Mosaic，所有功能集成在一个流程化的界面，主要处理步骤包括：加载数据、色彩调整、接边线与羽化、输出结果。此处以 "LC81230322019261LGN00" 和 "LC81220322019270LGN00" 为示例数据介绍图像镶嵌的基本操作流程。

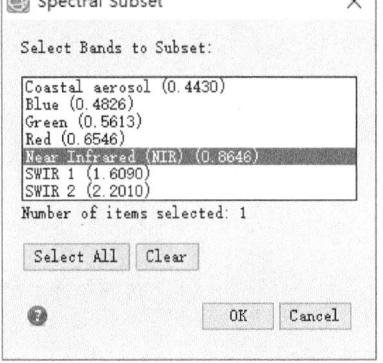

图 1-27　Spectral Subset 对话框

(1) 打开待镶嵌图像：在主菜单中选择【File】—【Open...】，打开待镶嵌图像（图 1-28）。

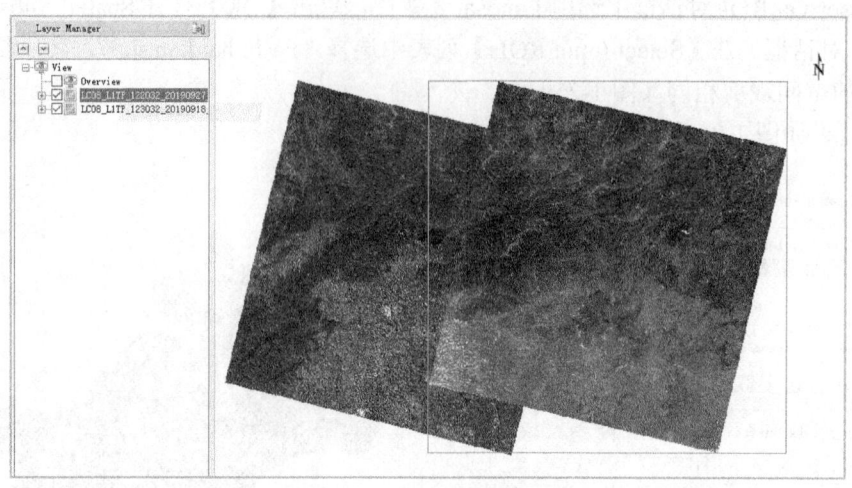

图 1-28　导入待镶嵌图像

(2) 启动无缝镶嵌工具：在 Toolbox 中选择【Mosaicking】—【Seamless Mosaic】，打开 Seamless Mosaic 对话框（图 1-29）。

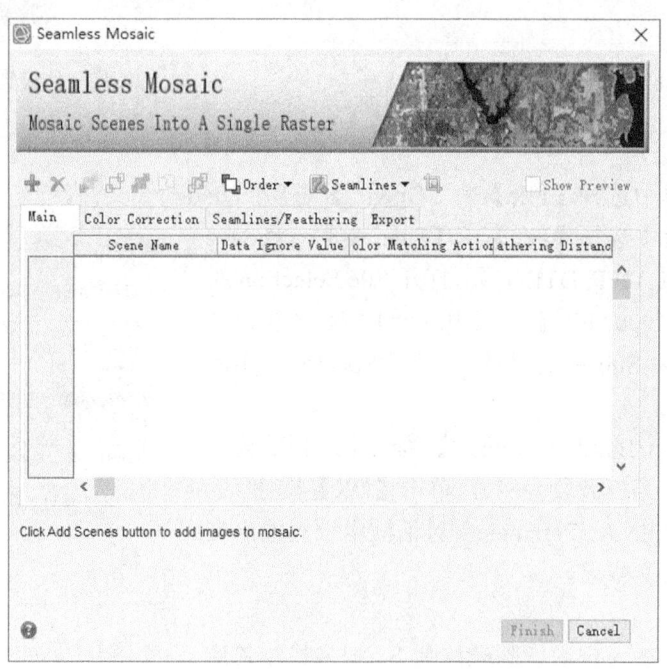

图 1-29　Seamless Mosaic 对话框

(3) 加载待镶嵌图像：单击对话框左上角的 ➕【Add Scenes】按钮，在弹出的 File Selection 对话框中选择待镶嵌图像"LC08_L1TP_123032_20190918..."和"LC08_L1TP_122032_20190927..."，单击【OK】按钮完成加载。在对话框中勾选【Show Preview】可显示预览。

（4）色彩调整：在【Color Correction】选项卡中勾选【Histogram Matching】（直方图匹配）。其中，有两种匹配方式可供选择：【Overlap Area Only】，仅根据重叠区域构建直方图匹配关系；【Entire Scene】，根据图像整体构建直方图匹配关系。本次示例中选择【Entire Scene】，如图1-30所示。在【Main】选项卡中，通过对 Color Matching Action 的调整，可以设置色彩匹配的基准图层（Reference）和校正图层（Adjust），本次示例中选择"LC08_L1TP_123032_20190918..."为基准图层，"LC08_L1TP_122032_20190927..."为校正图层，如图1-31所示。

图1-30 Color Correction 参数设置

（5）拼接线设置：在【Seamlines】下拉菜单中选择"Auto Generate Seamlines"，自动生成拼接线。由于自动生成的拼接线多为重叠区域对角线方向的规整折线，拼接线两侧的地物常常会产生颜色差异，导致镶嵌效果较差。通过【Seamlines】下拉菜单中的"Start Editing Seamlines"选项可以手动编辑拼接线。【Seamlines/Feathering】选项卡中参数设置如下（图1-32）。

【Seamlines】：勾选【Apply Seamlines】，应用拼接线。

【Feathering】：羽化设置。可以选择【None】（无羽化）、【Edge Feathering】（边缘羽化）和【Seamline Feathering】（拼接线羽化），并在【Main】菜单中的 Feathering Distance（Pixels）选项中设置羽化范围。本案例中选择拼接线羽化，并将羽化范围设置为500个像元。

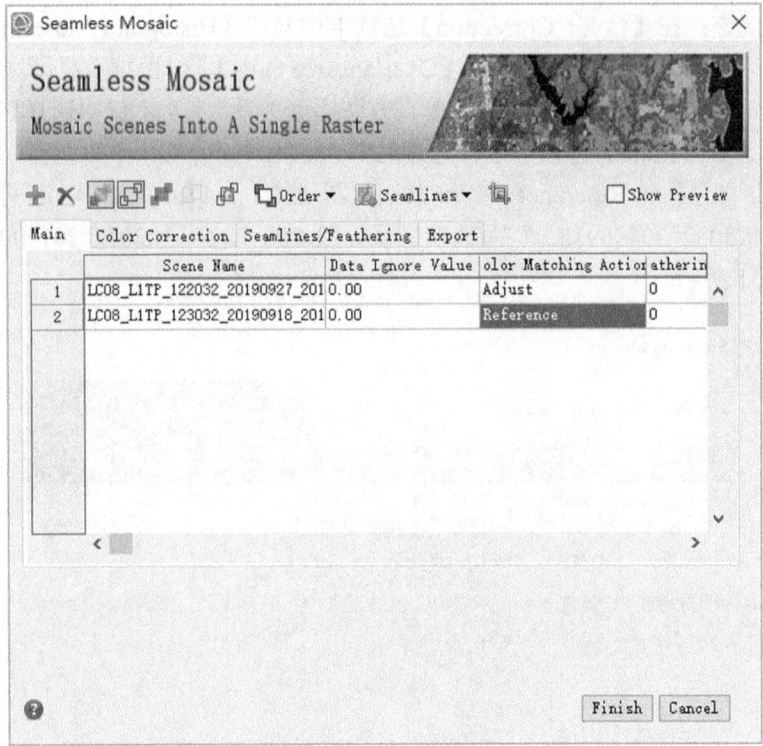

图 1-31　Main 参数设置

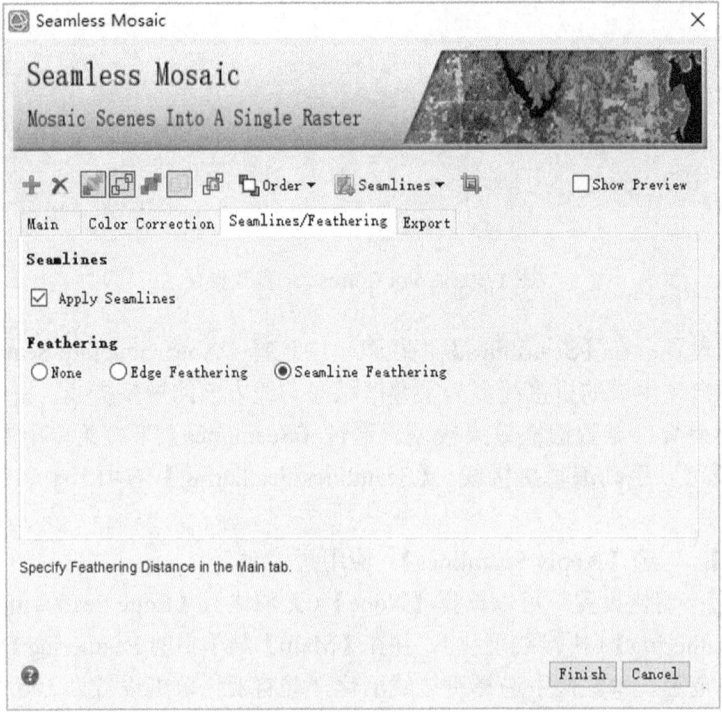

图 1-32　Seamlines/Feathering 参数设置

（6）导出镶嵌后的图像：在【Export】选项卡中设置输出参数（图 1-33）。

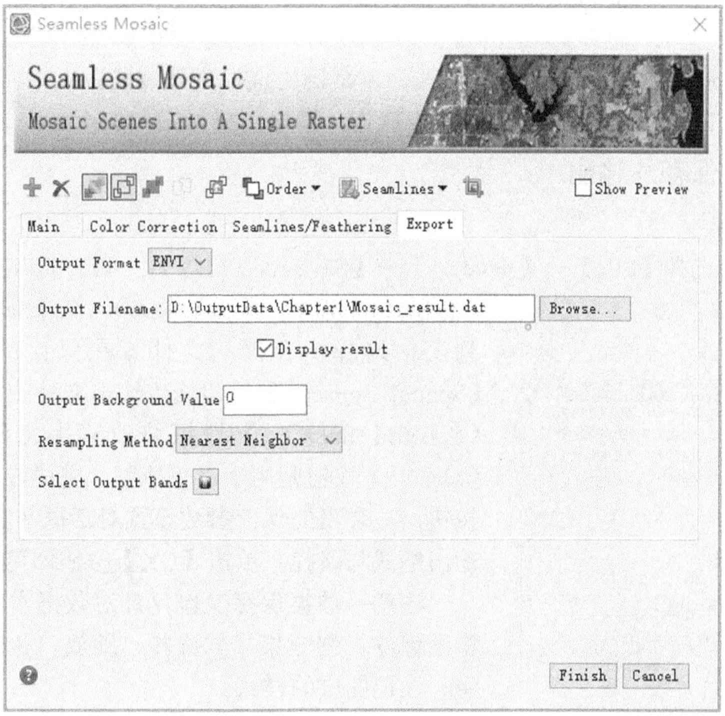

图 1-33　Export 参数设置

【Output Format】：设置输出文件格式。有"ENVI"和"TIFF"两种格式可供选择，本案例中设置为【ENVI】格式。

【Output Filename：】：设置输出文件的路径和文件名。

【Display result】：勾选后显示镶嵌结果。

【Output Background Value】：设置背景值。本案例中设置为 0。

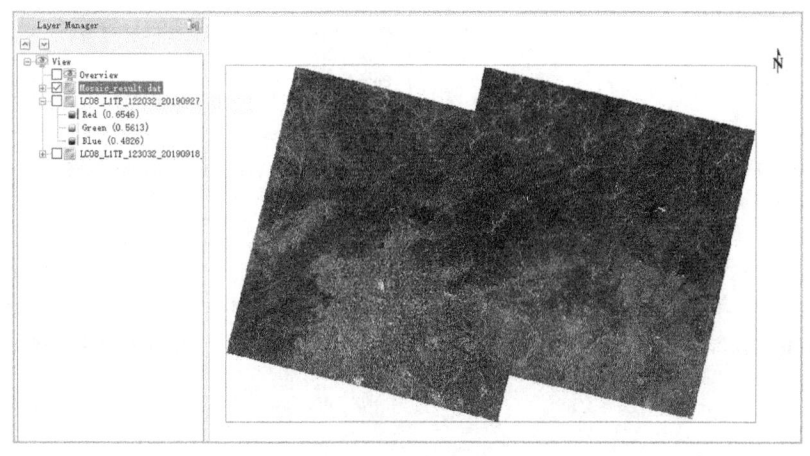

图 1-34　镶嵌结果

【Resampling Method】：设置重采样方法。有"Nearest Neighbor"（最近邻法）、"Bilinear"（双线性内插法）和"Cubic Convolution"（三次卷积）三种方法可供选择，本案例中选择"Nearest Neighbor"。

【Select Output Bands】：选择输出波段。本案例中选择全部波段。

（7）单击【Finish】按钮即可完成镶嵌操作，镶嵌结果如图 1-34 所示。

1.4.5 数据的保存与输出

1. 数据保存

在菜单栏中选择【File】—【Save As】—【Save As...（ENVI, NITF, TIFF, DTED）】，打开 File Selection 对话框（图 1-35），在【Select Input File：】列表中选择待存储的文件。在保存过程中可以通过【Spatial Subset...】按钮修改输出文件的空间范围，通过【Spectral Subset...】按钮修改输出文件的波段范围，【Mask...】按钮则用于设置掩膜。完成设置后单击【OK】按钮，在弹出的保存参数设置对话框（图 1-36）中设置输出格式与路径，单击【OK】按钮即可完成数据保存。

注意：数据保存操作仅针对数据本身，不能保留栅格图像的增强效果（如旋转、缩放、拉伸等）及矢量图层、注记图层的样式。

2. 数据输出

在菜单栏中选择【File】—【Chip View To】—【File...】，在弹出的输出参数设置对话框（图 1-37）中设置输出格式与路径即可。可选择的输出文件格式包括 NITF、ENVI、TIFF、JPEG 和 JPEG2000。此外，显示在图像窗口中的内容还可以输出为 PowerPoint、Geospatial PDF 以及 Google Earth。注意，数据输出操作将保留栅格图像的增强效果。

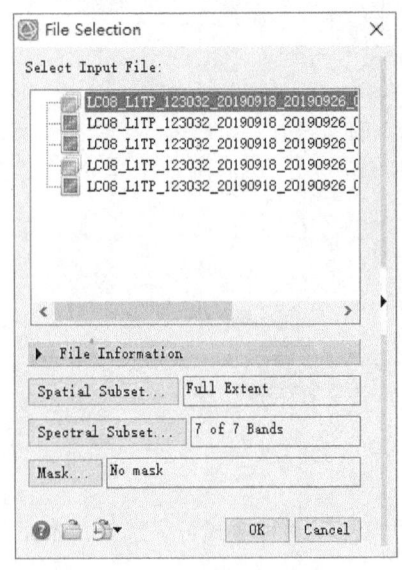

图 1-35 数据保存对话框

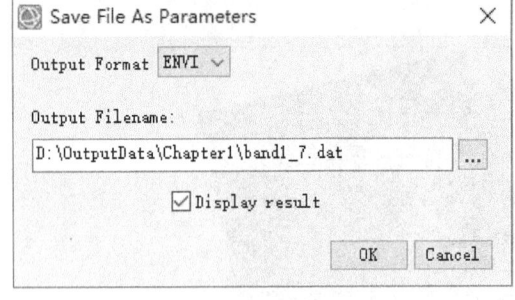

图 1-36 保存参数设置对话框

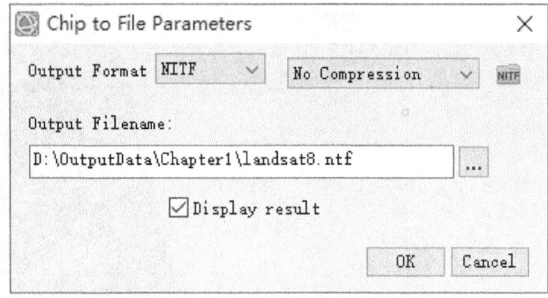

图 1-37 输出参数设置对话框

1.5　课后练习

（1）打开"LC81230322020264LGN00"影像，练习数据的浏览、显示、查看、裁剪、保存和波段运算等内容。

（2）以"LC81230322020264LGN00"为基准图层，以"LC81230332020264LGN00"为校正图层，练习图像镶嵌的基本操作。

第 2 章 遥感数据图像读写

2.1 实践目的

了解图像文件的多种存储格式和多波段数据的存储方式及其优缺点，熟悉使用 ENVI 打开和读取不同格式的遥感数据图像，了解头文件包含的信息，理解图像元数据对图像读取的作用。

2.2 预备知识

1. 遥感数字图像的多波段存储方式

遥感数字图像由离散的数字矩阵或阵列组成。单波段的遥感数字图像可以视为一个二维矩阵，多波段的遥感数字图像则可以视为 N 个二维矩阵。多波段图像涉及多个波段信息储存顺序的问题，因此多波段图像储存方式较为复杂。常用的多波段的储存方式有三种：按波段顺序存储（band sequential，BSQ）、按波段像元交叉存储（band interleaved by pixel，BIP）和按波段的行交叉存储（band interleaved by line, BIL）。

（1）按波段顺序存储（BSQ）：先保存第一个波段，保存完毕后再保存第二个波段，以此类推。并且，同一波段内的像素按行列顺序存储。按波段顺序存储是最简单的存储格式，便于进行波段间的运算，同时能够直观表达图像区域的空间分布特征，存取速度快，空间处理能力强。但是波谱处理的能力相对较弱，对内存的占用比较大。

（2）按波段像元交叉存储（BIP）：以像素为核心，把某个像素的各个波段像素数据保存在一起，即先保存第一个波段的第一个像元，再保存第二个波段的第一个像元，以此类推。按波段像元交叉存储便于进行像元之间的运算，能够为图像的光谱访问提供最佳性能数据，光谱处理能力比较强，但打破了像素空间位置的连续性。

（3）按波段的行交叉存储（BIL）：将同一行的不同波段的数据存在一个数据块中，即先保存第一个波段的第一行，再保存第二个波段的第一行，以此类推。像素的空间位置在列的方向上是连续的。按波段的行交叉存储格式提供了 BIP 和 BSQ 两者之间的性能折中方案，综合平衡了两者，达到访问空间和光谱信息都相对流畅的效果，是大多数遥感处理任务中推荐的存储格式。

2. 遥感数字图像的元数据

图像元数据存放了图像的解码信息。图像的解码信息如果单独存放，则称为头文件。如果这些解码信息与数据内容封装在同一个文件之中，则通常将其置于文件的起始位置，以与遥感图像的数据内容区分开来，并称其为文件头。这个文件通常包含了图像数据的元数据信息，如几何校正精度、辐射校正参数、投影参数、图像分辨率、图像获取时间和日期等。

3. 遥感数字图像的文件存储格式

图像文件存储格式包括开放式存储格式和封装式存储格式两大类。开放式存储格式的头文件和数据文件是分开的，其中以 ENVI 软件的标准数据存储格式最为常见；封装式存储格式的头文件和数据文件封装在一起，如遥感图像处理中常见的 TIFF、GeoTIFF、HDF、HDF-EOF、ERDAS、IMG 等图像格式。两种图像文件存储格式各有优缺点，如开放式存储的数据文件公开透明，很容易获得图像解码信息，然后设置相应解码信息读取数据文件，但有两个文件（数据文件、头文件），容易造成头文件丢失；封装式存储的数据文件和元信息封装存储在一个文件，元信息不容易丢失，但图像解码信息不容易获取，一般需要有特定软件才能打开该图像。

4. 遥感数字图像的显示

遥感数字图像包含着丰富的信息，为了突出相关的专题信息，提高图像的识别能力和视觉效果，可以通过合成彩色图像等方法有选择地突出某些对人或机器分析感兴趣的信息，抑制一些无用的信息，以提高图像的使用价值，使分析者能更容易地识别图像内容，从图像中提取更有用的定量化信息。

图像真彩色合成指多光谱遥感图像彩色合成处理时，如果参与合成的三个波段为可见光中的红光、绿光、蓝光波段，并且分别对应 R、G、B 这 3 个通道，那么，合成图像的颜色就会近似于地面景物的真实颜色的一种合成。

图像假彩色合成是多光谱遥感图像彩色合成处理时，R、G、B 这 3 个通道不再是 R、G、B 波段的信息，而是用其他的波段来组成的 3 通道图像。图像的假彩色合成不是天然色彩，强调突出某些在真彩色图像中难以识别的信息。其中，标准假彩色图像是使用了人眼无法观测的近红外波段对应 R 通道，红色波段对应 G 通道，绿色波段对应 B 通道而形成的彩色图像。在标准假彩色图像中，植被呈红色，水体呈蓝黑色，能分辨出特别的地物，突出某种特征。

2.3 实 践 数 据

数据及存放路径介绍如下。

（1）开放式数据文件包括：...\Data\Chapter2\L8_example.hdr；...\Data\Chapter2\L8_example.dat；...\Data\Chapter2\L8_example2.dat；...\Data\Chapter2\L8_example2 头文件信息.txt；...\ExerciseData\Chapter2\L8_exercise.hdr；...\ExerciseData\Chapter2\L8_exercise.dat；...\ExerciseData\Chapter2\L8_exercise2.dat；...\ExerciseData\Chapter2\L8_exercise2 头文件信息.txt。

（2）封装式数据文件包括：

- TIFF/GeoTIFF 格式：...\Data\Chapter2\L8_example3.tif；
- HDF 格式：...\Data\Chapter2\GLASS01D01.V60.A2019081.h27v05.2022013.hdf；
- HDF-EOS 格式：...\Data\Chapter2\MOD021KM.A2023304.0235.061.2023304131508.hdf；
- IMG 格式：...\Data\Chapter2\elevation_pro1.img；
- TIFF/GeoTIFF 格式：...\ExerciseData\Chapter2\L8_exercise3.tif；
- HDF 格式：...\ExerciseData\Chapter2\GLASS01D01.V60.A2019081.h27v06.2022013.hdf；
- HDF-EOS 格式：...\ExerciseData\Chapter2\MOD021KM.A2010228.1550.005.hdf；
- IMG 格式：...\ExerciseData\Chapter2\Precipitation.img。

（3）Landsat 8 OLI_TIRS 卫星数字影像：LC81230322019261LGN00：...\Data\Chapter2\LC81230322019261LGN00\LC08_L1TP_123032_20190918_20190926_01_T1_...；LC81510342013200LGN01：...\ExerciseData\Chapter2\LC81510342013200LGN01\LC08_L1TP_151034_201

30719_20170503_01_T1...。

影像从地理空间数据云网站（https://www.gscloud.cn）下载得到。用于操作演示和课后练习的数据获取时间分别为2019年9月18日和2013年7月19日。数据分辨率为30m×30m，云量小于1%。

2.4 实践内容与步骤

2.4.1 读取开放式数据文件

1）打开数据文件

在菜单栏中选择【File】—【Open...】（或者在工具栏中单击【Open】按钮），打开Open对话框，浏览至"...\Data\Chapter2"文件夹。在打开开放式数据文件时，有两个文件（头文件和数据文件），选择数据文件"L8_example.dat"，单击【打开（O）】，数字影像打开结果如图2-1所示。

图2-1 影像展示

2）查看元数据信息

在图层管理中右键单击"L8_example.dat"数据，选择【View Metadata】，即可浏览元数据信息（图2-2）。

3）编辑元数据

在View Metadata窗口单击【Edit Metadata】（或在Toolbox中选择【Raster Management】—【Edit ENVI Header】），打开Set Raster Metadata窗口（图2-3），可以编辑遥感图像的元数据信息。

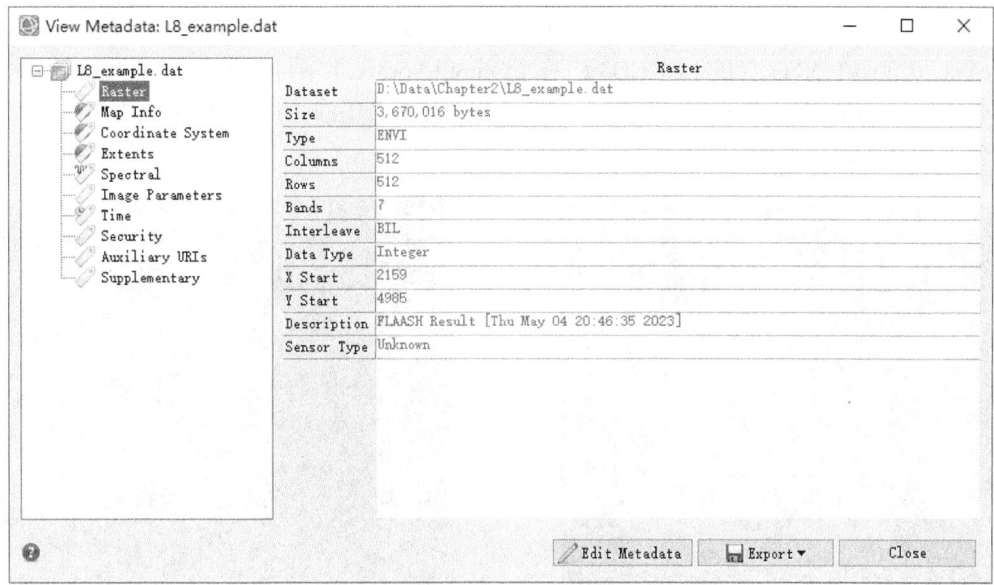

图 2-2　View Metadata 窗口

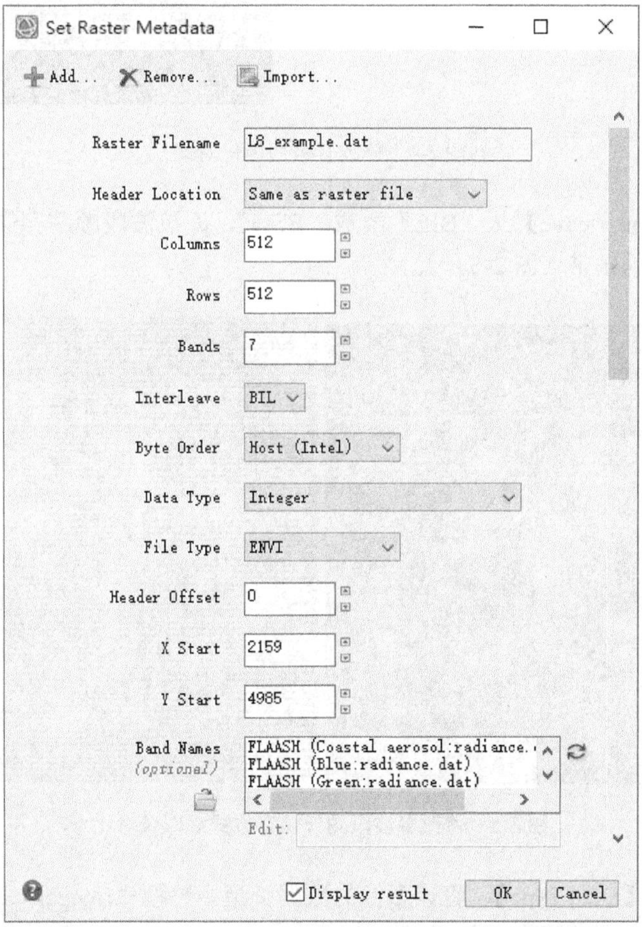

图 2-3　Set Raster Metadata 窗口

在修改影像元数据前，需要对影像进行备份。在菜单栏中选择【File】—【Save As】—【Save As…（ENVI, NITF, TIFF, DTED）】，在【Output Format】下拉列表中选择"ENVI"格式，文件名末尾要加上".dat"。增加"Rows"行数后，影像多出来的行，其灰度值全为 0，显示为黑色（图 2-4）。

图 2-4　修改行数后影像对比

将存储格式【Interleave】从"BIL"改成"BSQ"，即按波段顺序存储后，影像不仅有条纹，还出现了明显的条带（图 2-5）。

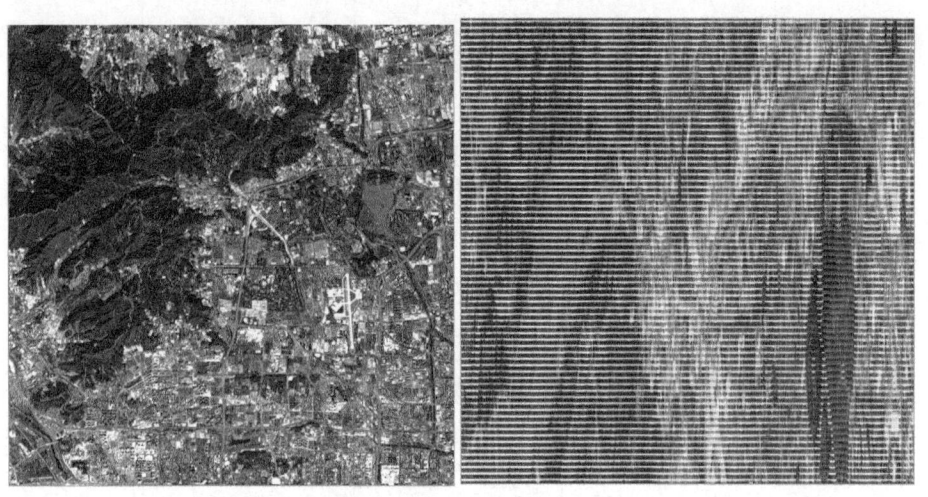

图 2-5　修改多波段图像储存方式后影像对比

修改数据类型【Data Type】，将该影像的数据类型由整型"Integer"改为字节型"Byte"后，图像表现为不清晰的图像（图 2-6）。

图 2-6 修改数据类型后影像对比

4）配置二进制遥感图像的头文件

若在打开一个文件时没有发现头文件（.hdr 文件）或其他有效的头文件信息，就会出现 Header Info 对话框，需要在 Header Info 窗口中输入一些基本的参数。在 ENVI 菜单栏中单击【File】—【Open As】—【Generic Formats】—【Binary】，浏览至"...\Data\Chapter2"文件夹，打开数据"L8_example2.dat"。

打开"L8_example2 头文件信息.txt"，在弹出的 Header Info 对话框中输入对应的数据信息（图 2-7），包括列数、行数、波段数、从文件的开头到数据开始处（嵌入的文件头）的字节偏移量、文件类型、数据的字节顺序、数据类型（字节、整数或浮点等）、数据的存储顺序（BSQ、BIP 或 BIL）等。单击【Edit Attributes】可编辑其他选项，此处单击【Map Info...】添加投影坐标信息，如图 2-8 所示，单击【OK】。配置完成后返回到该文件的路径，发现新创建了 hdr 文件，里面包含了遥感影像的头文件信息，当再次打开该影像时就无需配置头文件了。

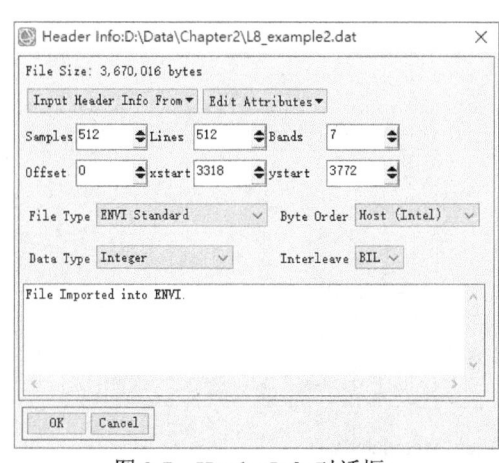

图 2-7 Header Info 对话框

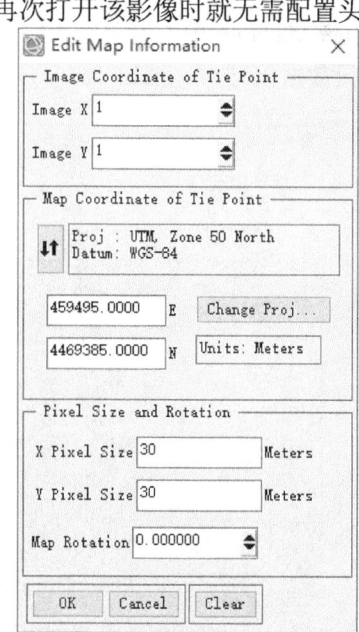

图 2-8 Edit Map Information 对话框

查看加载的遥感图像波段数是否正确,检查影像是否完整,最终完成遥感数字图像的读取(图 2-9)。

2.4.2 读取封装式数据文件

1. 打开 TIFF/GeoTIFF 格式数据文件

在菜单栏中选择【File】—【Open As】—【Generic Formats】—【TIFF/GeoTIFF】,浏览至"...\Data\Chapter2"文件夹,选择"L8_example3.tif"数据并打开,数字影像真彩色合成结果如图 2-10 所示。

图 2-9　影像展示　　　　　　图 2-10　TIFF/GeoTIFF 格式影像展示

在 Layer Manager 中右键单击"L8_example3.tif"数据,选择【View Metadata】(图 2-11)即可浏览元数据信息。

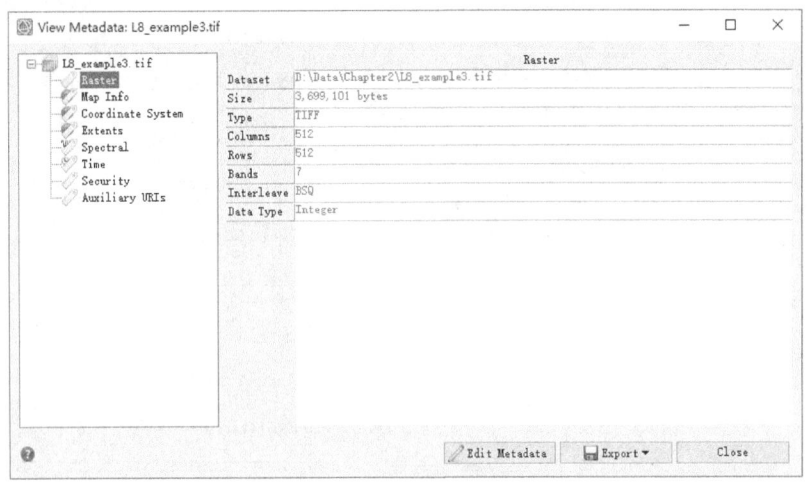

图 2-11　View Metadata 窗口

2. 打开 HDF 格式数据文件

在菜单栏中选择【File】—【Open As】—【Generic Formats】—【HDF4】，浏览至"...\Data\Chapter2"文件夹，选择"GLASS01D01.V60.A2019081.h27v05.2022013.hdf"数据，在 HDF Dataset Selection 对话框单击【Select All Items】，单击【OK】（图 2-12）。数字影像打开后，在工具栏设置拉伸类型为【Linear 2%】，结果如图 2-13 所示。

3. 打开 HDF-EOS 格式数据文件

在菜单栏中选择【File】—【Open As】—【Optical Sensors】—【EOS】—【MODIS】，浏览至"...\Data\Chapter2"文件夹，选择"MOD021KM.A2023304.0235.061.2023304131508.hdf"数据并打开，数字影像打开结果如图 2-14 所示。

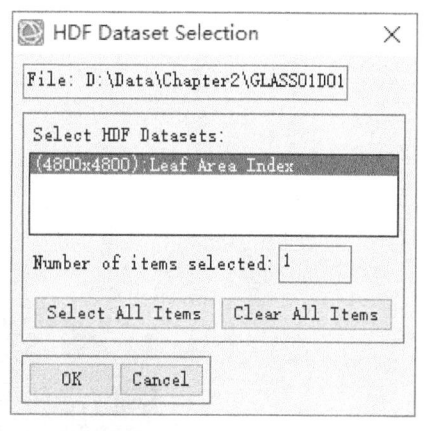

图 2-12 HDF Dataset Selection 对话框

图 2-13 影像展示

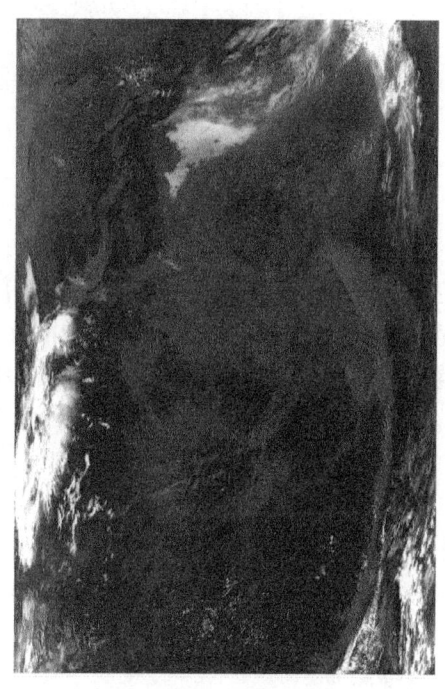

图 2-14 影像展示

4. 打开 IMG 格式数据文件

在菜单栏中选择【File】—【Open...】，浏览至"...\Data\Chapter2"文件夹，选择"elevation_pro1.img"数据并打开，数字影像打开结果如图 2-15 所示。

图 2-15 影像展示

2.4.3 遥感数字图像彩色合成

1. 图像真彩色合成

根据第 1 章 1.4.1 节中"1.数据的打开"中步骤加载 Landsat 8 OLI 数据，在 Layer Manager 中右键单击图层，在弹出的菜单中选择【Change RGB Bands...】，在弹出的 Change Bands 对话框中依次单击【Red】【Green】【Blue】后单击【OK】（图 2-16），完成 Landsat 8 OLI 数据图像的真彩色合成。合成结果如图 2-17 所示。

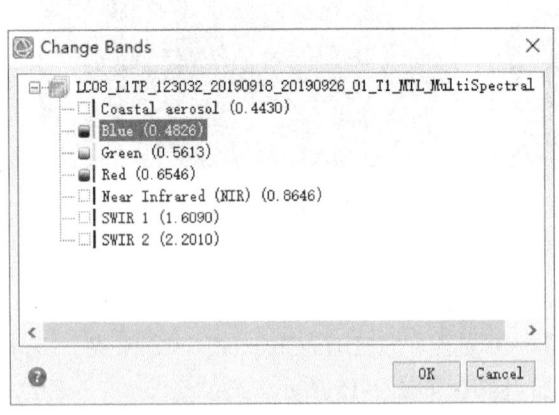

图 2-16 Change Bands 对话框　　　　图 2-17 真彩色图像展示

2. 图像假彩色合成

根据第 1 章 1.4.1 节步骤加载 Landsat 8 OLI 数据，在图层管理面板中右键选定图层，在弹出的菜单中选择【Change RGB Bands...】，在弹出的 Change Bands 对话框中依次单击【Near Infrared】【Red】【Green】后单击【OK】（图 2-18），完成 Landsat 8 OLI 数据图像的标准假彩色合成，合成结果如图 2-19 所示。

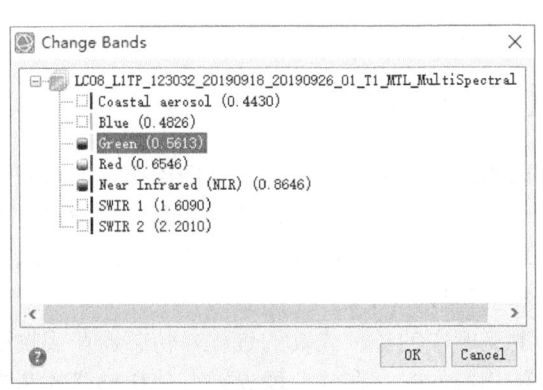

图 2-18　Change Bands 对话框　　　　图 2-19　假彩色图像展示

2.5　课后练习

（1）依次打开开放式数据文件和封装式数据文件，查看图像元数据，通过修改开放式数据文件的元数据理解元数据对图像读取的作用。

（2）将"L8_exercise.dat"转换为 TIFF 格式后在 ENVI 软件中读取，将"L8_exercise3.tif"转换为 ENVI 格式在 ENVI 软件中读取。

（3）在 ENVI 软件中打开 LC81510342013200LGN01 影像，对影像进行真彩色合成和假彩色合成，观察不同合成方法之间地物类型显示的差异。

第3章 图像校正

3.1 实践目的

掌握利用 ENVI 软件消除遥感图像辐射误差和几何畸变的方法，了解图像产生辐射误差和几何畸变的原因，理解辐射校正和几何校正的原理。

3.2 预备知识

理想的遥感图像应该是能如实反映地物的辐射能量分布和几何特征的图像，但人们得到的图像往往在不同程度上与地物的实际辐射能量或分布存在差异，即存在畸变和降质。图像校正就是从具有畸变的图像中消除畸变的处理过程，其目的是使处理后的图像能更好地接近目标物的真实情况。图像校正包括辐射校正和几何校正两类。

辐射校正是指消除图像数据中依附在辐射亮度中的各种失真的过程。传感器在接收地物反射或辐射的电磁波时，环境因素的影响或传感器本身存在的仪器误差，使传感器的测定值与目标地物实际的光谱反射率或辐射亮度等物理量存在一定的差异，这个现象被称为辐射畸变。它造成了遥感图像的失真，影响遥感图像的判读和解译。因此，必须进行消除或减弱。处理站拿到接收站送来的原始数据，读入图像处理系统后，先进行数据分解，分别建立原始遥感图像数据文件和遥测辅助信息数据文件。然后，根据从辐射传输方程推导出的遥感图像辐射误差校正模型，在图像处理系统软硬件的支持下，进行系统辐射校正。遥感图像辐射校正主要包括三个方面：①校正传感器本身的误差，如光学镜头的非均匀性引起的边缘减光现象、光电转换系统的灵敏度特性引起的辐射畸变等；②校正大气造成的误差，如大气散射和吸收引起的辐射误差；③校正由太阳高度角、地形等引起的误差，如太阳高度角的不同引起的辐射畸变校正，地面倾斜、起伏引起的辐射畸变校正等。

几何校正是指消除或改正遥感影像几何畸变的过程。受地球曲率、地球自转、地形、大气等地球本身对遥感图像的影响，平台的高度变化、速度变化、轨道偏移及姿态变化等遥感平台空间位置与运动状态的影响，传感器内部畸变以及由传感器结构设置引起的畸变所带来的影响，原始图像上地物的几何位置、形状、大小、尺寸、方位等特征与其对应的地面地物的特征往往不一致，这种不一致就是几何变形，也称几何畸变。几何校正一般分为几何粗校正和几何精校正两类。几何粗校正是针对引起畸变原因而进行的校正；几何精校正是利用控制点进行的几何校正，它用数学模型来近似描述遥感图像的几何畸变过程，并利用畸变的遥感图像与标准地图之间的一些对应点（即控制点）求得几何畸变模型，然后利用此模型进行几何畸变的校正，这种校正不考虑引起畸变的原因。

3.3 实践数据

本章实践所使用的数据包括 Landsat 8 数据、ASTER GDEMV3 数字高程模型（digital

elevation model，DEM）数据以及环境卫星数据。此外，还使用地形校正（Topographic Correction）插件。数据及存放路径介绍如下。

（1）Landsat 8 OLI_TIRS 卫星数字影像：LC81230322019261LGN00：...\Data\Chapter3\ LC81230322019261LGN00\LC08_L1TP_123032_20190918_20190926_01_T1_...；LC8123032202 20264LGN00：...\ExerciseData\Chapter3\LC81230322020264LGN00\LC08_L1TP_123032_2020 0920_20201006_01_T1_...。数据由地理空间数据云网站下载，成像时间分别为 2019 年 9 月 18 日和 2020 年 9 月 20 日，分辨率为 30m×30m，云量小于 1%。具体波段信息见表 1-3。

（2）ASTER GDEMV3 DEM 数据：...\Data\Chapter3\DEM.tif。数据从地理空间数据云网站下载，经镶嵌得到研究区 DEM 数据，分辨率为 30 m×30 m。

（3）Landsat 8 OLI 数据：...\Data\Chapter3\L8_example.hdr；...\Data\Chapter3\L8_example.dat； ...\ExerciseData\Chapter3\L8_exercise.hdr；...\ExerciseData\Chapter3\L8_exercise.dat。数据由 LC81230322019261LGN00 经过辐射校正、裁剪得到。

（4）环境卫星数据：...\Data\Chapter3\HJ1A_example.hdr；...\Data\Chapter3\HJ1A_example. dat；...\ExerciseData\Chapter3\HJ1A_exercise.hdr；...\ExerciseData\Chapter3\HJ1A_exercise.dat。数据为"环境一号"A 星 CCD 相机数据，在中国资源卫星应用中心的数据服务平台（https://data.cresda.cn/）下载，经过辐射定标、裁剪得到。成像时间为 2020 年 10 月 13 日，空间分辨率为 30 m×30 m。数据波段信息如表 3-1 所示。

表 3-1 CCD 相机数据波段信息

波段	波段名称	波长范围/μm	分辨率/m
Band1	蓝光波段	0.43~0.52	30
Band2	绿光波段	0.52~0.60	30
Band3	红光波段	0.63~0.69	30
Band4	近红外波段	0.76~0.90	30

（5）Topographic Correction 插件：...\Data\Chapter3\extensions;...\Data\Chapter3\custom_code。

3.4 实践内容与步骤

3.4.1 辐射校正

1. 辐射定标

加载 Landsat 8 OLI 数据。在工具栏单击 ，浏览至"...\Data\Chapter3"文件夹，打开 "...\Data\Chapter3\LC08_L1TP_123032_20190918_20190926_01_T1_MTL.txt"元数据。单击 打开 Data Manager，依次单击【Red】【Green】【Blue】波段，并单击【Load Data】（图 3-1），此时图像窗口中显示该数据的真彩色影像（图 3-2）。

在 Toolbox 中，选择【Radiometric Correction】—【Radiometric Calibration】。在打开的 File Selection 对话框中，选择需要进行辐射定标的影像数据，并单击【OK】，进入下一步（图 3-3）。

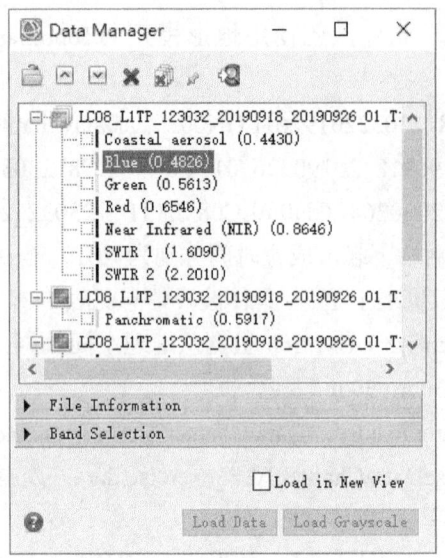

图 3-1 加载真彩色影像　　　　　　　　　图 3-2 真彩色影像

在 Radiometric Calibration 对话框（图 3-4）中，需要依次设定以下参数：①定标类型【Calibration Type】：辐射率数据"Radiance"；②储存顺序【Output Interleave】："BIL"；③数据类型【Output Data Type】："Float"；④辐射率数据单位调整系数【Scale Factor】："0.10"。单击【Apply FLAASH Settings】，自动设置 FLAASH 大气校正工具需要的数据类型。在【Output Filename】下选择输出路径为"...\OutputData\Chapter3\radiance.dat"。单击【OK】进行辐射定标，并输出结果数据（图 3-5）。

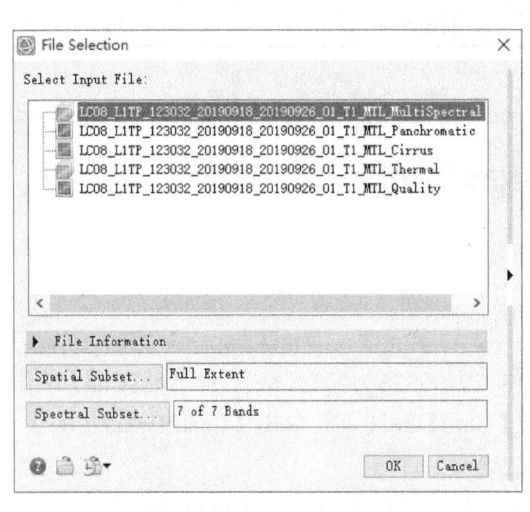
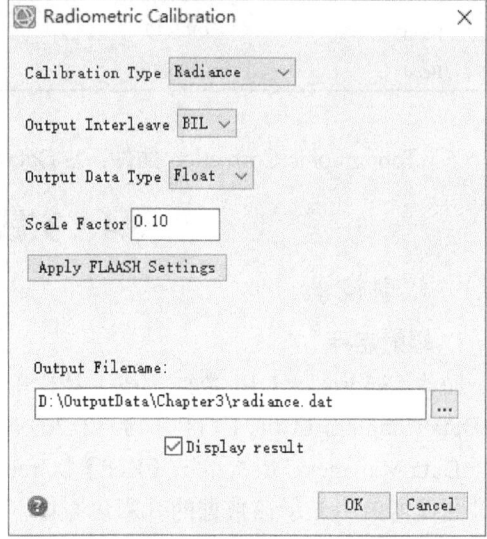

图 3-3　File Selection 对话框　　　　　图 3-4　Radiometric Calibration 对话框

图 3-5 辐射定标结果图

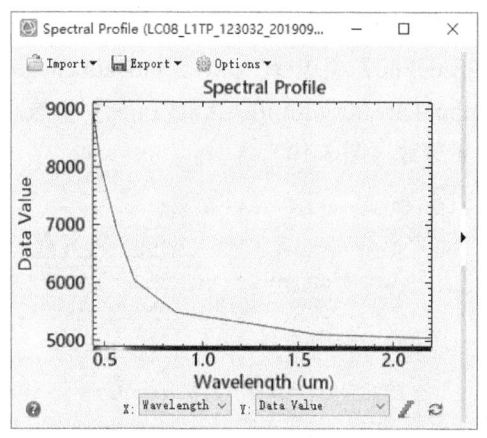

图 3-6 原始数据水体波谱曲线

在菜单栏中选择【Display】—【Profiles】—【Spectral】查看影像的波谱曲线,看到辐射定标后的数值主要集中在 0~10 范围内。图 3-6 为原始数据水体波谱曲线,图 3-7 为辐射定标后水体波谱曲线。

2. 大气校正

本节加载上一节"辐射定标"中计算得到的辐射定标结果数据,利用其进行大气校正。

在 Toolbox 中,选择【Radiometric Correction】—【Atmospheric Correction Module】—【FLAASH Atmospheric Correction】。在打开的 FLAASH Atmospheric Correction Model Input Parameters 窗

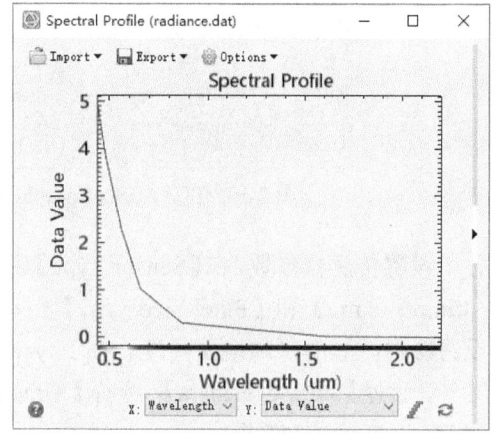

图 3-7 辐射定标后水体波谱曲线

口中,单击【Input Radiance Image】,在打开的 FLAASH Input File 对话框中选择辐射定标结果数据,并单击【OK】(图 3-8)。在弹出的 Radiance Scale Factors 对话框中选择【Use single scale factor for all bands】,在【Single scale factor】中输入 1,并单击【OK】(图 3-9)。

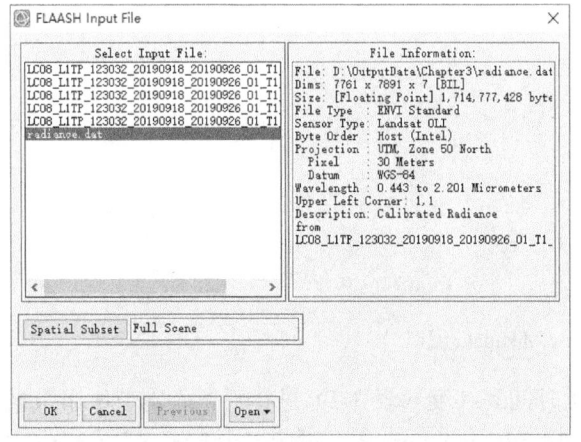

图 3-8 FLAASH Input File 对话框

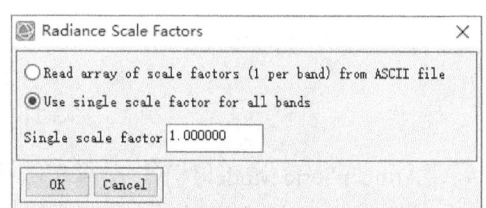

图 3-9 Radiance Scale Factors 对话框

在打开的 FLAASH Atmospheric Correction Model Input Parameters 窗口中的【Output Reflectance File】中选择"...\OutputData\Chapter3\reflectance.dat",设置输出路径和文件名。在【Output Directory for FLAASH Files】中选择"...\OutputData\Chapter3\"。设置其他文件输出目录和参数(图 3-10)。

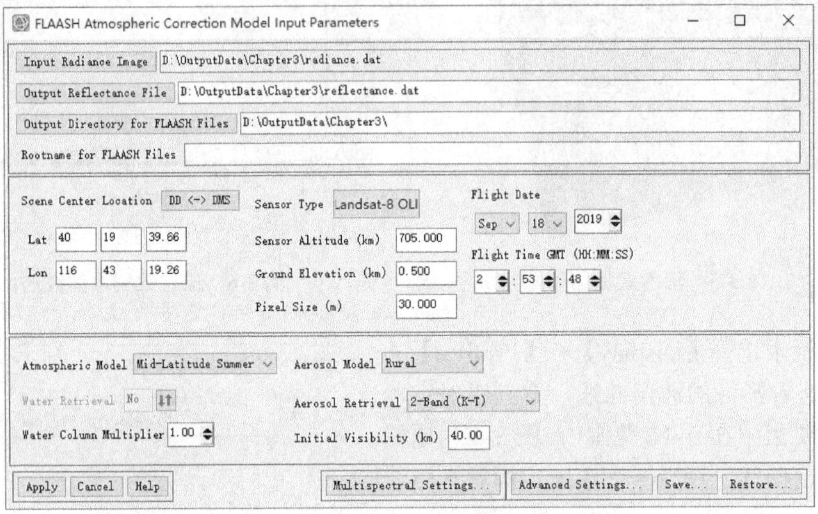

图 3-10　FLAASH Atmospheric Correction Model Input Parameters 窗口

设置传感器参数,在【Sensor Type】后选择"Multispectral"—"Landsat-8 OLI",则【Sensor Altitude(km)】和【Pixel Size(m)】自动获取数据,在【Ground Elevation(km)】输入 0.5,设置影像区域的平均地面高程。在 Layer Manager 面板的数据图层中右键单击"radiance.dat"文件,选择【View Metadata】。选择【Time】字段,获取成像时间(图 3-11),并填入 Flight Date 和 Flight Time GMT 框内。

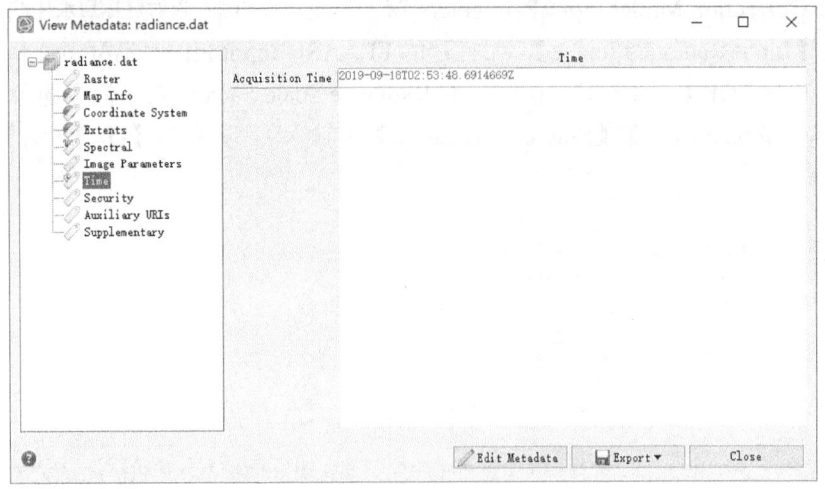

图 3-11　View Metadata 窗口

【Atmospheric Model】下拉菜单根据成像时间和纬度(表 3-2)进行设置。本节所用数据获取时间为 9 月,所处纬度为 40°,选择"Mid-Latitude Summer",对应表内"MLS"。【Aerosol

Model】选择 "Rural",【Aerosol Retrieval】选择 "2-Band（K-T）"。

表 3-2　基于季节/纬度选择大气模型

中心纬度	1月	3月	5月	7月	9月	11月
80°N	SAW	SAW	SAW	MLW	MLW	SAW
70°N	SAW	SAW	MLW	MLW	MLW	SAW
60°N	MLW	MLW	MLW	SAS	SAS	MLW
50°N	MLW	MLW	SAS	SAS	SAS	SAS
40°N	SAS	SAS	SAS	MLS	MLS	SAS
30°N	MLS	MLS	MLS	T	T	MLS
20°N	T	T	T	T	T	T
10°N	T	T	T	T	T	T
0°	T	T	T	T	T	T
10°S	T	T	T	T	T	T
20°S	T	T	T	MLS	MLS	T
30°S	MLS	MLS	MLS	MLS	MLS	MLS
40°S	SAS	SAS	SAS	SAS	SAS	SAS
50°S	SAS	SAS	SAS	MLW	MLW	SAS
60°S	MLW	MLW	MLW	MLW	MLW	MLW
70°S	MLW	MLW	MLW	MLW	MLW	MLW
80°S	MLW	MLW	MLW	SAW	MLW	MLW

注：中心纬度所辖区域为以其为中心±5°的纬度范围，某个月份所指代的时间范围为该月的前一个月的后半月到该月的后一个月的前半月。例如，9月表示8月的后半月到10月的前半月，即8月16日到10月15日期间。

单击 FLAASH Atmospheric Correction Model Input Parameters 窗口下部的【Multispectral Settings...】，打开多光谱设置 Multispectral Settings 对话框（图 3-12）。【Select Channel

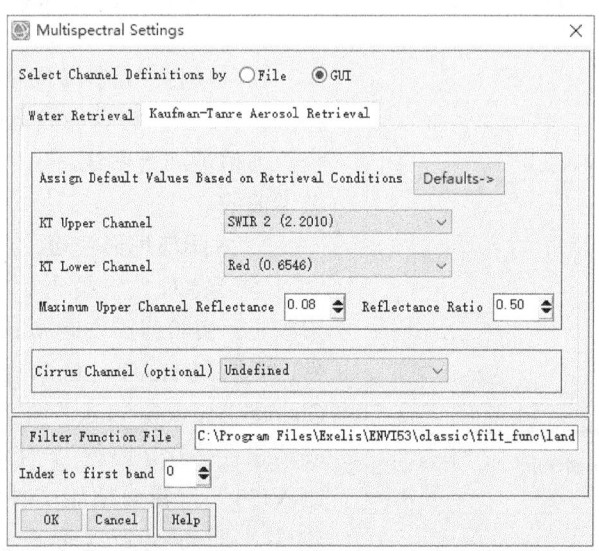

图 3-12　Multispectral Settings 对话框

Definitions by】选择【GUI】,单击【Kaufman-Tanre Aerosol Retrieval】选项卡,单击【Defaults】—【Over-Land Retrieval standard(600:2100 nm)】,自动选择对应波段。【Filter Function File】在传感器未知时需手动设置,此处自动设置为 ENVI 软件安装路径下的文件"C:\Program Files\Exelis\ENVI53\classic\filt_func\landsat8_oil.sli",单击【OK】。

在图 3-10 所示窗口单击【Apply】进行大气校正,完成后出现如图 3-13 所示窗口,大气校正结果如图 3-14 所示。

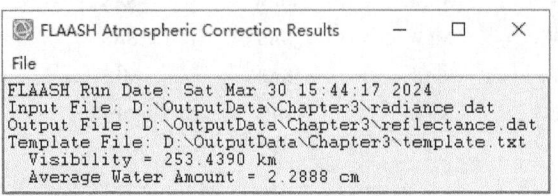

图 3-13 FLAASH Atmospheric Correction Results 窗口

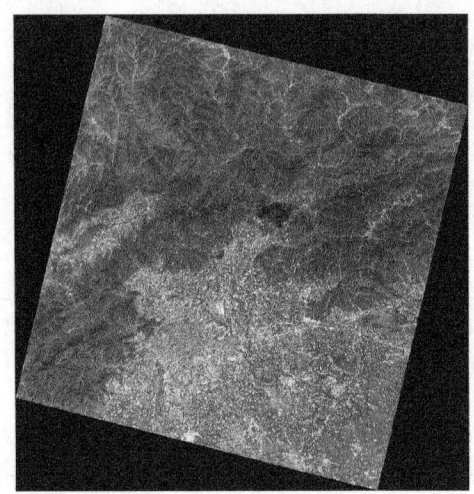

图 3-14 大气校正结果图

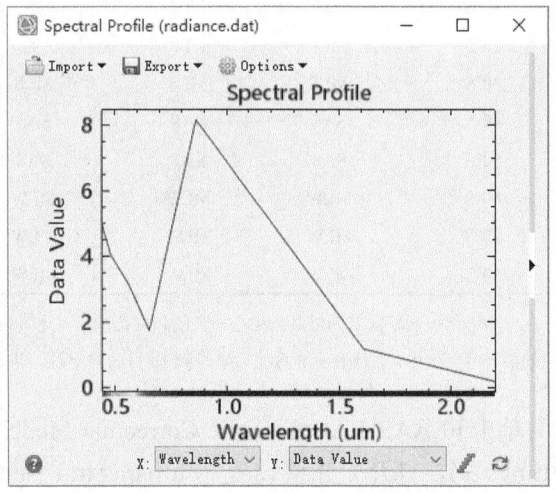

图 3-15 大气校正前植被波谱曲线

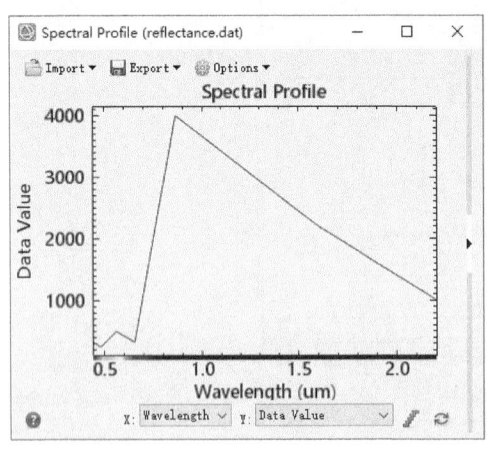

图 3-16 大气校正后植被波谱曲线

在菜单栏中选择【Display】—【Profiles】—【Spectral】查看影像的波谱曲线,图 3-15 为大气校正前植被波谱曲线,图 3-16 为大气校正后植被波谱曲线。

3. 太阳与地形校正

本节将对大气校正后的数据进行太阳与地形校正,实验前需安装 Topographic Correction 插件。将"...\Data\Chapter3\ extensions"和"...\Data\Chapter3\custom_code"两文件夹拷贝到 ENVI 的安装路径(默认路径为"C:\Program Files\Exelis\ENVI53"),覆盖原始文件夹。重新启动 ENVI 软件,即可找到地形校正工具(Topographic Correction)。

在工具栏单击 ![icon]，打开大气校正结果文件"...\Output Data\Chapter3\reflectance.dat"和研究区 DEM 数据"...\Data\Chapter3\DEM.tif"。需要注意的是，在进行太阳与地形校正时，若待校正影像有背景值，要先设置 Data Ignore Value，否则背景值将参与回归运算从而影响校正效果。本案例中，待校正影像"reflectance.dat"数据背景区域为黑色，需要设置 Data Ignore Value。在 Toolbox 中单击【Raster Management】—【Edit ENVI Header】，在 File Selection 对话框中选择待校正影像"reflectance.dat"，单击【OK】。在 Set Raster Metadata 窗口中，单击【Add...】，在弹出的 Add Metadata Items 对话框中选择"Data Ignore Value"，单击【OK】（图 3-17）。可以看到，在 Set Raster Metadata 窗口（图 3-18）的最后添加了【Data Ignore Value】字段，在文本框中输入 0，单击【OK】，即可避免背景值 0 对校正效果的影响。

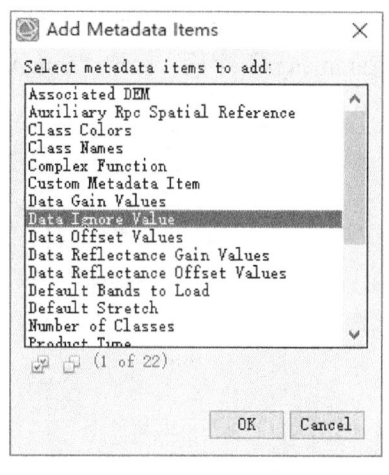

图 3-17 Add Metadata Items 对话框

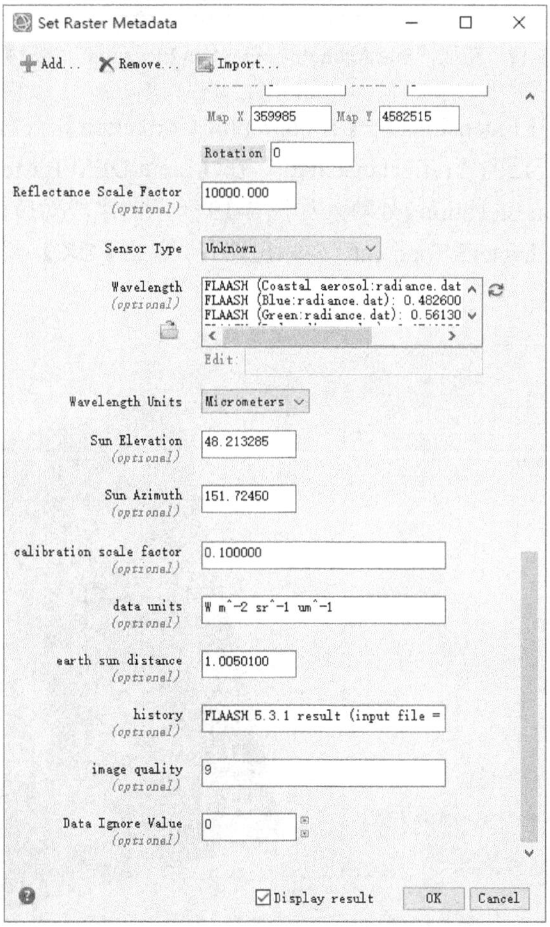

图 3-18 Set Raster Metadata 窗口

在 Layer Manager 中右键单击【reflectance.dat】,选择【View Metadata】,单击【Image Parameters】字段,获取 "Sun Azimuth" 和 "Sun Elevation" 字段数据(图 3-19)。

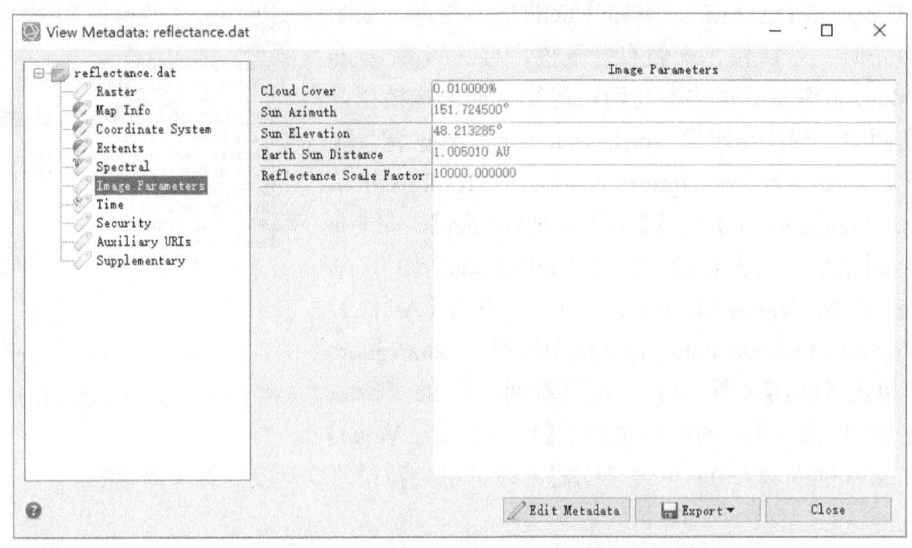

图 3-19 获取 "Sun Azimuth" 和 "Sun Elevation" 字段数据

在 Toolbox 中,选择【Extensions】—【Topographic Correction】,双击打开。在【Input Spectral Raster】处选择大气校正后的 "reflectance.dat",在【Input DEM Raster】处选择 "DEM.tif",在【Sun Azimuth】和【Sun Elevation】处填入如图 3-19 所示的字段对应数据,在【Output Raster】处选择 "...\OutputData\Chapter3\Topo.dat" 为输出路径,单击【OK】,进行地形校正(图 3-20),结果如图 3-21 所示。

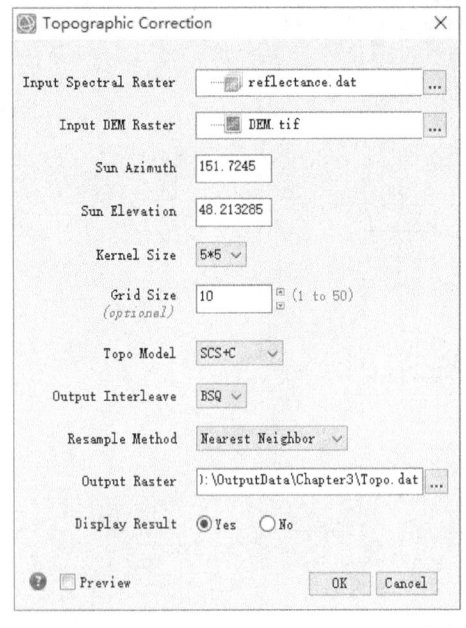

图 3-20 Topographic Correction 对话框   图 3-21 地形校正结果

3.4.2 几何校正

ENVI 提供了图像配准流程化（Image Registration Workflow）工具，该工具以流程化的工作方式提供图像配准功能。本节基于该工具，以 Landsat 8 影像为基准图像，对环境卫星影像进行几何校正。

单击工具栏 ，浏览至"...\Data\Chapter3"文件夹，选中"L8_example.dat"和"HJ1A_example.dat"数据并打开。在 Toolbox 中，双击【Geometric Correction】—【Registration】—【Image Registration Workflow】，打开 Image Registration 窗口，在 File Selection 面板（图 3-22）中，将【Base Image File】设置为基准影像"L8_example.dat"，将【Warp Image File】设置为待校正影像"HJ1A_example.dat"，单击【Next】。

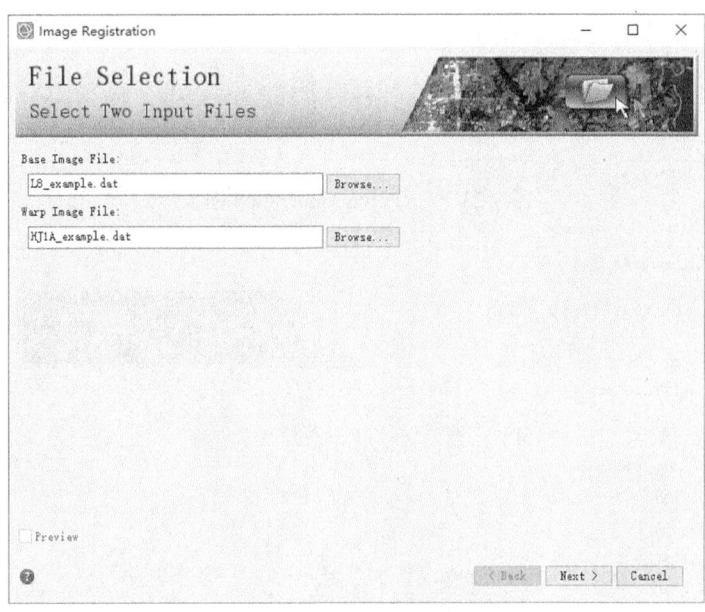

图 3-22　File Selection 面板

Tie Points Generation 面板（图 3-23）包括【Main】、【Seed Tie Points】和【Advanced】三个选项卡，分别用于设置图像匹配的主要参数、设置生成种子控制点的参数和设置匹配参数，保持默认参数即可，单击【Next】，自动生成控制点。

在 Review and Warp 面板（图 3-24）中，【Tie Points】选项卡用于实现控制点的查看与编辑。【Switch To Warp】按钮用于将视图切换至待校正影像；【Switch To Base】按钮用于将视图切换至基准影像；【Show Table】按钮用于显示控制点列表； 按钮用于显示或隐藏透明叠加相对误差图；【Tie Points】左侧的数值为控制点的个数。本案例自动生成了 113 个控制点，单击【Show Table】出现 Tie Points Attribute Table 窗口，可以看到所有控制点列表，其中最后一列 ERROR 为误差值，右键选择该列，单击【Sort By Selected Column Reverse】，按照误差值从大到小的顺序对控制点进行排序（图 3-25）。对于误差值较大的点，可以直接删除。本案例中，对于误差值大于 1 的控制点，选中该行单击 进行删除。删除完毕后，单击【Close】。

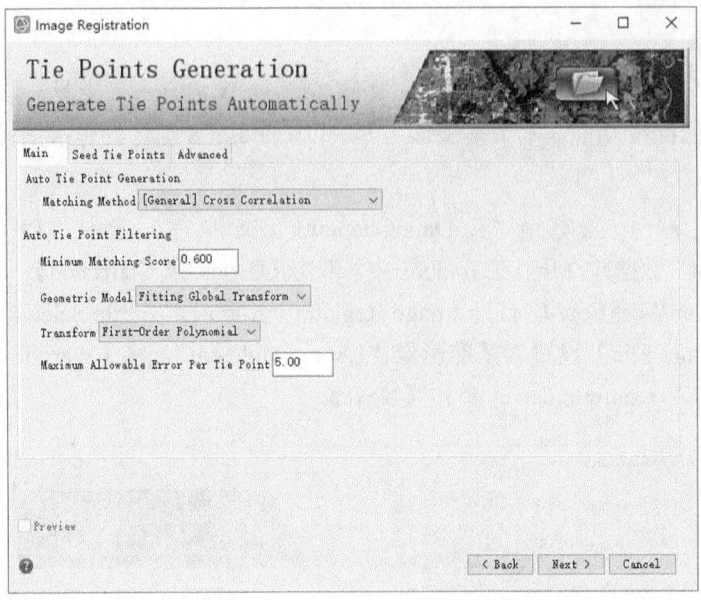

图 3-23　Tie Points Generation 面板

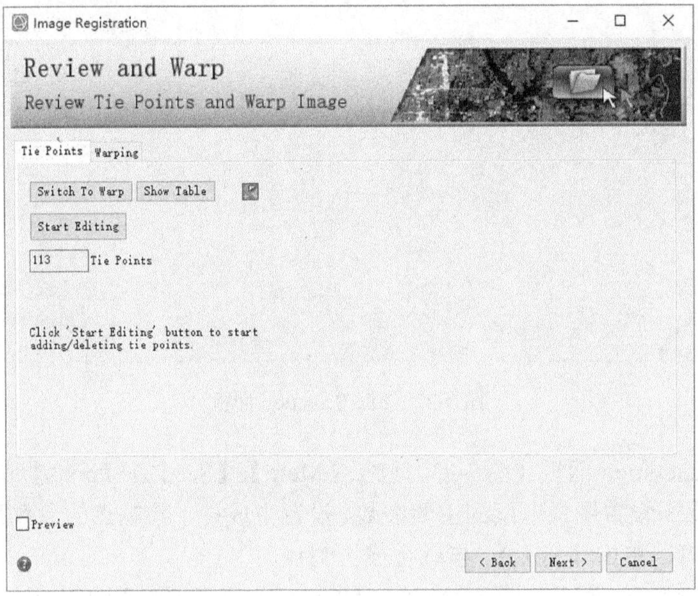

图 3-24　Review and Warp 面板

在 Review and Warp 面板中单击【Warping】选项卡，设置几何校正参数，如图 3-26 所示。【Warping Method】下拉列表用于选择校正方法，此处选择默认的多项式方法"Polynomial"；【Resampling】下拉列表用于选择重采样方法，此处选择默认的双线性内插法"Bilinear"；【Background Value】用于设置背景值，此处设置为 0；【Output Extent】用于设置输出范围，【Full Extent of Warp Image】表示输出待校正影像的完整范围，【Overlapping Area Only】表示

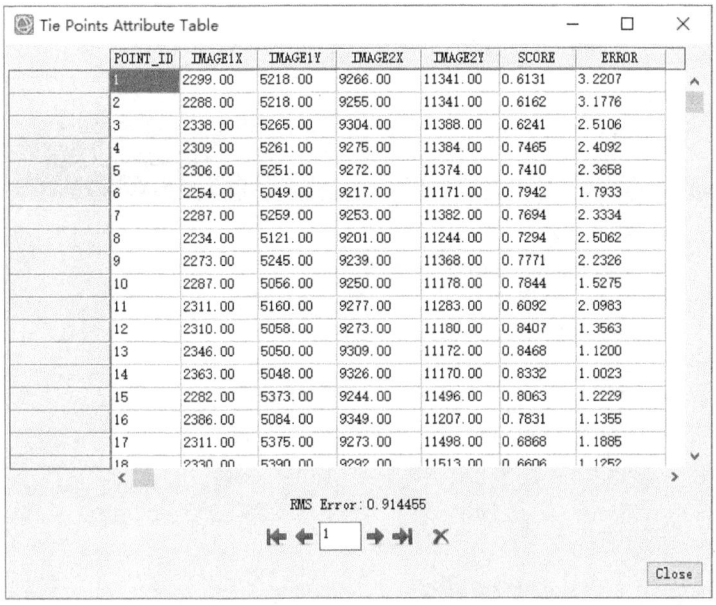

图 3-25 Tie Points Attribute Table 窗口

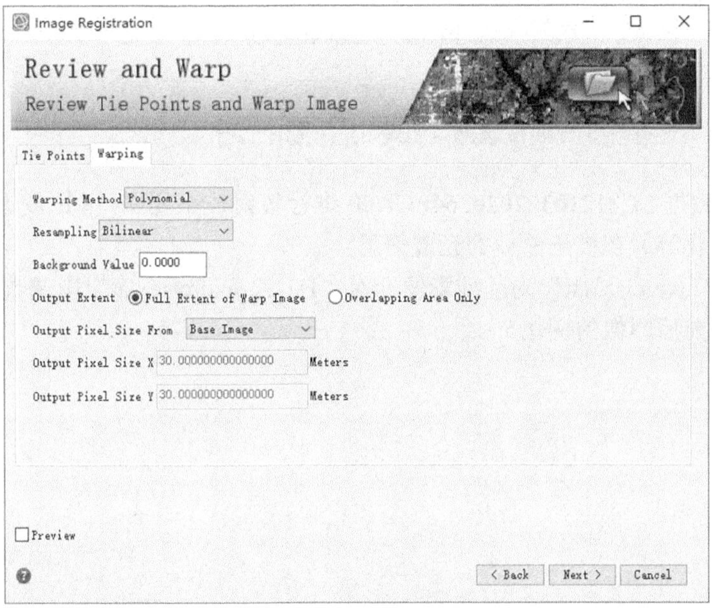

图 3-26 Warping 选项卡

只输出基准影像和待校正影像的重叠部分，此处选择【Full Extent of Warp Image】。【Output Pixel Size From】用于设置输出像元的大小，此处设置为"Base Image"，即输出像元大小与基准影像一致。设置完成后，单击【Next】。

Export 面板（图 3-27）用于设置结果输出参数。勾选【Export Warped Image】和【Export Tie Points to ASCII】复选框，将校正结果图像和控制点信息分别输出为"...\OutputData\Chapter3\HJ1A_example_warp.dat"和"...\OutputData\Chapter3\L8_example_tie.pts"，单击

【Finish】,完成几何校正。

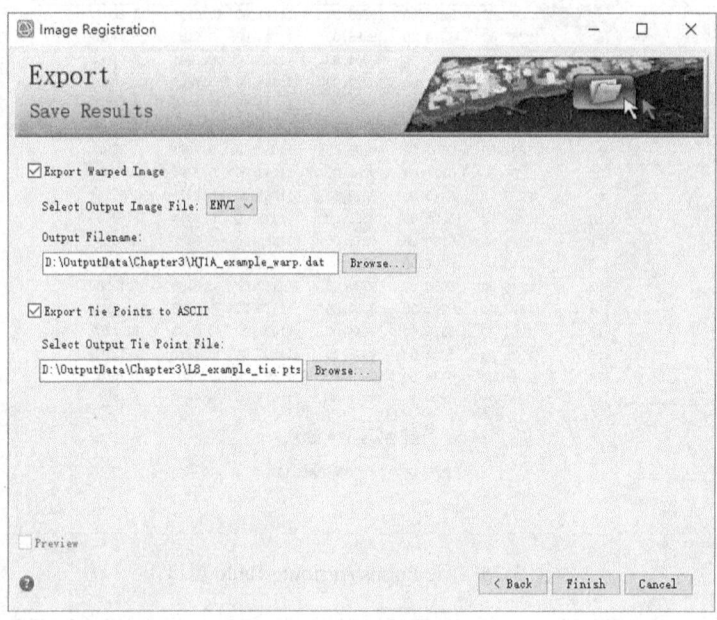

图 3-27　Export 面板

3.5　课后练习

（1）对影像数据 LC81230322020264LGN00 进行辐射校正处理,并比较不同地物类型（植被、水体、建筑物等）在校正前后的光谱信息。

（2）以"L8_exercise.dat"为基准影像,对"HJ1A_exercise.dat"影像数据进行几何校正处理,比较校正前后影像的变化。

第4章 图像增强

4.1 实践目的

熟悉在 ENVI 中进行图像增强的多种工具，通过对图像进行空间域、频率域、光谱域的多种计算与变换，掌握利用 ENVI 软件进行灰度变换、直方图变换、空间卷积运算、光谱变换、波段运算等基本图像增强操作。

4.2 预备知识

图像增强是指通过一系列的图像处理方法和技术，改善图像的质量、增强图像的细节和对比度，使图像更容易被人眼分析和理解。在进行遥感信息提取前，可以针对图像的不同应用目的，通过各种图像增强方法来加强图像判读和识别效果。图像增强包括灰度变换、直方图变换、空间域增强、频率域增强、图像运算等操作。

图像灰度变换处理是一种空间域的图像增强技术。灰度变换是指根据需要按一定变换关系逐点改变图像中每一个像素亮度值的方法。其目的是改善画质，变换图像对比度，使图像的显示效果更加清晰。图像的灰度分布情况是图像的一个重要特征。图像的灰度直方图描述了图像中灰度分布情况，能够很直观地展示出图像中各个灰度级所占的比例。灰度直方图中，横坐标代表灰度级，纵坐标代表该灰度级出现的频率。有些图像的灰度分布集中，图像细节不够清晰，对比度较低。为了增强图像，可以采用直方图均衡化和直方图匹配两种变换，增大图像对比度，使图像细节清晰。

邻域运算和点运算构成了最基本、最重要的图像处理手段。与对单个像元的处理不同，邻域运算是指利用像元与其周围相邻像元的关系，采用空间域中的邻域处理方法来突出图像的边缘或纹理信息，以达到增强视觉效果的目的。输出的像素值由包含当前像素的一个邻域中的几个像素的像素值决定。邻域运算在遥感数字图像处理中表现为平滑和锐化两种处理方式，平滑一般用于图像去噪声，而锐化可以增强图像的边缘及纹理信息。

频率域增强是先利用某种图像变换方法，将原来图像空间中的图像转换到频域空间中；然后在频域空间中，根据处理目的对图像的变换系数（频率成分）直接进行运算；最后将图像反变换，转换回原来的图像空间中，达到图像增强的目的。频率域是一种间接增强的算法，常用的频率域增强算法有基于频率域转换的傅里叶变换、基于多尺度分割的小波变换和颜色空间变换等。

图像运算包括四则运算、数学形态学运算、图像融合、多光谱增强等。图像的四则运算是指针对多源遥感图像的特点，根据地物本身在不同波段或不同时相的灰度值差异，对于配准后的两幅或两幅以上的多波段遥感图像对应像元逐个进行加、减、乘、除的四则运算，来达到增加某些信息或消除某些不必要信息的目的。数学形态学运算，顾名思义就是指会使图像的形态发生变化的操作。常见的数学形态学运算包括腐蚀、膨胀、开运算和闭运算等。其中，开运算和闭运算由腐蚀和膨胀通过结合形成。开运算就是先腐蚀再膨胀，闭运算就是先膨胀再腐蚀。图像融合是将不同传感器、不同时相遥感数据之间以及遥感数据与非遥感数据之间的信息组合匹配的技术。融合后的图像数据能弥补单一遥感数据的不足，综合多种遥感数据的优势，精度更高，可应用性更强，也更有利于问题的综合分析。多光谱变换可通过函数变换，减少多光谱图像各波段信息之间的冗余，保留主要信息，达到压缩数据量、增强和提取有用信息的目的。

4.3 实践数据

本章实践数据包括 Landsat 8 OLI 多光谱数据和 Google Earth 高分辨率影像。此外，本章实习还将用到直方图匹配插件和小波变换插件。数据及存放路径介绍如下。

（1）Landsat 8 OLI 数据：...\Data\Chapter4\L8_example.hdr；...\Data\Chapter4\L8_example.dat；...\Data\Chapter4\L8_example2.hdr；...\Data\Chapter4\L8_example2.dat；...\Data\Chapter4\pan.hdr；...\Data\Chapter4\pan.dat；...\ExerciseData\Chapter4\L8_exercise.hdr；...\ExerciseData\Chapter4\L8_exercise.dat。上述数据由 1.3 节"实践数据"中 Landsat 8 影像"LC81230322019261LGN00"（存放路径：...\Data\Chapter1\LC81230322019261LGN00\LC08_L1TP_123032_20190918_20190926_01_T1...）经过辐射校正和裁剪得到。成像时间是 2019 年 9 月 18 日，云量小于 1%。其中，"pan.dat"为全色波段，分辨率为 15m；其余数据分辨率为 30m。

（2）Google Earth 数据：...\Data\Chapter4\GoogleImage_example.tif；...\ExerciseData\Chapter4\GoogleImage_exercise.tif。数据来自 Google Earth 平台，成像时间分别为 2020 年 8 月 3 日和 2022 年 6 月 23 日，分辨率为 0.00000536°，包含红、绿、蓝三个波段。

（3）直方图匹配插件：...\Data\Chapter4\envi_histogram_match_batch.sav。

（4）小波变换插件：...\Data\Chapter4\wavelet_fusion.sav。

（5）穗帽变换插件：...\Data\Chapter4\Tasseled_Cap_for_Landsat8OLI.sav；...\Data\Chapter4\Tasseled_Cap_for_Landsat8OLI_Task.task。

4.4 实践内容与步骤

4.4.1 灰度变换

1. 线性变换

（1）打开 ENVI，在菜单栏单击【File】—【Open...】，浏览至"...\Data\Chapter4"文件夹，选中研究子区的多光谱影像数据"L8_example.dat"。

（2）在菜单栏单击【File】—【Data Manager】，打开 Data Manager 窗口，选择所需波段后，单击【Load Data】在图像窗口中加载影像。本节选用近红外波段、红光波段和绿光波段分别赋予 R、G、B 通道，对影像进行标准假彩色合成显示（图 4-1）。

（3）对图像进行线性变换。在 ENVI 5.3.1 中，线性变换的实现方法有两种：第一种，利用工具栏中的按钮分别选取不同的反差拉伸选项（图 4-2），直接进行线性变换，有 Linear、Linear 1%、Linear 2%、Linear 5%等选项。在应用中，一般选择"Linear 2%"即 2%线性拉伸。这种变换方式基于直方图分布，对图像 DN（灰度）值分布在 2%和 98%之间的像元做线性拉伸，即拉伸时去除小于 2%大于 98%的值，这样绝大多数的异常值会在拉伸时舍掉，显示出漂亮直观的效果。

图 4-1 标准假彩色合成显示图像

利用工具栏中的按钮进行线性变换后,需要对文件进行保存。单击【File】—【Export View To】—【Image File】,弹出 Export View to Image File 对话框(图 4-3),指定文件名即可。

第二种,通过【Stretch Data】工具实现,步骤如下:① 选择波段。在 Toolbox 中,选择【Raster Management】—【Stretch Data】,在弹出的 Data Stretch Input File 对话框中选择需要拉伸的影像,此处选择"L8_example.dat"。单击【Spectral Subset】,将会弹出 File Spectral Subset 对话框,可以选择需要拉伸的波段(图 4-4)。其他选项卡均不作设置,单击【OK】。② 波段线性拉伸。

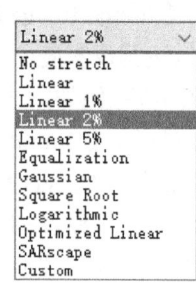

图 4-2 拉伸方式选择工具条

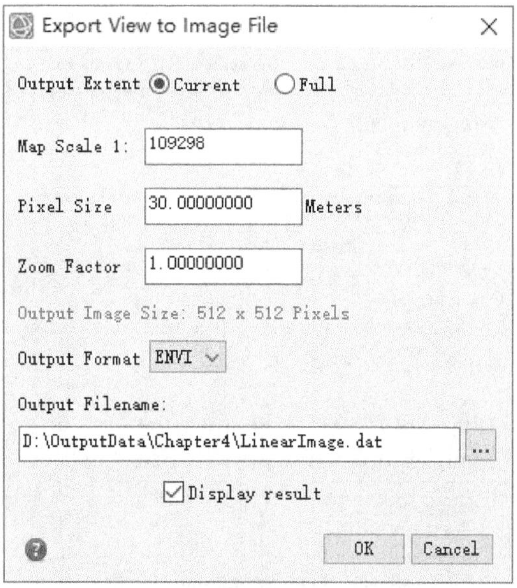

图 4-3 Export View to Image File 对话框

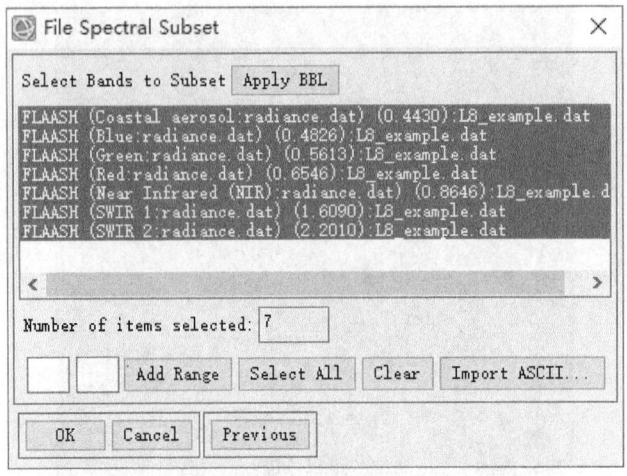

图 4-4　File Spectral Subset 对话框

在弹出的 Data Stretching 对话框（图 4-5）中，【Stretch Type】用于设置拉伸方式，选择【Linear】选项。【Stretch Range】用于设置拉伸范围，可以按图像灰度值累计频率设置（【By Percent】），也可以按图像灰度值设置（【By Value】）。此处选择【By Percent】，输入希望拉伸的百分比范围（图 4-5）。例如，如果想将图像的最低值拉伸到 2%，最高值拉伸到 98%，则可以输入"2%"和"98%"。【Output Data Range】用于设置输出图像的数值范围，此处设置最小值（【Min】）为 0，最大值（【Max】）为 255。【Data Type】用于设置输出图像的数据类型，此处选择"Byte"。最后设置输出路径和文件名，单击【OK】进行拉伸。ENVI 将根据指定的百分比范围对图像进行线性拉伸，并显示拉伸后的图像。拉伸前后效果对比如图 4-6 所示。

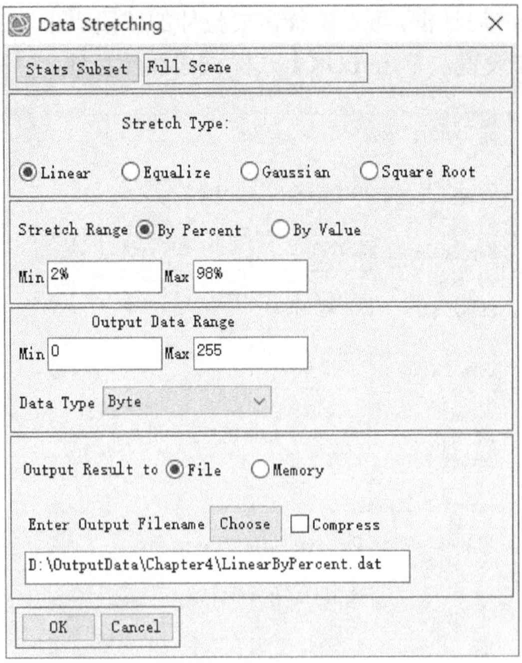

图 4-5　Data Stretching 对话框

　　　　(a) 原图像　　　　　　　　　　(b) 2%线性拉伸后图像

图 4-6　拉伸前后效果对比

2. 分段线性变换

在 ENVI 5.3.1 中,没有提供"Piecewise Linear Transformation"(分段线性变换)的特定工具。可以使用 ENVI 的波段运算工具(详见 1.4.3 节"1.波段运算的基本操作")来实现分段线性变换。步骤如下。

(1) 打开 ENVI 软件,加载要进行变换的图像"L8_example.dat"。

(2) 在 Toolbox 中,选择【Band Algebra】—【Band Math】工具,打开 Band Math 对话框。

(3) 在 Band Math 对话框中,使用数学表达式定义分段线性变换。例如,将输入灰度级范围为[92, 2000)的像素值线性拉伸到输出灰度级范围为[0, 250],同时将输入灰度级范围为[2000,12892]的像素值线性拉伸到输出灰度级范围为[250, 255],输入表达式(b1 ge 92 and b1 lt 2000) * ((float (b1) –92) * (250–0) / (2000–92) +0) + (b1 ge 2000 and b1 le 12892) * ((float (b1) –2000) * (255–250) / (12892–2000) +250),输入完成后单击【Add to List】,再单击【OK】。

(4) 在弹出的 Variables to Bands Pairings 对话框(图 4-7)中,将公式中的"b1"与要进行变换的波段匹配,此处选择"L8_example.dat"的第三波段"Green",设置输出路径和文件名,并单击【OK】,生成变换结果。

3. 非线性灰度变换

在 ENVI 中,非线性灰度变换的方法与线性灰度变换的方法相似。主要方法也有两种:

第一种,利用工具栏中的按钮分别选取不同的反差拉伸选项(与线性变换界面相同),直接进行非线性灰度变换,有"Equalization"(均衡化)、"Gaussian"(高斯)、"Square Root"(平方根)、"Logarithmic"(对数)、"Optimized Linear"(优化线性)和"Custom"(自定义)等选项。

第二种,通过【Stretch Data】工具实现,步骤可参考"1.线性变换"。

下面对几种变换进行详细介绍。

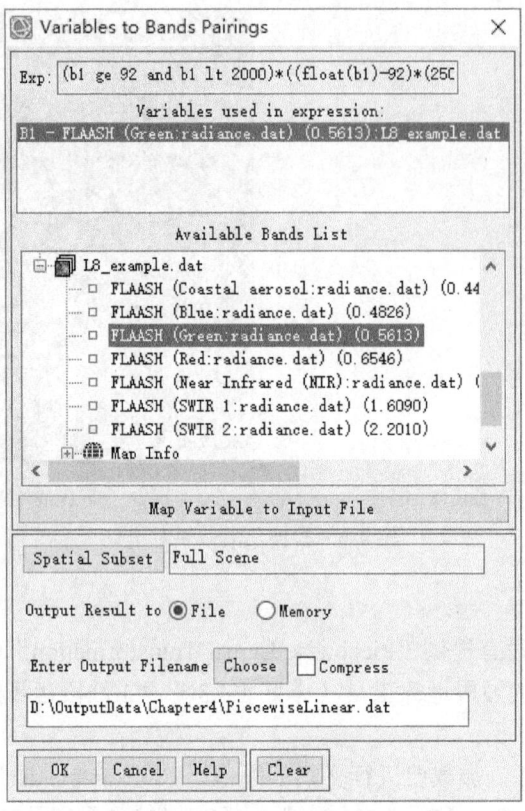

图 4-7　Variables to Bands Pairings 对话框

（1）均衡化（Equalization）变换：均衡化是一种常见的非线性灰度变换方法，主要通过重新分配图像的像素值来增强图像的对比度。该方法将图像的直方图拉伸到整个灰度级范围内，使得灰度值分布更均匀。

（2）高斯（Gaussian）变换：高斯变换通过应用高斯函数对图像进行平滑，并改变图像的灰度分布。该方法可以增强图像的细节和纹理，特别适用于具有高频噪声的图像。

（3）平方根（Square Root）变换：平方根变换通过对图像的像素值进行平方根运算来改变图像的灰度分布。这种变换方法可以增强图像的低灰度部分，使其更易于观察。

（4）对数（Logarithmic）变换：对数变换通过对图像的像素值取对数来改变图像的灰度分布。这种变换方法可以增强图像的高灰度部分，使其更易于观察。

（5）优化线性（Optimized Linear）变换：优化线性变换是一种根据图像直方图的特征自动选择灰度级范围和对比度增益的非线性灰度变换方法。它通过最大化图像的动态范围来优化图像的视觉质量。

（6）自定义（Custom）变换：自定义变换允许用户根据自己的需求自定义非线性灰度变换。用户可以手动设置灰度级范围、对比度增益和其他参数（图 4-8），以满足特定的图像处理目标。

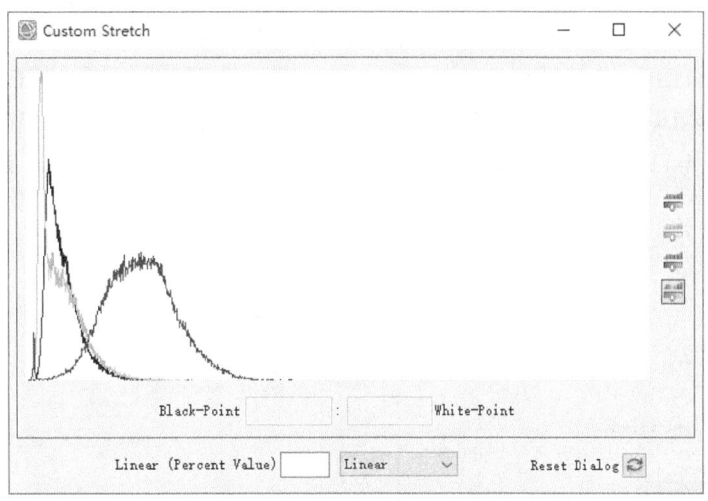

图 4-8　Custom Stretch 对话框

4.4.2　直方图变换

1. 直方图均衡化

直方图均衡化是灰度变换中的一种，操作步骤见 4.4.1 节"3.非线性灰度变换"中的"均衡化（Equalization）变换"，图 4-9 展示了直方图均衡化的效果。

图 4-9　直方图均衡化效果图

2. 直方图匹配

在 ENVI 中安装直方图匹配的扩展插件来实现该操作。将"...\Data\Chapter4"文件夹下的"envi_histogram_match_batch.sav"复制并粘贴在 ENVI 安装路径下的"extensions"文件夹中（默认路径为"C:\Program Files\Exelis\ENVI53\extensions"），并重新启动 ENVI 程序。

在 ENVI 软件中加载要进行直方图匹配的参考图像"L8_example.dat"和待匹配图像

"L8_example2.dat"。在 Toolbox 中，选择【Extensions】—【Histogram Match Batch】。在弹出的 File Selection 对话框中，在【Select the Adjust Files】下选择待匹配图像"L8_example2.dat"，单击【OK】（图 4-10）。在【Select the Reference File】下选择参考图像"L8_example.dat"，单击【OK】（图 4-11）。浏览至输出路径"...\OutputData\Chapter4"，单击【OK】，将结果输出在该路径下。

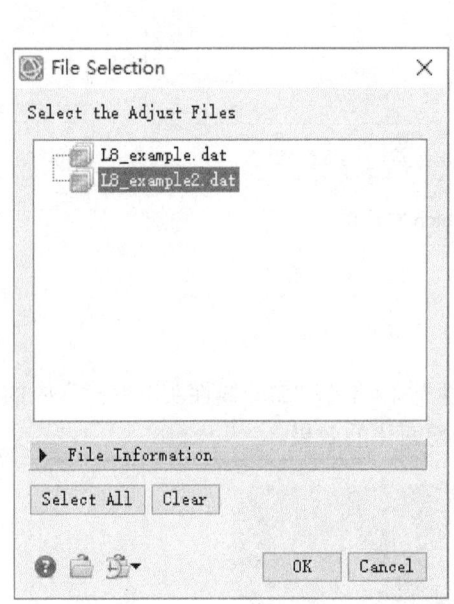 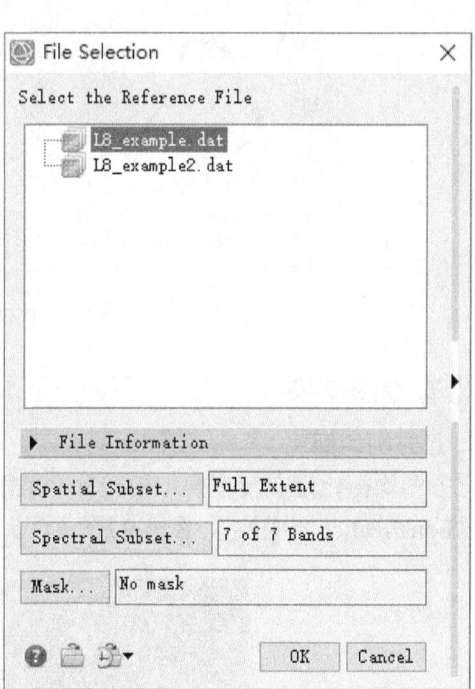

图 4-10　选择待匹配图像　　　　　　图 4-11　选择参考图像

在 ENVI 工具栏中单击 ，打开 Data Manager 窗口，依次单击直方图匹配结果"L8_example2_matched.dat"的【Red】【Green】【Blue】波段，并单击【Load Data】，此时图像窗口中显示该数据的真彩色影像。直方图匹配前后效果对比如图 4-12 所示。

4.4.3　空间域增强

1. 平滑

在 ENVI 5.3.1 版本中，常用的平滑工具有均值滤波、中值滤波等。根据需求和图像特点，可以选择适当的平滑工具和参数来进行图像平滑处理。

1）均值滤波

低频滤波保存了图像中的低频成分，使图像平滑。ENVI 默认的低通滤波器使用 3×3 的变换核，每个变换核中的元素包含相同的权重，使用变换核中像元值的均值来代替中心像元值，即为均值滤波。均值滤波在对图像进行平滑的同时也破坏了图像的细节部分，从而使图像变得模糊。滤波器尺寸越大，图像越模糊。具体操作步骤如下。

（1）在菜单栏中选择【File】—【Open】，浏览至"...\Data\Chapter4"文件夹，打开"GoogleImage_example.tif"。

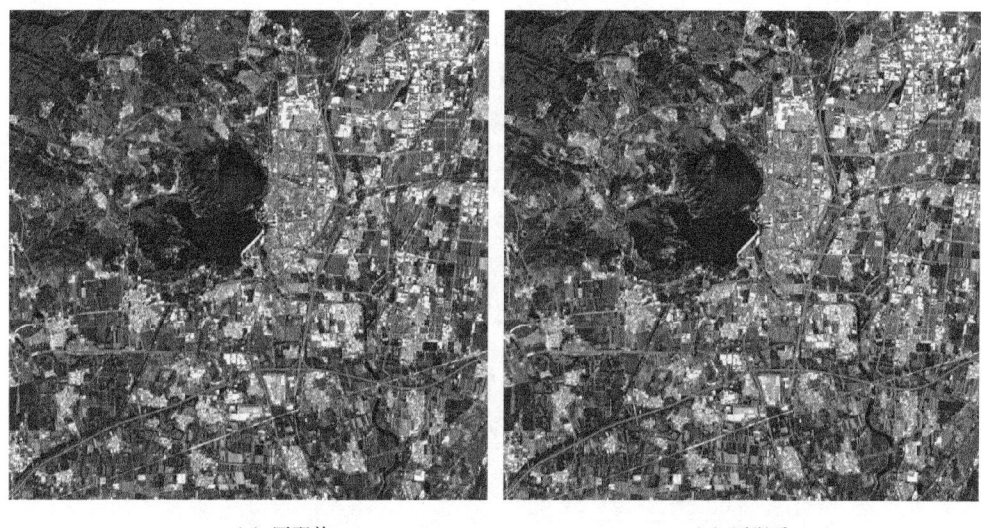

(a) 匹配前　　　　　　　　　　　　(b) 匹配后

图 4-12　直方图匹配前后效果对比

（2）在 Toolbox 中，选择【Filter】—【Convolutions and Morphology】工具。在弹出的 Convolutions and Morphology Tool 对话框中（图 4-13），执行均值滤波时单击【Convolutions】—【Low Pass】，设置【Kernel Size】【Image Add Back（0-100）%】等参数。各参数的解释如下。

【Kernel Size】：卷积核大小，以奇数来表示，如 3×3、5×5 等，有些卷积核不能改变大小，包括 Sobel 和 Roberts。默认卷积核是正方形，如果需要使用非正方形，单击【Options】—【Square Kernel】。此处设置为 3×3。

【Image Add Back（0-100）%】：输入一个加回值。将原始图像中的一部分"加回"到卷积滤波结果图像上，有助于保持图像的空间连续性，该方法经常用于图像锐化。加回值是原始图像在结果输出图像中所占的百分比。例如，如果加回值输入 40%，那么，40%的原始图像将被"加回"到卷积滤波结果图像上，并生成最终的结果图像。此处设置为 0。

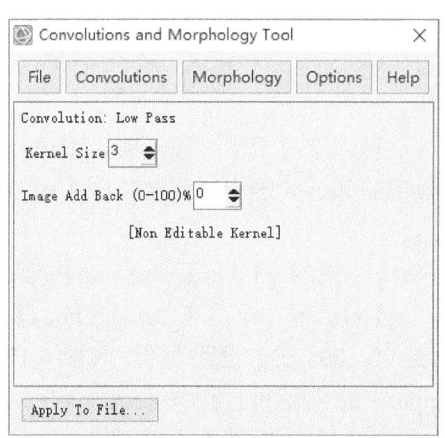 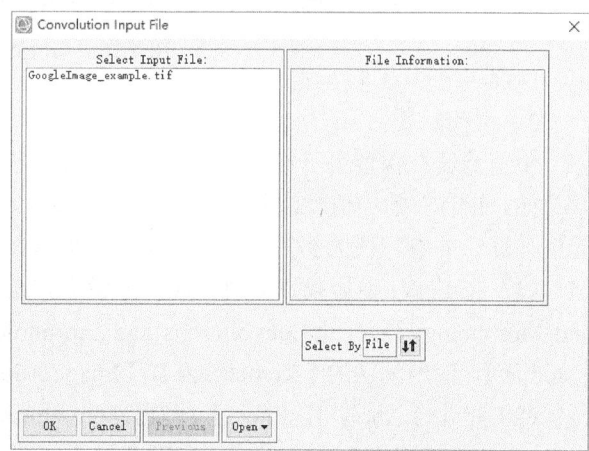

图 4-13　Convolutions and Morphology Tool 对话框　　　图 4-14　Convolution Input File 对话框

（3）单击【Apply To File...】，弹出 Convolution Input File 对话框（图 4-14），选择"GoogleImage_example.tif"影像，单击【OK】。之后进入 Convolution Parameters 对话框（图 4-15）设置输出路径和文件名，单击【OK】输出进行均值滤波的影像（图 4-16）。

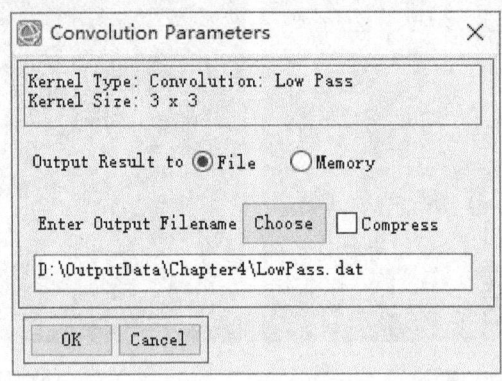

图 4-15　Convolution Parameters 对话框

图 4-16　均值滤波结果

2）中值滤波

中值滤波在保留大于卷积核边缘的同时平滑图像，这种方法对于消除椒盐噪声或斑点非常有效。ENVI 的中值滤波器用一个被滤波器的大小限定的邻近区的中值代替每一个中心像元值，默认的卷积核大小是 3×3。具体操作步骤如下。

（1）在 ENVI 中加载好需要滤波的影像后，在 Toolbox 中选择【Filter】—【Convolutions and Morphology】，打开 Convolutions and Morphology Tool 对话框，单击【Convolutions】—【Median】，使用默认的【Kernel Size】，【Image Add Back（0-100）%】设置为"0"（图 4-17）。

（2）单击【Apply To File...】，弹出 Convolution Input File 对话框，选择"GoogleImage_example.tif"影像，单击【OK】。之后进入 Convolution Parameters 对话框中设置输出路径和文件名为"...\OutputData\Chapter4\Median.dat"，图像中值滤波结果如图 4-18 所示。

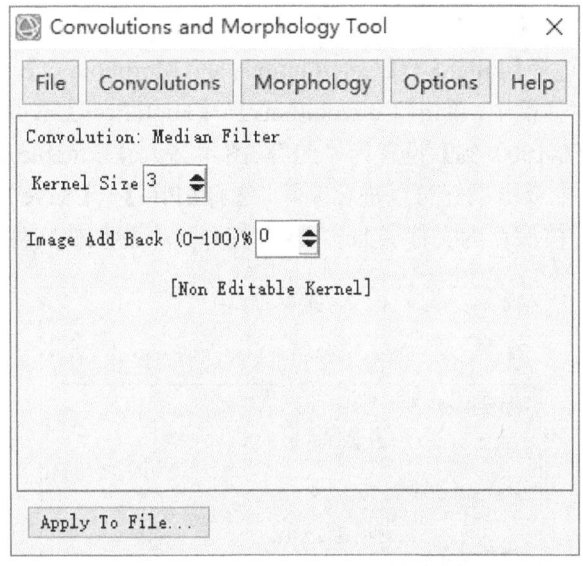

图 4-17 中值滤波参数设置

图 4-18 中值滤波结果

2. 锐化

本节对图像锐化的步骤进行介绍,包括高通滤波、拉普拉斯变换、定向增强、Sobel 边缘增强、Roberts 算子增强。

1)高通滤波

高通滤波在保持图像高频信息的同时,消除了图像中的低频成分。它可以用来增强纹理、边缘等信息。高通滤波通过运用一个具有高中心值的变换核来完成(周围通常是负值权重)。ENVI 默认的高通滤波器使用 3×3 的变换核(中心值为"8",周围像元值为"−1"),高通滤波卷积核的维数必须是奇数。具体操作步骤如下。

(1)在菜单栏中选择【File】—【Open】,打开"GoogleImage_example.tif"。

(2)在 Toolbox 中选择【Filter】—【Convolutions and Morphology】。在弹出的 Convolutions and Morphology Tool 对话框中,单击【Convolutions】—【High Pass】,使用默认的【Kernel Size】,将【Image Add Back(0-100)%】设置为"50"(图 4-19)。【Editable Kernel】栏代表卷积核中各项的值,在文本框中双击鼠标可以进行编辑,选择【File】—【Save Kernel...】或者【Restore Kernel...】,可以把卷积核保存为文件(.ker)或者打开一个卷积核文件。

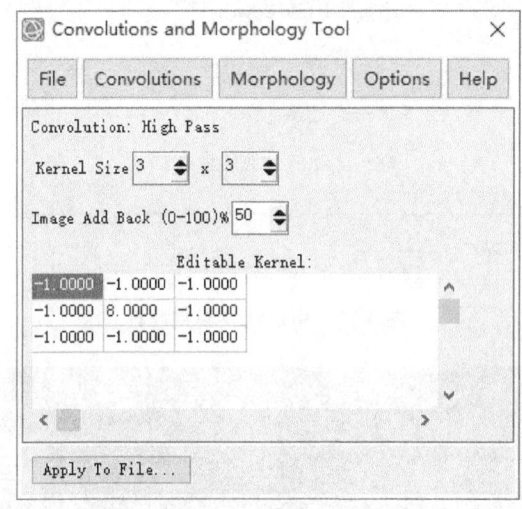

图 4-19　高通滤波参数设置

(3)单击【Apply To File...】选择需要进行滤波的影像"GoogleImage_example.tif",设置结果输出路径和文件名为"...\OutputData\Chapter4\HighPass.dat",所得结果如图 4-20 所示。

图 4-20　高通滤波结果

2)拉普拉斯变换

拉普拉斯滤波是边缘增强滤波,它的运行不用考虑边缘的方向。拉普拉斯滤波强调图像中的最大值，它通过运用一个具有高中心值的变换核来完成（一般来说，外围南北向与东西向权重均为负值，角落为"0"）。ENVI 中默认的拉普拉斯滤波使用一个大小为 3×3、中心值为"4"，南北向和东西向均为"–1"的变换核。所有的拉普拉斯滤波卷积核的维数都必须是奇数。具体操作如下。

（1）在菜单栏中选择【File】—【Open】，打开"GoogleImage_example.tif"。

（2）在 Toolbox 中选择【Filter】—【Convolutions and Morphology】，打开 Convolutions and Morphology Tool 对话框，单击【Convolutions】—【Laplacian】，使用默认的【Kernel Size】和【Editable Kernel】，将【Image Add Back（0-100）%】设置为"50"（图 4-21）。

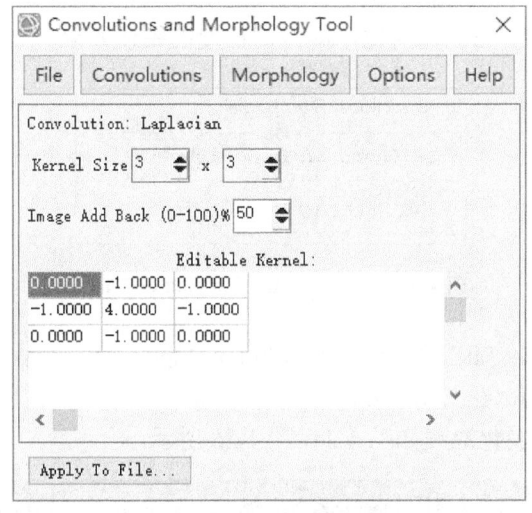

图 4-21　拉普拉斯滤波参数设置

（3）单击【Apply To File...】，弹出 Convolution Input File 对话框，选择"GoogleImage_example.tif"，单击【OK】。之后进入 Convolution Parameters 对话框中设置输出路径和文件名为"...\OutputData\Chapter4\Laplacian.dat"，拉普拉斯滤波结果如图 4-22 所示。

图 4-22　拉普拉斯滤波结果

3）定向增强

方向滤波是边缘增强滤波，它有选择性地增强有特定方向成分的（如梯度）图像特征。方向滤波变换核元素的总和为 0。通过调整滤波器大小、增强比例和强度等参数，它可以根据图像的特点和需求来实现所需的定向增强效果。在 ENVI 中进行定向增强（Directional Enhancement）的步骤如下。

（1）在菜单栏中选择【File】—【Open】，打开"GoogleImage_example.tif"。

（2）在 Toolbox 中选择【Filter】—【Convolutions and Morphology】，在 Convolutions and Morphology Tool 对话框中，单击【Convolutions】—【Directional】，在弹出的 Directional Filter Angle 对话框（图 4-23）中分别输入 30、60、90。使用默认的【Kernel Size】，将【Image Add Back（0-100）%】设置为"50"，对比不同方向梯度的锐化效果。

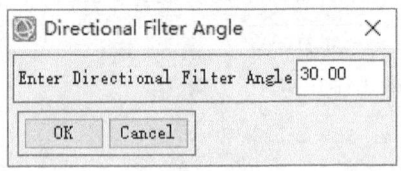

图 4-23　Directional Filter Angle 对话框

（3）单击【Apply To File...】，在 Convolution Input File 对话框中选择 GoogleImage_example.tif"，单击【OK】。在 Convolution Parameters 对话框中设置输出路径和文件名，单击【OK】。不同方向梯度的锐化滤波如图 4-24~图 4-26 所示。

图 4-24　定向滤波效果（Angle=30）

4）Sobel 边缘增强

Sobel 滤波器是使用 Sobel 函数的近似值的特例，也是一个预先设置变换核为 3×3 的非线性边缘增强的算子。滤波器的大小不能更改，也无法对卷积核进行编辑。Sobel 边缘增强是一种常用的图像处理技术，用于突出图像中的边缘特征。它利用 Sobel 算子计算图像的梯度，然后根据梯度值来增强边缘部分的对比度。具体操作步骤如下。

图 4-25　定向滤波效果（Angle=60）

图 4-26　定向滤波效果（Angle=90）

（1）在菜单栏中选择【File】—【Open】，打开"GoogleImage_example.tif"。

（2）在 Toolbox 中选择【Filter】—【Convolutions and Morphology】，在 Convolutions and Morphology Tool 对话框中，单击【Convolutions】—【Sobel】，将【Image Add Back（0-100）%】设置为"50"（图 4-27）。

（3）单击【Apply To File...】，弹出 Convolution Input File 对话框，选择"GoogleImage_example.tif"，单击【OK】。进入 Convolution Parameters 对话框中设置输出路径和文件名为"...\OutputData\Chapter4\Sobel.dat"，输出滤波结果如图 4-28 所示。

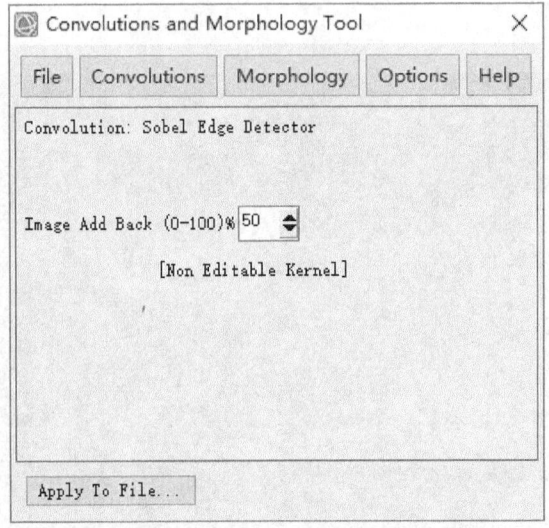

图 4-27　Sobel 边缘滤波参数设置

图 4-28　Sobel 滤波结果

5）Roberts 算子增强

Roberts 滤波是一种类似于 Sobel 的非线性边缘探测滤波。它是一种经典的边缘检测算法，利用图像中像素之间的差异来检测边缘。Roberts 算子使用 2×2 的模板进行卷积操作，计算水平和垂直方向的边缘强度，用于边缘锐化和分离。滤波器的大小不能更改，也无法对卷积核进行编辑。具体操作步骤如下。

（1）在菜单栏中选择【File】—【Open】，打开"GoogleImage_example.tif"。

（2）在 Toolbox 中选择【Filter】—【Convolutions and Morphology】。在 Convolutions and Morphology Tool 对话框中，单击【Convolutions】—【Roberts】。在弹出的对话框中将【Image Add Back（0-100）%】设置为"50"（图 4-29）。

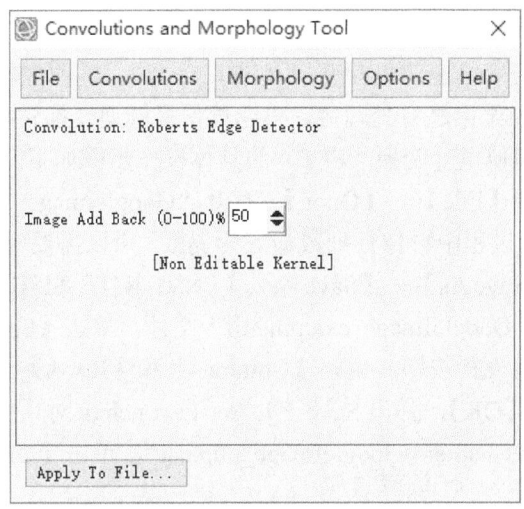

图 4-29　Roberts 算子增强参数设置

（3）单击【Apply To File...】，在 Convolution Input File 对话框，选择"GoogleImage_example.tif"，单击【OK】。进入 Convolution Parameters 对话框，设置输出路径和文件名为"...\OutputData\Chapter4\Roberts.dat"，单击【OK】，输出滤波结果如图 4-30 所示。

图 4-30　Roberts 滤波结果

4.4.4　频率域增强

1. 傅里叶变换

傅里叶变换主要用于消除周期性噪声，也可以用于消除由传感器异常引起的规律性错误。傅里叶变换的主要步骤如下：首先，把图像波段转换成一系列不同频率的二维正弦波傅里叶图像。然后，在频率域内对傅里叶图像进行滤波、掩膜等各种操作，减少或者消除部分高频或者低频成分。最后，把频率域的傅里叶图像变换为空间域图像。

1)快速傅里叶变换

遥感图像处理中常采用快速傅里叶变换(FFT)方法,将图像转换为一系列不同频率的二维正弦/余弦波,对变换结果进行处理后,再通过傅里叶逆变换转换到空间域,得到一个原始影像的增强影像。快速傅里叶变换(FFT)的具体操作步骤如下。

(1)在菜单栏中选择【File】—【Open】,打开"GoogleImage_example.tif"影像。

(2)因为傅里叶变换过程中影像行列数最好为偶数,所以需要对影像进行裁剪。在ENVI菜单栏选择【File】—【Save As】—【Save As...(ENVI, NITF, TIFF, DTED)】,在弹出的File Selection对话框中选择"GoogleImage_example.tif"文件,单击【Spatial Subset...】按钮,对话框右侧扩展出裁剪范围设置按钮。调整【Columns】和【Rows】文本框数字设置,具体数值如图4-31所示。单击【OK】,弹出Save File As Parameters对话框,设置影像输出路径和文件名为"...\OutputData\Chapter4\GoogleImage_clip.dat",单击【OK】保存裁剪结果。

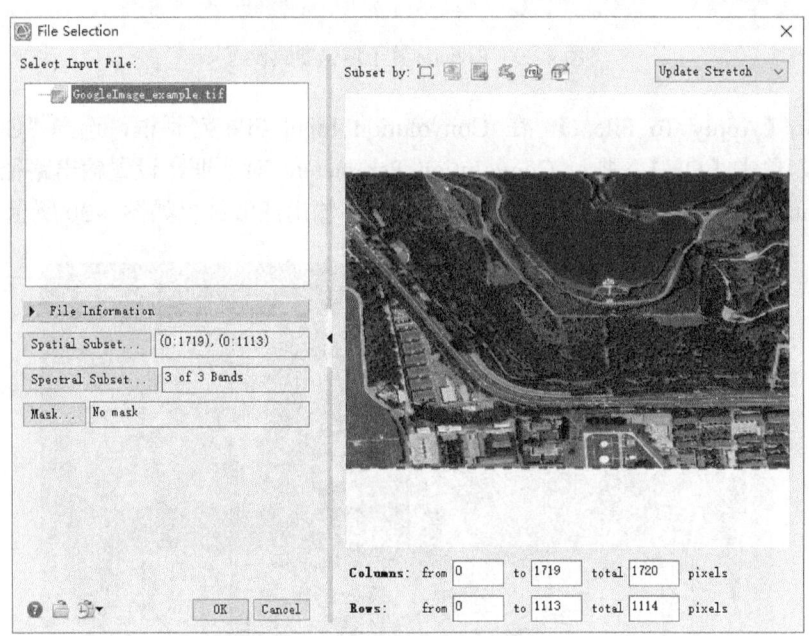

图4-31 File Selection对话框

(3)在Toolbox中,双击【Filter】—【FFT(Forward)】工具。在Forward FFT Input File对话框中,选择步骤(2)中裁剪好的影像,单击【OK】。

(4)在Forward FFT Parameters对话框中,选择输出路径及文件名为"...\OutputData\Chapter4\FFT_forward.dat"。

(5)在Data Manager中,选择一个FFT波段加载到视窗中(图4-32)。从图4-32上看,中间很亮的部分集中了图像的低频信息,外围较暗的部分集中了图像的高频信息。

2)定义FFT滤波器

在快速傅里叶变换得到的结果上,可以定义一些滤波器进行频率域的增强处理,过程如下。

(1)在Toolbox中,双击【Filter】—【FFT Filter Definition】工具。

图 4-32　傅里叶正变换结果

（2）在 Filter Definition 窗口中，单击【Filter_Type】—【Circular Cut】，在【Samples】和【Lines】文本框中键入影像的行列数，在【Radius】栏设置滤波器的尺寸大小（图 4-33），设置输出路径和文件名为"...\OutputData\Chapter4\FFT_filter.dat"，单击【Apply】，输出滤波器为 0 和 1 的二值图（图 4-34）。

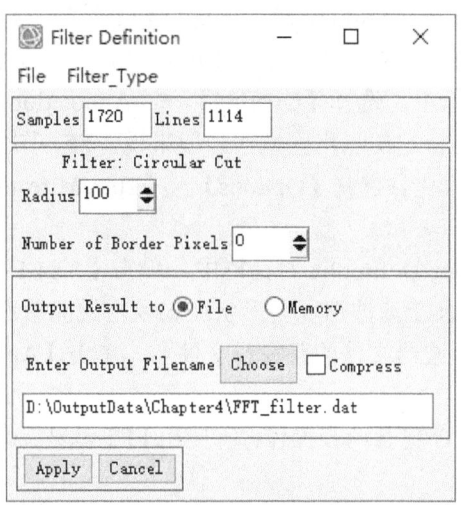

图 4-33　Filter Definition 窗口

选择不同类型的滤波器，需要设置的参数不一样，如果选择自定义滤波器（User Defined），还需要借助注记工具。下面对各种滤波器进行介绍。

（1）【Circular Pass】和【Circular Cut】。【Circular Pass】为低通滤波器，【Circular Cut】为高通滤波器。需要在【Radius】文本框中，以像元为单位输入滤波半径。【Number of Border Pixels】参数用于细化滤波器（平滑滤波器的边缘），零值代表没有平滑。

图 4-34　滤波器效果图

（2）【Band Pass】和【Band Cut】。对于【Band Pass】或【Band Cut】滤波器，在【Inner Radius】和【Outer Radius】文本框中，以像元为单位键入所需值，构成一个圆环，【Band Pass】滤波器保留圆环以外的能量谱（FFT 图像），【Band Cut】保留圆环以内的能量谱。【Number of Border Pixels】参数用于细化滤波器（平滑滤波器的边缘），零值代表没有平滑。

（3）【User Defined Pass】和【User Defined Cut】。【User Defined Pass】和【User Defined Cut】滤波器，可以将 ENVI 的形状注记导入滤波器。

如果使用【User Defined Pass】和【User Defined Cut】滤波器，注记文件需要在 ENVI Classic 中构建，具体方法如下：启动 ENVI Classic，打开 FFT 正向变换后的图像。在显示正向变换的 FFT 图像的主图像对话框中，选择【Overlay】—【Annotation】。通过在 FFT 图像上绘制多边形或其他形状，勾绘出特定的噪声区域（一般来说，FFT 图像中的亮斑、行或楔形条带等代表噪声）。在注记对话框中，选择【Options】—【Turn Mirror On】。将绘制的注记保存为文件，后缀为.ann。

回到 ENVI 5.3.1 的 Filter Definition 对话框中，单击【Ann File】按钮，选择刚才绘制的注记文件。【User Defined Pass】滤波器保留形状注记以内的能量谱，【User Defined Cut】保留以外的能量谱。选择输出滤波器文件的路径及文件名，单击【Apply】。

3）反向 FFT 变换

ENVI 反向 FFT 变换程序包含两步操作：①应用 FFT 滤波；②将 FFT 图像反变换回空间域数据。操作过程如下。

（1）在 Toolbox 中，双击【Filter】—【FFT（Inverse）】工具，在 Inverse FFT Input File 对话框中，选择 FFT 图像 "FFT_forward.dat"，单击【OK】（图 4-35）。

（2）在弹出的 Inverse FFT Filter File 对话框中，选择应用的滤波图像 "FFT_filter.dat"，单击【OK】（图 4-36）。

（3）在 Inverse FFT Parameters 对话框（图 4-37），选择结果输出路径及文件名为 "...\OutputData\Chapter4\FFT_result.dat"。在【Output Data Type】下拉菜单中，选择输出数据类型为 "Floating Point"，单击【OK】处理图像，得到傅里叶变换中理想高通滤波结果，如图 4-38 所示。

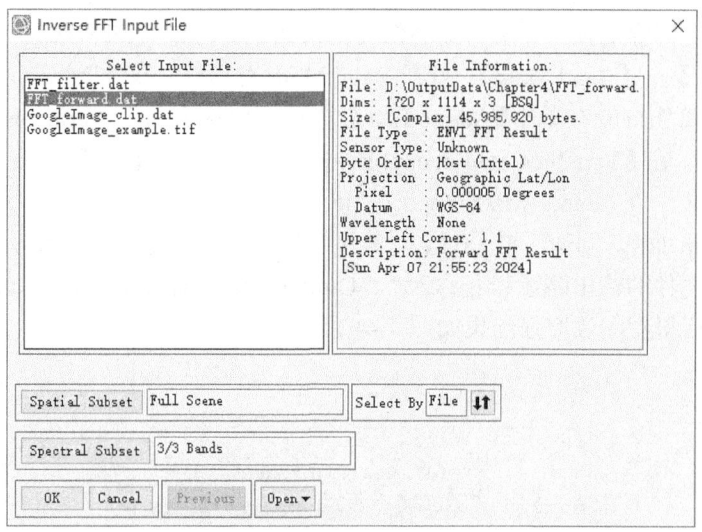

图 4-35　Inverse FFT Input File 对话框

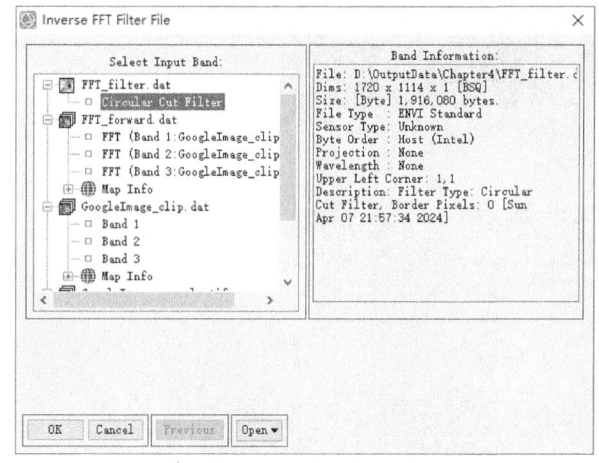

图 4-36　Inverse FFT Filter File 对话框

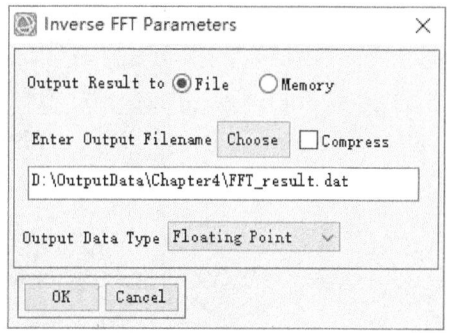

图 4-37　Inverse FFT Parameters 对话框

图 4-38　傅里叶变换结果

（4）为了实现图像增强，需要将原图像与滤波后的结果进行加和处理。在 Toolbox 中单击【Band Algebra】—【Band Math】，打开 Band Math 对话框，在【Enter an expression】文本框中输入计算公式"b1+b2"，单击【Add to List】，再单击【OK】，打开 Variables to Bands Pairings 对话框（图 4-39）。在【Variables used in expression】列表内单击【B1】，单击【Map Variable to Input File】按钮，在 Band Math Input File 对话框（图 4-40）选择裁剪后的影像"GoogleImage_clip.dat"。同理，将【B2】与傅里叶变换后的影像"FFT_result.dat"进行匹配。匹配完成后设置文件的输出路径和名称为"...\OutputData\Chapter4\GoogleImage_FFT.dat"，单击【OK】。加和后得到图像增强结果如图 4-41 所示。

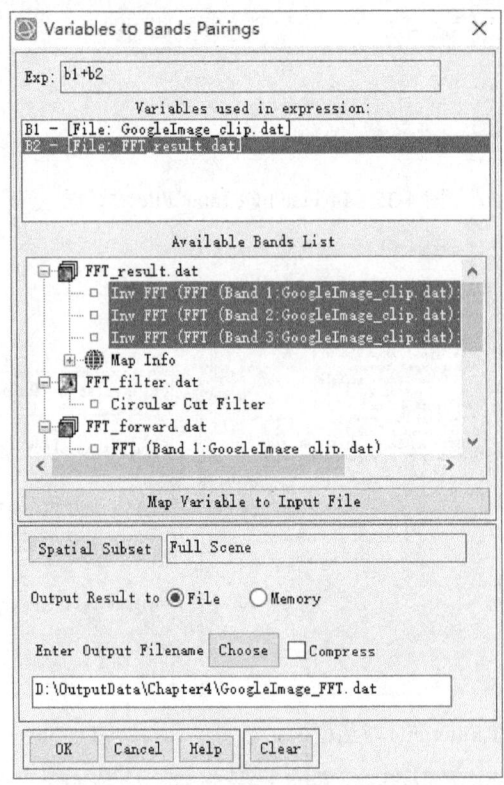

图 4-39　Variables to Bands Pairings 对话框

2. 小波变换

与傅里叶变换相比，小波变换是时间（空间）频率的局部化分析。它通过伸缩平移运算对信号（函数）逐步进行多尺度细化，最终达到高频处时间细分、低频处频率细分、能自动适应时频信号分析的要求，从而可聚焦到信号的任意细节。

（1）在 ENVI 中安装小波变换的扩展插件来实现该操作。将本章提供的"wavelet_fusion.sav"文件复制并粘贴到 ENVI 插件安装路径下的"extensions"文件夹下，默认路径为"C:\Program Files\Exelis\ENVI53\extensions"，重启 ENVI 即可使用。

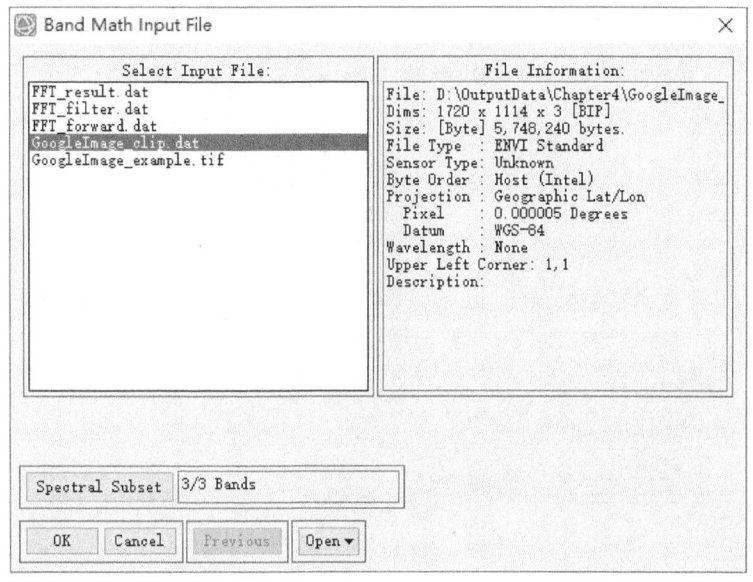

图 4-40 Band Math Input File 对话框

图 4-41 傅里叶变换图像增强结果

（2）在工具栏中单击 ，浏览至"...\Data\Chapter4"文件夹，选中"L8_example.dat"和"pan.dat"并打开。在 Toolbox 中，选择【Extensions】—【wavelet_fusion】，Select Image A 对话框下选择 Landsat 8 低分辨率影像"L8_example.dat"（图 4-42），Select Image B 对话框下选择高空间分辨率影像，即 Landsat 8 影像的全色波段"pan.dat"（图 4-43）。

（3）在 Wavelet Fusion 窗口中，调整 Fusion Strength 等选项。可以看到小波变换的结果可以更接近 Image A，也可以更接近 Image B，这里选择更接近 Image B（图 4-44）。

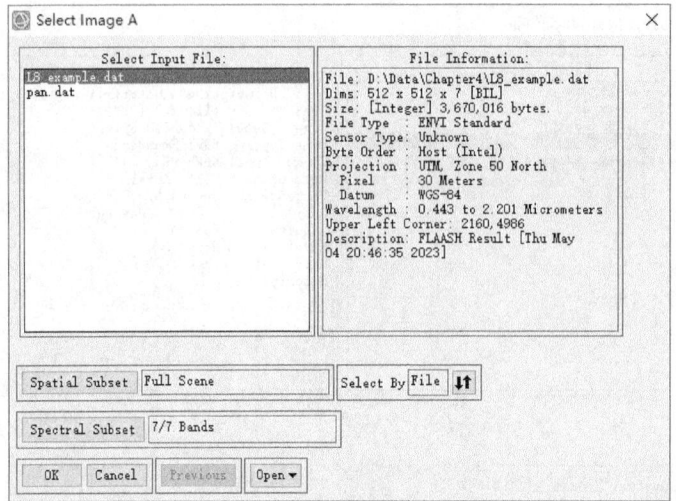

图 4-42　Select Image A 对话框

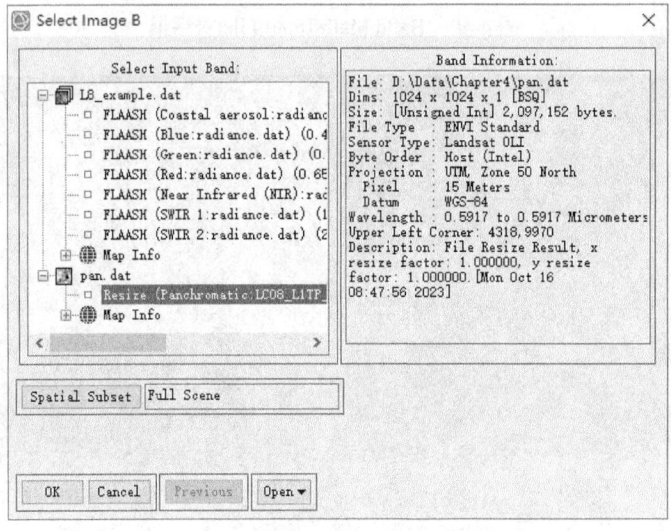

图 4-43　Select Image B 对话框

（4）单击【Apply】，可以看到生成的新影像具有更高的空间分辨率，变换结果如图 4-45 所示。

3. 颜色空间变换

颜色空间变换将三波段的红、绿、蓝图像变换成一个特定的颜色空间，并且能从选择的颜色空间转回到 RGB。两次变换之间，通过应用对比度拉伸或饱和度拉伸，可以生成一个色彩增强的彩色合成图像。

ENVI 支持的颜色空间包括 RGB（红、绿、蓝）、HSV（色调、饱和度、明度）、HLS（色调、亮度、饱和度）和 USGS Munsell。Munsell 颜色系统被土壤科学家和地质学家用于描述土壤和岩石的颜色特征，后来经过美国地质调查局（USGS）修订也用于描绘数字图像的颜色。

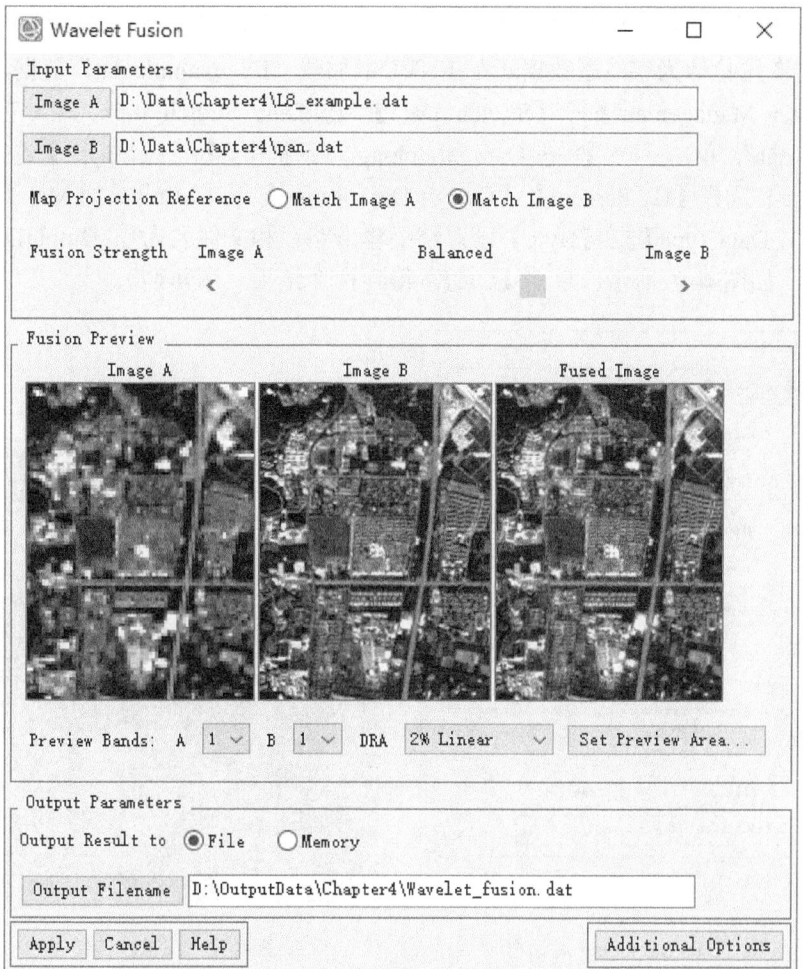

图 4-44　Wavelet Fusion 窗口

图 4-45　小波变换结果

需要注意的是，颜色空间变换需要输入三个波段，波段的数据类型必须为字节型。因此，需要将 RGB 图像拉伸为字节型数据。在 ENVI 中加载"L8_example.dat"数据，在 Toolbox 中选择【Raster Management】—【Stretch Data】，在 Data Stretch Input File 对话框中选择"L8_example.dat"，单击【OK】。在 Data Stretching 对话框中，【Stretch Type】选择【Linear】，【Stretch Range】选择【By Percent】，【Output Data Range】下【Min】和【Max】分别设置为"0"和"255"，【Data Type】选择【Byte】，设置结果输出路径和文件名为"...\OutputData\Chapter4\L8_byte.dat"，如图 4-46 所示，单击【OK】，得到拉伸结果（图 4-47）。

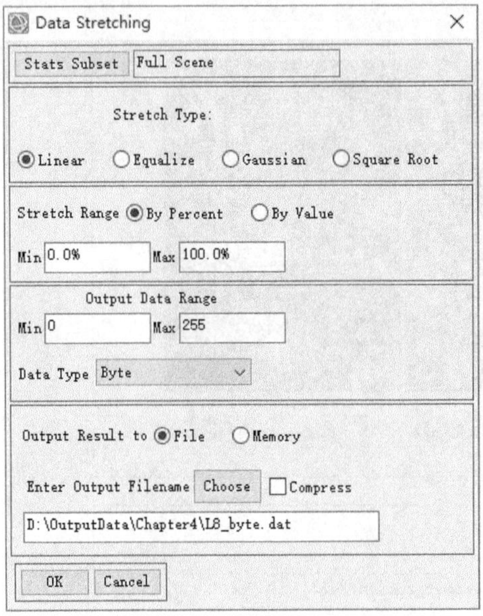

图 4-46　Data Stretching 对话框 　　　　图 4-47　图像拉伸结果

1）RGB 空间变换到其他颜色空间

将图像拉伸为字节型数据后，可将其从 RGB 空间变换到其他颜色空间。ENVI 提供了三种变换方式：RGB to HSV、RGB to HLS、RGB to USGS Munsell HSV。

a. RGB to HSV

将一幅 RGB 图像变换为 HSV 颜色空间，具体操作步骤如下。

（1）选择【Transform】—【Color Transforms】—【RGB to HSV Color Transform】。出现 RGB to HSV Input Bands 对话框，在【Available Bands List】中选择三个波段作为 R、G、B 波段，这里选择"L8_byte.dat"数据的"Red""Green""Blue"三个波段（图 4-48），单击【OK】。

（2）出现 RGB to HSV Parameters 对话框，选择结果的输出路径和文件名为"...\OutputData\Chapter4\RGBtoHSV.dat"，单击【OK】开始处理（图 4-49）。

（3）变换完成后，得到 HSV 文件，可以用标准 ENVI 灰阶或 RGB 彩色合成方法显示。图 4-50 是变换前后的效果对比图。

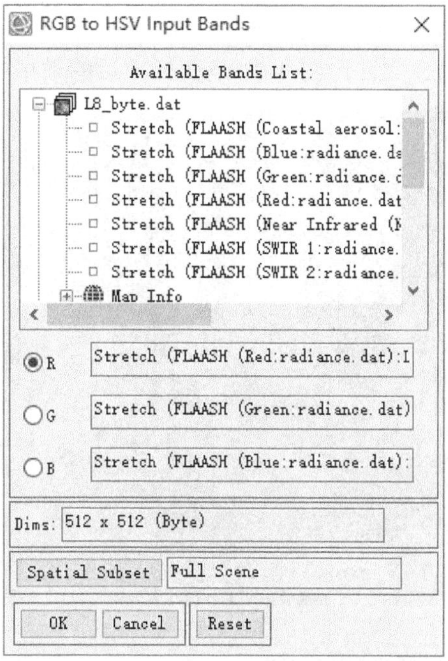

图 4-48　RGB to HSV Input Bands 对话框 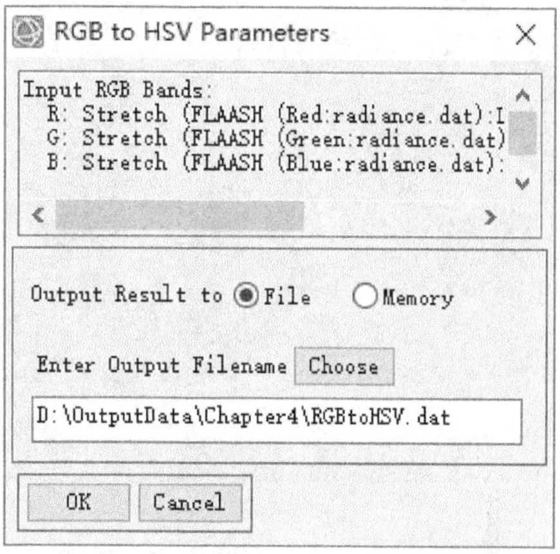　　图 4-49　RGB to HSV Parameters 对话框

(a) 变换前　　　　　　　　　　　　(b) 变换后

图 4-50　RGB to HSV 变换前后效果对比

b. RGB to HLS

将一幅 RGB 图像变换为 HLS 颜色空间，具体操作步骤如下。

(1) 在 Toolbox 中选择【Transform】—【Color Transforms】—【RGB to HLS Color Transform】。在 RGB to HLS Input Bands 对话框中，从【Available Bands List】中选择三个波段进行变换。这里同样选择"L8_byte.dat"数据的"Red""Green""Blue"三个波段，单击【OK】。

（2）在 RGB to HLS Parameters 对话框中，选择结果输出路径和文件名为"…\OutputData\Chapter4\RGBtoHLS.dat"，单击【OK】，得到 HLS 文件。图 4-51 是变换前后的效果对比图。

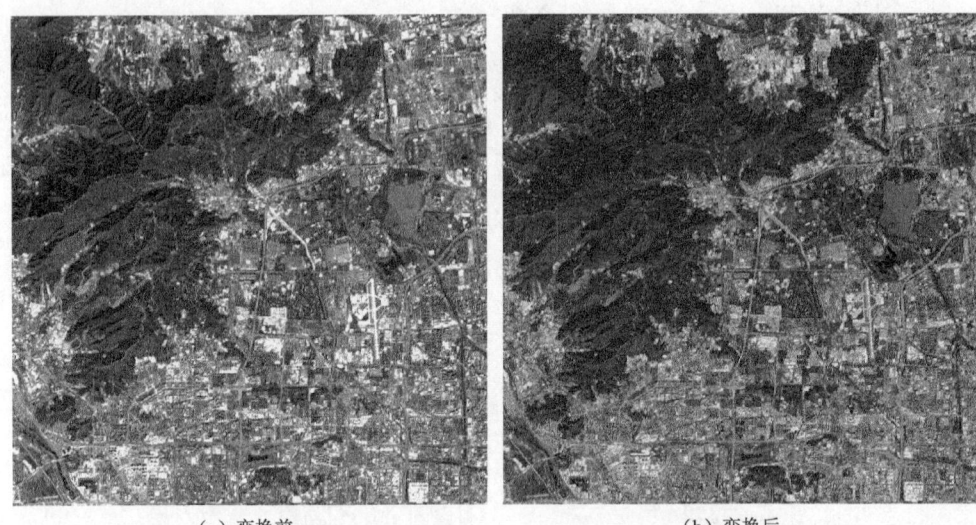

(a) 变换前　　　　　　　　　　　　(b) 变换后

图 4-51　RGB to HLS 变换前后效果对比

c. RGB to USGS Munsell HSV

将一幅 RGB 图像变换为 USGS Munsell HSV 颜色空间，具体操作步骤如下。

（1）在 Toolbox 中选择【Transform】—【Color Transforms】—【RGB to HSV（USGS Munsell）Color Transform】，在 RGB to USGS Munsell HSV Input Bands 对话框中依次单击拉伸后的"Red""Green""Blue"三个波段作为 R、G、B 输入波段，单击【OK】。

（2）在 RGB to USGS Munsell HSV Parameters 对话框中，选择输出路径和文件名为"…\OutputData\Chapter4\RGBtoHSV_USGS_Munsell.dat"，单击【OK】。图 4-52 是变换前后的效果对比图。

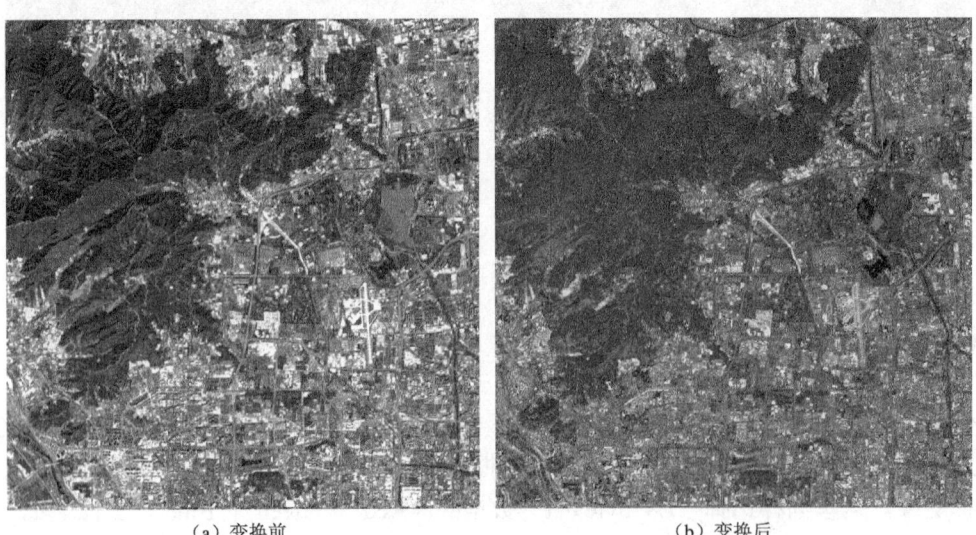

(a) 变换前　　　　　　　　　　　　(b) 变换后

图 4-52　RGB to USGS Munsell HSV 变换前后效果对比

2）其他颜色空间转回到 RGB 空间

将一幅图像从其他颜色空间转回到 RGB 空间，生成的 RGB 值是字节型数据，范围为 0~255。ENVI 提供了三种变换方式：HSV to RGB、HLS to RGB、USGS Munsell HSV to RGB。

a. HSV to RGB

将一幅 HSV 图像变换为 RGB 颜色空间，具体操作步骤如下。

（1）在 Toolbox 中选择【Transform】—【Color Transforms】—【HSV to RGB Color Transform】。弹出 HSV to RGB Input Bands 对话框，从【Available Bands List】中，依次单击相应的波段名作为参与变换的波段。波段名将出现在标有 H、S、V（分别代表色调、饱和度、明度）的文本框里，单击【OK】（图 4-53）。

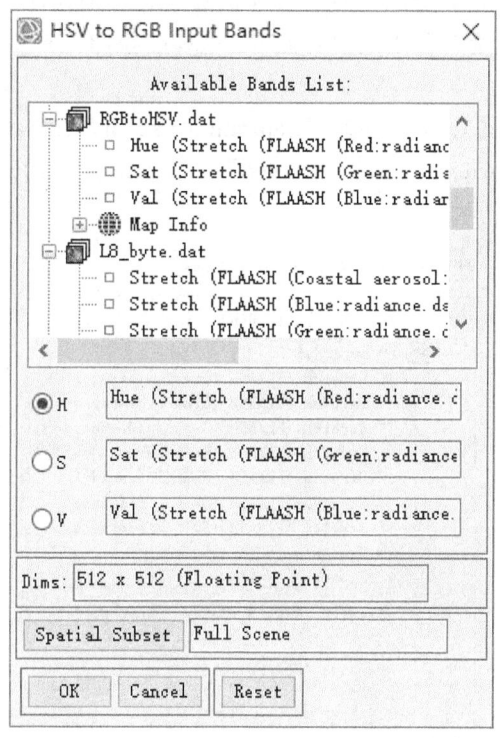

图 4-53　HSV to RGB Input Bands 对话框

（2）在 HSV to RGB Parameters 对话框中，选择输出路径和文件名为"...\OutputData\Chapter4\HSVtoRGB.dat"，单击【OK】，输出变换结果。

b. HLS to RGB

将一幅 HLS 图像变换为 RGB 颜色空间，具体操作步骤如下。

（1）在 Toolbox 中选择【Transform】—【Color Transforms】—【HLS to RGB Color Transform】。在 HLS to RGB Input Bands 对话框中，依次单击相应的波段作为参与变换的波段，单击【OK】。

（2）在 HLS to RGB Parameters 对话框中，选择输出路径及文件名，单击【OK】，输出变换结果。

c. USGS Munsell HSV to RGB

将一幅 USGS Munsell HSV 图像变换为 RGB 颜色空间，具体操作步骤如下。

（1）在 Toolbox 中选择【Transform】—【Color Transforms】—【HSV to RGB（USGS Munsell）Color Transform】，在 USGS Munsell HSV to RGB Input Bands 对话框中，依次单击相应的波段作为参与变换的波段，单击【OK】。

（2）在 USGS Munsell HSV to RGB Parameters 对话框中，选择输出路径及文件名，单击【OK】，输出变换结果。

3）RGB 图像彩色增强

ENVI 提供的饱和度拉伸工具能够对输入的 RGB 图像进行彩色增强。该工具首先将输入数据从 RGB 空间变换成 HSV 空间，然后对 S 波段进行高斯拉伸，最后将 HSV 数据变换回 RGB 空间，生成的输出波段具有较饱和的色彩。饱和度拉伸工具要求输入的三个波段均为字节型数据。操作步骤如下。

（1）在 Toolbox 中选择【Transform】—【Saturation Stretch】，在 Saturation Stretch Input Bands 对话框中，依次单击 L8_byte.dat"数据的"Red""Green""Blue"三个波段，单击【OK】（图 4-54）。

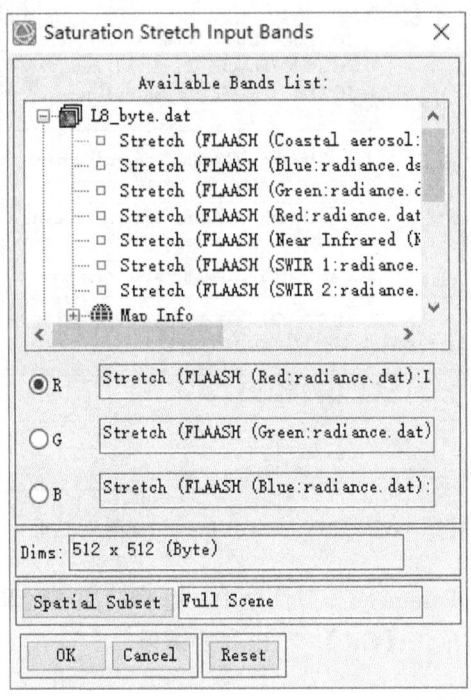

图 4-54　Saturation Stretch Input Bands 对话框

（2）在 Saturation Stretch Parameters 对话框中，选择输出路径和文件名为"...\OutputData\Chapter4\SaturationStretch.dat"，单击【OK】。图 4-55 是变换前后的效果对比图。

4.4.5　图像运算

波段运算（Band Math）是一种在遥感图像处理中常用的技术，用于对图像中的多个波段进行数学运算和逻辑操作。

(a) 拉伸前　　　　　　　　　　　　　　(b) 拉伸后

图 4-55　饱和度拉伸前后效果对比

1. 四则运算

1）减法运算

在 ENVI 中减法运算的使用以差值环境植被指数（DVI）来举例。计算公式如下：

$$DVI=DIR-RED \tag{4-1}$$

DVI 对土壤背景的变化较敏感，在植被覆盖度高时，对植被的灵敏度有所下降。因此，在退耕还林（草）后期植被覆盖度有很大提高时对天然林的监测效果可能不佳，但对退耕还林（草）初期可能有效。在 ENVI 中对 DVI 进行计算的操作步骤如下。

（1）在 ENVI 中加载"L8_example.dat"影像后，在 Toolbox 中单击【Band Algebra】—【Band Math】，打开 Band Math 对话框，在【Enter an expression】文本框中输入计算公式"b2-b1"，单击【Add to List】，再单击【OK】。

（2）弹出 Variables to Bands Pairings 对话框，将公式中的"b1""b2"分别匹配至红光波段、近红外波段，如图 4-56 所示，设置文件的输出路径和名称，单击【OK】。计算完成的 DVI 如图 4-57 所示。

2）加法运算

在 ENVI 中加法运算的使用以可见光-短波红外干旱指数（VSDI）来举例。计算公式如下：

$$VSDI=1-[(SWIR-BLUE)+(RED-BLUE)] \tag{4-2}$$

VSDI 是一个实时的干旱指标，适用于不同的土地覆盖类型，且适合植物生长季的地表干旱监测，也已证明其可以作为有效的地表湿度监测指标。在 ENVI 中计算 VSDI 的操作步骤如下。

（1）在 ENVI 中加载"L8_example.dat"影像。在 Toolbox 中单击【Band Algebra】—【Band Math】，打开 Band Math 对话框，在【Enter an expression】下方文本框中输入 VSDI 的计算公式"1-((b3-b1)+(b2-b1))"，单击【OK】。

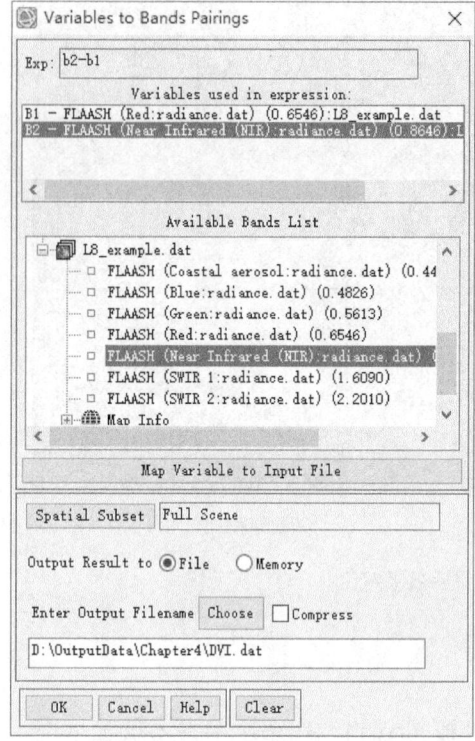

图 4-56　Variables to Bands Pairings 对话框　　　　图 4-57　DVI 计算结果

（2）弹出 Variables to Bands Pairings 对话框，根据计算公式的输入，将【Variables used in expressions】框中的"B1""B2""B3"分别与【Available Bands List】中的蓝光波段、红光波段、短波红外波段对应，匹配完成后设置文件的输出路径和名称，单击【OK】。计算完成的 VSDI 如图 4-58 所示。

图 4-58　VSDI 计算结果

3）除法运算

在ENVI中除法运算的使用以比值植被指数（RVI）来举例。计算公式如下：

$$RVI = \frac{NIR}{RED} \tag{4-3}$$

RVI与叶面积指数、叶干生物量、叶绿素含量相关性高，可用于检测和估算植物生物量与植被覆盖度。当植被覆盖度较高时，RVI对植被十分敏感；当植被覆盖度<50%时，敏感性显著降低。在ENVI中计算RVI的操作步骤如下。

（1）在ENVI中加载"L8_example.dat"影像。在Toolbox中单击【Band Algebra】—【Band Math】，打开Band Math对话框，在【Enter an expression】下方文本框中输入RVI的计算公式"float（b2）/b1"，单击【OK】。

（2）弹出Variables to Bands Pairings对话框，将【Variables used in expressions】框中的"B1""B2"波段分别与【Available Bands List】中的红光波段、近红外波段对应，匹配完成后设置文件的输出路径和名称，单击【OK】。计算完成的RVI如图4-59所示。

图4-59 RVI计算结果

4）乘法运算

本节操作结合关系运算对图像掩膜，使用RVI的结果图提取出植被覆盖区域的二值图像，在ENVI中具体的操作步骤如下。

（1）在ENVI中加载"RVI.dat"影像。在Toolbox中单击【Band Algebra】—【Band Math】，打开Band Math对话框，在【Enter an expression】下方文本框中输入提取出植被覆盖区域的计算公式"（b1 gt 4）·1+（b1 le 4）·0"，单击【OK】。公式含义为，若RVI指数值大于4则为植被覆盖区域，将结果赋值为1，否则赋值为0。

（2）弹出Variables to Bands Pairings对话框，将【Variables used in expressions】列表中的"B1"与【Available Band List】中的"RVI.dat"文件对应，匹配完成后设置文件的输出路径为"...\OutputData\Chapter4\RVI_multiply.dat"，单击【OK】。计算完成的植被覆盖区域的二值

图如图 4-60 所示。

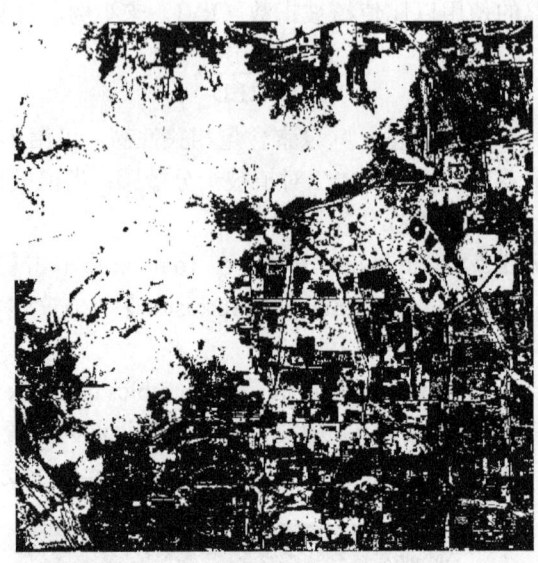

图 4-60　植被覆盖区域的二值图

2. 数学形态学运算

ENVI 中的数学形态学滤波包括以下类型：膨胀（Dilate）、腐蚀（Erode）、开运算（Opening）和闭运算（Closing）。其中，开运算和闭运算是膨胀和腐蚀的组合，先膨胀后腐蚀为开运算，先腐蚀后膨胀为闭运算。它们在增强二值图像和灰度图像中各有特点，详见表 4-1。

表 4-1　数学形态学滤波

滤波类型	特点
膨胀（Dilate）	被用来在二值或灰度图像中填充比结构元素（变换核）小的孔。只能用于 unsigned byte、unsigned long-integer 和 unsigned integer 数据类型
腐蚀（Erode）	被用来在二值或灰阶图像中消除比结构元素（变换核）小的像元
开运算（Opening）	开运算可以消除图像中相对于结构元素而言较小的明亮细节，常用于抑制图像中的峰值噪声。不同的结构元素将导致运算效果的不同
闭运算（Closing）	闭运算可以消除图像中相对于结构元素而言较小的暗细节，常用于抑制图像中的低谷噪声。不同的结构元素将导致运算效果的不同

数学形态学滤波的操作过程和卷积滤波基本一致，以腐蚀为例，操作步骤如下。

在 ENVI 中加载上一节"4）乘法运算"中计算得到的二值化图像"RVI_multiply.dat"。在 Toolbox 中单击【Filter】—【Convolutions and Morphology】工具，弹出 Convolutions and Morphology Tool 对话框，单击【Morphology】选择形态学运算类型为"Erode"。出现 Erode 滤波的参数设置界面，这里对其中两个特有的参数进行说明：①【Cycles】：滤波的重复次数。②【Style】：滤波格式，包括【Binary】、【Gray】或【Value】。选择【Binary】，则输出的像元呈黑色或白色；选择【Gray】保留梯度；选择【Value】表示允许对所选像元的变换核值进行膨胀或腐蚀。

具体参数设置如图 4-61 所示，单击【Apply To File...】弹出 Convolution Input File 对话框，选择"RVI_multiply.dat"，单击【OK】。之后进入 Morphology Parameters 对话框中设置输出路径和输出名，单击【OK】。Erode 滤波前后效果对比如图 4-62 所示。

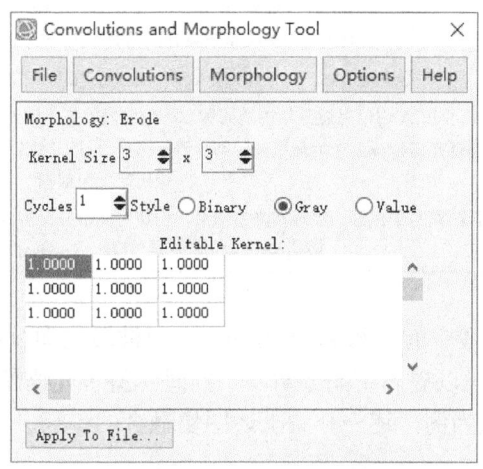

图 4-61　高通滤波参数设置

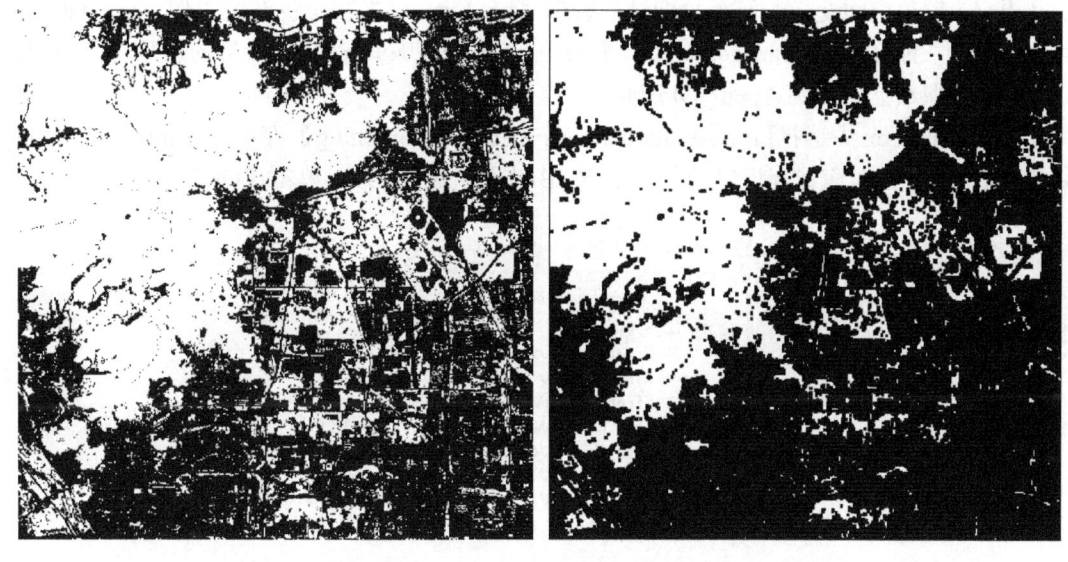

（a）滤波前　　　　　　　　　　　　　　（b）滤波后

图 4-62　Erode 滤波前后效果对比

3. 图像融合

图像融合是将低空间分辨率的多光谱影像或高光谱影像与高空间分辨率影像重采样生成高空间分辨率多光谱影像的过程。ENVI 提供六种图像融合方法。不同的融合方法具有不同的优缺点，可根据实际情况进行选择。表 4-2 是 ENVI 中几种融合方法的适用范围介绍，仅供参考。

表 4-2 各种融合方法说明

融合方法	适用范围
HSV 变换	纹理改善，空间保持较好。光谱信息损失较大，受波段限制（三波段）
Brovey 变换	光谱信息保持较好，受波段限制（三波段）
乘积运算（CN）	对大的地貌类型效果好，同时可用于多光谱与高光谱的融合
主成分变换（PC）	无波段限制，光谱保持好。第一主成分信息高度集中，色调发生较大变化
Gram-Schmidt Pan Sharpening（GS）	改进了 PCA 中信息过分集中的问题，不受波段限制，较好地保持空间纹理信息，尤其能高保真保持光谱特征。专为最新高空间分辨率影像设计，能较好保持影像的纹理和光谱信息。很适合国产卫星数据
NN Diffuse Pan Sharpening	融合结果对于色彩、纹理和光谱信息，均能得到很好保留，需要精度较好的波谱响应函数，比较适合于 Worldview、P 星、Landsat 8/9 等卫星数据

Landsat 8 的多光谱波段空间分辨率为 30 m，全色波段空间分辨率为 15 m，因此可以把全色波段融合到多光谱波段以提高空间分辨率，同时保持多光谱信息。

下面以 Landsat 8 图像为例，逐一介绍上述图像融合的步骤。

1）HSV Sharpening

（1）因为 HSV 变换要求输入波段数据类型必须为字节型（Byte），所以在 ENVI 中加载 4.4.4 节（3.颜色空间变换）已经拉伸过的影像 "L8_byte.dat" 和全色波段影像 "pan.dat"。使用 Toolbox 中的【Raster Management】—【Stretch Data】工具，按照 4.4.4 节的步骤将 "pan.dat" 拉伸为字节型数据，得到 "pan_byte.dat"。

（2）在 Toolbox 中选择【Image Sharpening】—【HSV Sharpening】。在 Select Input RGB Input Bands 对话框中，对应选择已经拉伸过的 RGB 波段（图 4-63），单击【OK】。

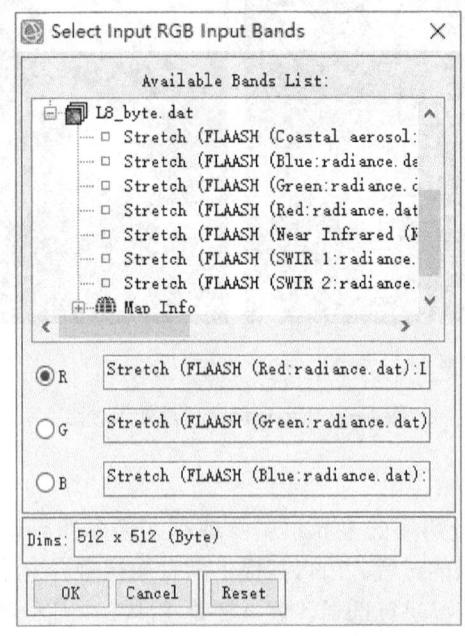

图 4-63 Select Input RGB Input Bands 对话框

（3）在 High Resolution Input File 对话框中，选择拉伸后的全色波段影像"pan_byte.dat"（图 4-64），单击【OK】。

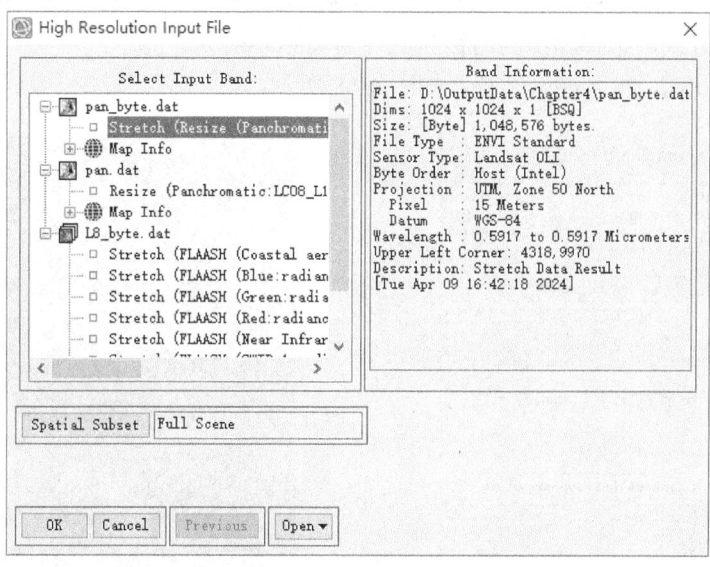

图 4-64　High Resolution Input File 对话框

（4）在 HSV Sharpening Parameters 对话框中，【Resampling】下拉菜单选择重采样方式为"Bilinear"（双线性内插），选择输出的路径和文件名（图 4-65）。

（5）单击【OK】，得到 HSV 融合结果，如图 4-66 所示。

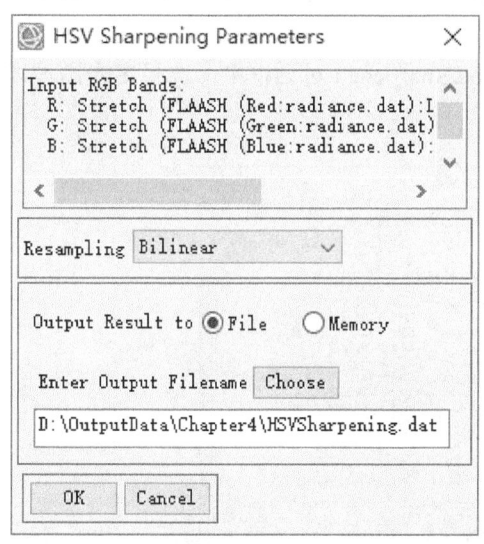

图 4-65　HSV Sharpening Parameters 对话框　　　图 4-66　HSV Sharpening 方法图像融合结果

2）Color Normalized（Brovey）Sharpening

（1）在 ENVI 中加载影像"L8_example.dat"和全色波段影像"pan.dat"。

（2）在 Toolbox 中选择【Image Sharpening】—【Color Normalized（Brovey）Sharpening】。

在 Select Input RGB Input Bands 对话框中，选择与影像对应的 RGB 波段，在 High Resolution Input File 选项卡中，选择全色波段影像"pan.dat"。

（3）在 Color Normalized Sharpening Parameters 对话框中，在【Resampling】下拉列表选择合适的重采样方式，选择输出的路径和文件名（图 4-67）。

（4）单击【OK】，得到融合结果，如图 4-68 所示。

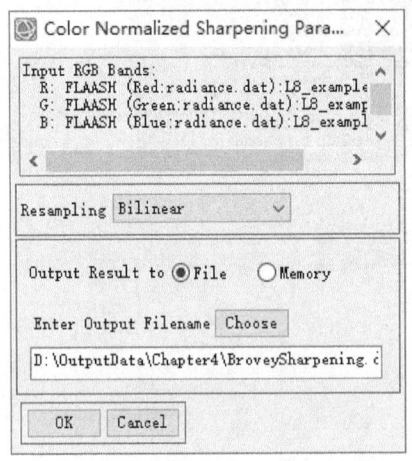

图 4-67　Color Normalized Sharpening Parameters 对话框

图 4-68　Color Normalized（Brovey）Sharpening 方法图像融合结果

3）CN Spectral Sharpening

（1）加载 Landsat 8 多光谱影像和全色波段影像。在 Toolbox 中选择【Image Sharpening】—【CN Spectral Sharpening】。

（2）在 Select Low Spatial Resolution Image to be Sharpened 对话框中，选择多光谱波段影像"L8_example.dat"（图 4-69）。

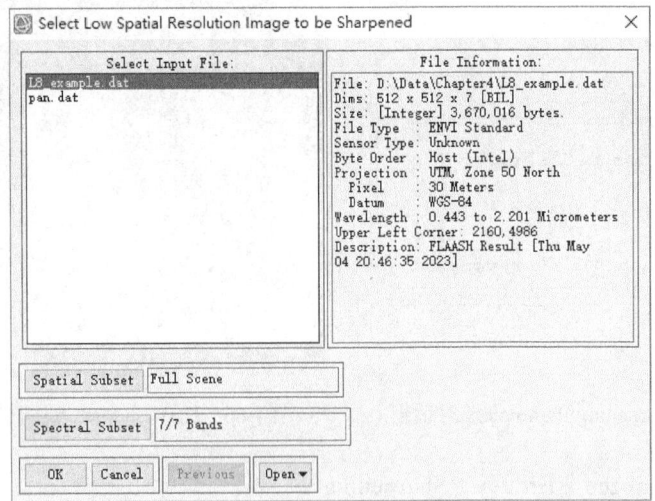

图 4-69　Select Low Spatial Resolution Image to be Sharpened 对话框

(3)在 Select High Spatial Resolution Sharpening Image 对话框中,选择全色波段(图 4-70)。

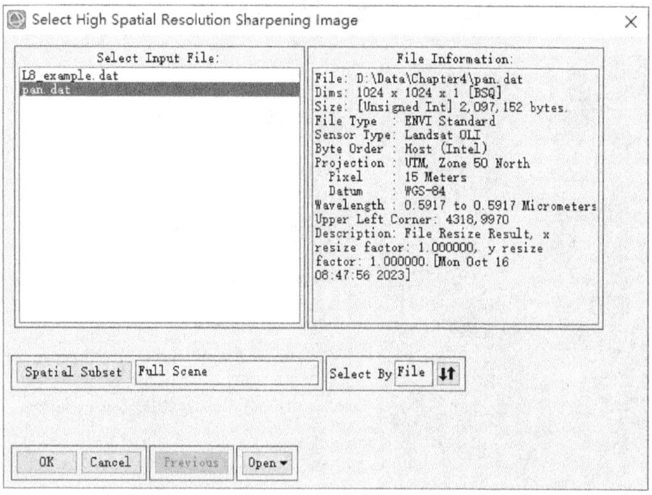

图 4-70　Select High Spatial Resolution Sharpening Image 对话框

(4)在 CN Spectral Sharpening Parameters 对话框中,设置【Sharpening Image Multiplicative Scale Factor】为默认的 1.0,在【Output Interleave】栏选择合适的存储方式,最后选择输出的路径和文件名(图 4-71)。

(5)单击【OK】,得到融合结果,如图 4-72 所示。

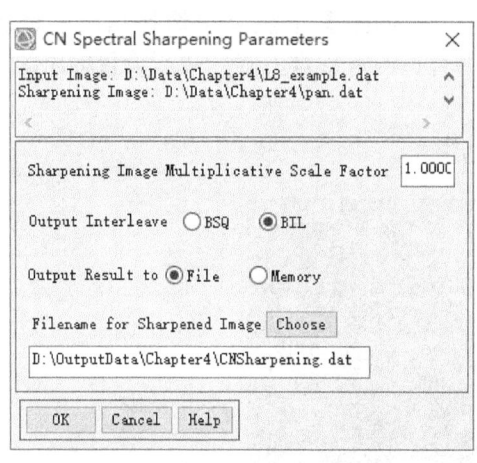

图 4-71　CN Spectral Sharpening Parameters 对话框 　　图 4-72　CN Spectral Sharpening 方法图像融合结果

4)PC Spectral Sharpening

(1)加载 Landsat 8 多光谱影像和全色波段影像。在 Toolbox 中选择【Image Sharpening】—【PC Spectral Sharpening】工具,在 Select Low Spatial Resolution Multi Band Input File 对话框中,选择低分辨率的多光谱影像。在 Select High Spatial Resolution Input File 对话框中,选择高分辨率的全色波段影像,单击【OK】。

(2)在 PC Spectral Sharpen Parameters 对话框中,【Resampling】栏选择合适的重采样方

式，设置输出路径和文件名。

（3）单击【OK】，得到融合结果，如图 4-73 所示。

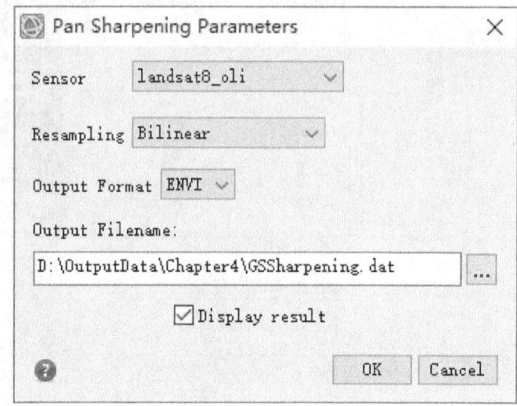

图 4-73　PC Spectral Sharpening 方法图像融合结果　　图 4-74　Pan Sharpening Parameters 对话框

5）Gram-Schmidt Pan Sharpening

（1）加载 Landsat 8 多光谱影像和全色波段影像。在 Toolbox 中选择【Image Sharpening】—【Gram-Schmidt Pan Sharpening】。

（2）在 File Selection 对话框中，首先选择低分辨率的多光谱影像"L8_example.dat"，单击【OK】。然后选择高分辨率的全色波段影像"pan.dat"，单击【OK】。

（3）在 Pan Sharpening Parameters 对话框中【Senor】下拉菜单选择相应的传感器"landsat8_oli"，在【Resampling】下拉列表中选择合适的重采样方式，最后设置输出的路径和文件名（图 4-74）。

（4）单击【OK】，得到融合结果，如图 4-75 所示。

图 4-75　Gram-Schmidt Pan Sharpening 方法图像融合结果

6）NNDiffuse Pan Sharpening

（1）加载 Landsat 8 多光谱影像和全色波段影像，在 Toolbox 中选择【Image Sharpening】—【NNDiffuse Pan Sharpening】工具，弹出 NNDiffuse Pan Sharpening 对话框，在【Input Low Resolution Raster】栏和【Input High Resolution Raster】栏分别选择对应的低分辨率和高分辨率影像，最后设置输出路径和文件名（图 4-76）。

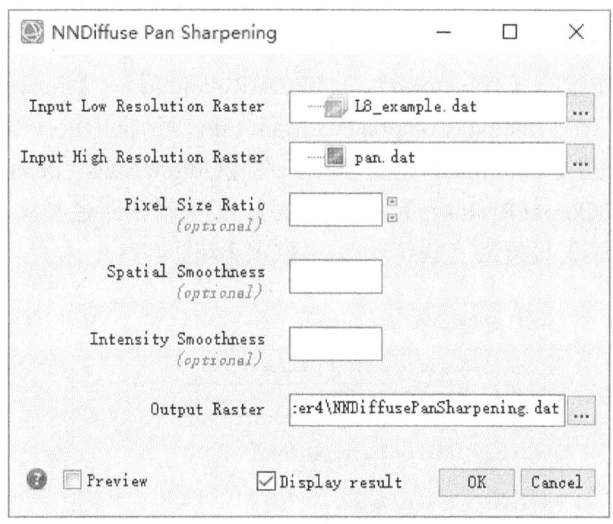

图 4-76　NNDiffuse Pan Sharpening 对话框

（2）单击【OK】，得到融合结果，如图 4-77 所示。

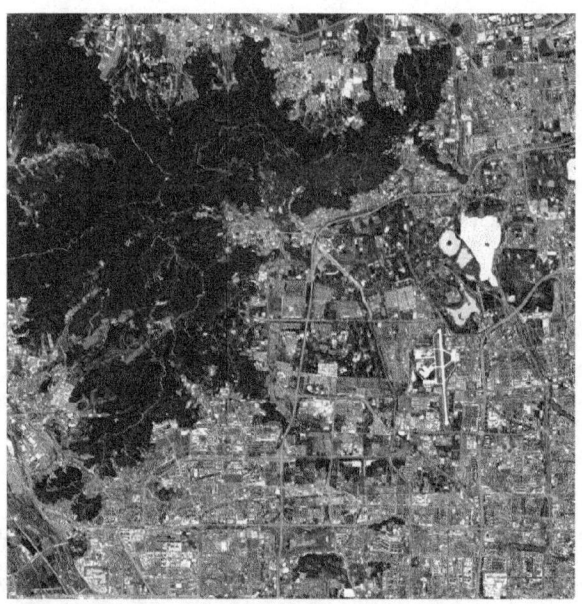

图 4-77　NNDiffuse Pan Sharpening 方法图像融合结果

4. 多光谱增强

1）主成分变换

主成分分析是一种常用的统计方法，通过正交变换将一组可能存在相关性的变量转换为一组线性不相关的变量，转换后的这组变量称为主成分。主要变换过程包括计算统计值、基于统计值前向变换、逆变换。在遥感数据处理时运用主成分变换作数据分析前的预处理，可以实现去除相关性、突出地物特征、降低维度、压缩数据、剔除噪声等效果。

（1）在菜单栏中选择【File】—【Open】，打开影像"L8_example.dat"。

（2）在 Toolbox 中选择【Transform】—【PCA Rotation】—【Forward PCA Rotation New Statistics and Rotate】。在 Principal Components Input File 对话框中选择"L8_example.dat"，单击【OK】。在 Forward PC Parameters 对话框中，在【Output Stats Filename [.sta]】下设置统计文件的输出路径；【Output Result to】选择【File】，设置输出路径和输出文件名；将【Select Subset from Eigenvalues】设置为"Yes"，单击【OK】（图 4-78）。

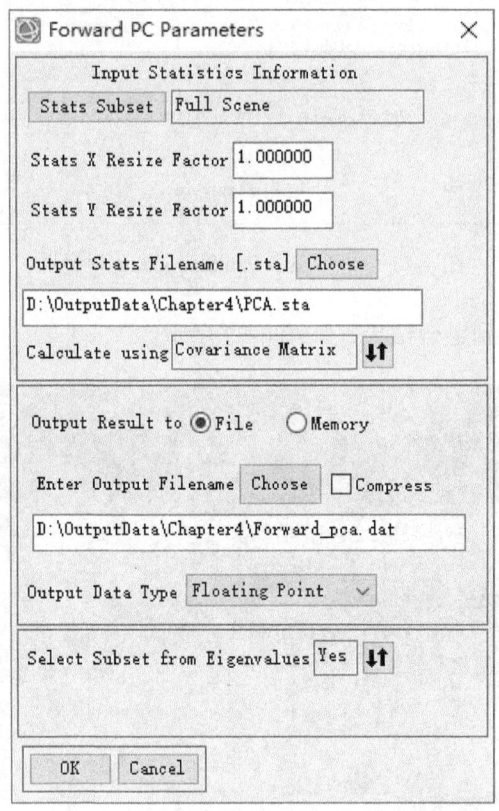

图 4-78　Forward PC Parameters 对话框

（3）在弹出的 Select Output PC Bands 对话框中，查看各主成分的特征值和累计方差贡献率百分比。从图 4-79 可以看出，前三个主成分的累计方差贡献率达 98.71%，即前三个主成分可以解释原始数据 98.71%的方差。在【Number of Output PC Bands】一栏选择输出的主成分个数为 3，单击【OK】（图 4-79）。生成结果如图 4-80 所示。

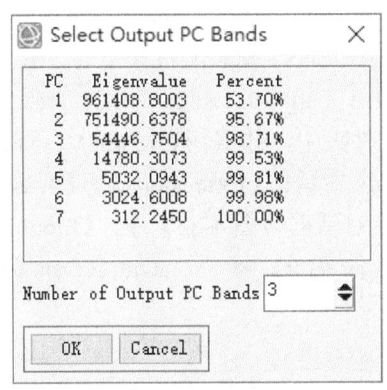 

图 4-79 Select Output PC Bands 对话框　　　　图 4-80 主成分变换结果

（4）在 Toolbox 中选择【Transform】—【PCA Rotation】—【Inverse PCA Rotation】进行主成分逆变换。在 Principle Components Input File 对话框中选择成分变换文件"Forward_pca.dat"，单击【OK】。在弹出的 Enter Statistics Filename 对话框中，浏览至"...\OutputData\Chapter4"文件夹，选择储存的统计值文件"PCA.sta"，单击【打开（O）】。在 Inverse PC Parameters 对话框选择结果输出路径和文件名（图 4-81），单击【OK】，完成主成分变换。主成分变换后结果如图 4-82 所示。

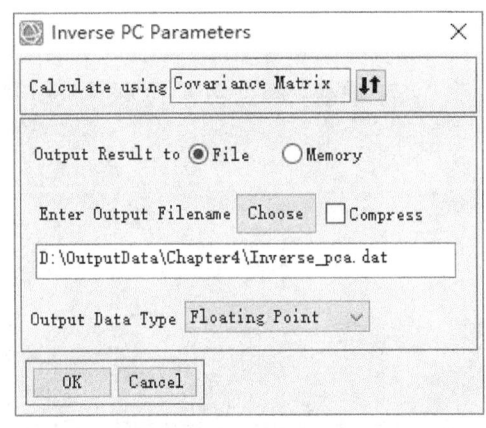 

图 4-81 Inverse PC Parameters 对话框　　　　图 4-82 主成分变换结果图

2）穗帽变换

穗帽变换基于图像物理特征的固定转换，本质是一种特殊主成分变换。ENVI 软件自带的穗帽变换工具只能用于 Landsat MSS、Landsat 5 TM 和 Landsat 7 ETM 数据，在 Toolbox 中选择【Transform】—【Tasseled Cap】即可打开该工具。对于 Landsat MSS 数据，穗帽变换结果包括土壤亮度指数 SBI、绿度植被指数 GVI、黄度指数 YVI，以及与大气影响密切相关的

non-such 指数 NSI。对于 Landsat 5 TM 数据，变换结果包括亮度、绿度和第三分量。对于 Landsat 7 ETM 数据，变换结果包括亮度、绿度、湿度、第四分量、第五分量和第六分量。

对 Landsat 8 OLI 数据进行穗帽变换，需要安装扩展工具。将"...\Data\Chapter4"文件夹中的"Tasseled_Cap_for_Landsat8OLI.sav"复制并粘贴在 ENVI 安装文件夹下的"extensions"文件夹中，将"...\Data\Chapter4"文件夹中的"Tasseled_Cap_for_Landsat8OLI_Task.task"复制并粘贴在 ENVI 安装文件夹下的"custom_code"文件夹中，并重新启动 ENVI 程序。

在 ENVI 中打开"L8_example.dat"数据，在 Toolbox 中单击【Extensions】—【Tasseled Cap for Landsat 8 OLI】，在 Tasseled Cap for Landsat 8 OLI 对话框（图 4-83）中，【Input Raster】选择"L8_example.dat"，设置输出路径和文件名称为"...\OutputData\Chapter4\Tasseled_cap.dat"，单击【OK】。

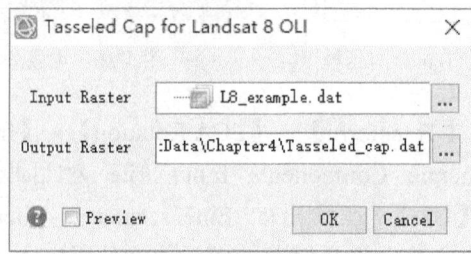

图 4-83 Tasseled Cap for Landsat 8 OLI 对话框

在工具栏单击【Data Manager】按钮，查看穗帽变换结果，前三个分量名称为 Brightness、Greenness、Wetness，分别对应亮度、绿度、湿度。单击【Load Grayscale】分别加载 Brightness、Greenness、Wetness 三个分量灰度图，如图 4-84 所示。

（a）Brightness 分量　　　　　　　　　　（b）Greenness 分量

图 4-84 穗帽变换结果加载的三个分量

(c) Wetness 分量

图 4-84（续）

4.5 课后练习

（1）基于多种图像增强方式，使用"GoogleImage_exercise.tif"影像对其进行综合增强处理，提高图像的视觉效果。

（2）对"L8_exercise.dat"影像进行主成分变换和逆变换，利用对应逐个波段相减的方式分析经过主成分变换后发生改变的主要区域。

第 5 章 图像分类

5.1 实践目的

掌握使用 ENVI 软件进行遥感图像分类的基本操作，理解遥感图像非监督分类和监督分类的基本原理以及图像分类典型算法，掌握分类后处理和分类精度评价的操作步骤，熟悉基于像元分类、面向对象分类以及混合像元分解的工作流程。

5.2 预备知识

遥感图像分类是指根据图像中各类地物的属性特征差异，按照一定的规则将其划分为若干具有意义的类别。根据有无使用训练样本可将分类方法分为非监督分类和监督分类两大类。非监督分类不依靠训练样本，仅根据像元间特征变量的相似度大小进行自动聚类，其分类结果的具体含义需要通过目视解译或其他方式进行确定。常用的非监督分类算法有 K-Means 和 ISODATA 等。监督分类是根据已知类别的训练样本对判决函数进行训练，随后利用训练好的判决函数将待分数据划分到与其最相似的样本类，以此完成对整个图像的分类。常用的监督分类算法有平行六面体、最小距离、马氏距离、最大似然、支持向量机、神经网络等。

根据参与分类的最小单元，一般可将分类方法分为基于像元的分类和面向对象的分类。传统的非监督分类和监督分类方法通常以像元为单位进行分类，基于像元的分类是在遥感影像光谱信息较为丰富、地物间光谱差异较为明显的基础上进行的，主要依据光谱信息采用逐像元分析的方法对遥感影像进行解译，这种方法通常适用于中低分辨率遥感影像。对于波段较少的高分辨率遥感影像，由于其光谱信息不够丰富，采用基于像元的分类方法往往分类精度不够理想。相比之下，面向对象的分类不再以像元为分类单元，而是将图像分割为若干属性特征相似的对象，以对象为分类单元，利用其光谱、空间、纹理等信息进行分类，可以很大程度上克服基于像元分类中的"椒盐现象"，这种方法通常适用于空间特征信息丰富的高分辨率遥感图像。

遥感图像的基本单元为像元，像元值记录了像元对应的地物的光谱信号。若一个像元中仅包含一种地物类型，则这种像元称为纯净像元。若一个像元中包含多种地物，则这种像元称为混合像元。在进行遥感图像分类时将混合像元归为某一类地物会产生一定的误差，为提高分类精度，使遥感应用由像元级达到亚像元级，可将混合像元分解为各种地物成分（端元）在像元中的面积百分比（丰度），这个过程即混合像元分解。混合像元分解技术的基本假设为：像元反射率可以表示为端元组分的光谱反射率及其丰度的函数。这个函数即混合像元分解模型，主要分为线性模型和非线性模型两类。线性模型忽略了地物间的多次散射，认为混合光谱是端元光谱及其丰度的线性组合。非线性混合模型则考虑到端元间的多次散射，包括几何光学模型、概率模型、神经网络模型以及高次多项式模型等。

5.3 实 践 数 据

本章实践操作案例选取的研究区位于北京市，所使用的遥感影像数据包括 Sentinel-2A 数据、Google Earth 历史影像数据、Landsat 8 OLI 多光谱数据。此外，本次实习还将用到完全约束最小二乘法（Fully Constrained Least Squares，FCLS）混合像元分解插件。数据及存放路径介绍如下。

（1）Sentinel-2A 数据：...\Data\Chapter5\S2_example.hdr；...\Data\Chapter5\S2_example.dat；...\ExerciseData\Chapter5\S2_exercise.hdr；...\ExerciseData\Chapter5\S2_exercise.dat。

数据对应的 Sentinel-2A 原始数据下载自欧洲航天局（European Space Agency，ESA）哥白尼开放数据访问中心（https://scihub.copernicus.eu/），成像时间为 2019 年 9 月 25 日，数据级别为 Level-2A，主要包含经过辐射定标和大气校正的大气底层反射率数据（放大 10000 倍）。该数据由原始数据中 10m 分辨率的 B2、B3、B4 和 B8 波段经过裁剪得到，主要用于非监督分类和监督分类。Sentinel-2A 原始数据波段信息如表 5-1 所示。

表 5-1 Sentinel-2A 原始数据波段信息

波段名称	中心波长/nm	带宽/nm	描述	分辨率/m
B2	492.4	66	蓝波段	10
B3	559.8	36	绿波段	
B4	664.6	31	红波段	
B8	832.8	106	近红外波段	
B5	704.1	15	植被红边波段	20
B6	740.5	15	植被红边波段	
B7	782.8	20	植被红边波段	
B8a	864.7	21	近红外波段	
B11	1613.7	91	短波红外波段	
B12	2202.4	175	短波红外波段	
B1	442.7	21	沿海气溶胶波段	60
B9	945.1	20	水汽波段	
B10	1373.5	31	卷云波段	

（2）训练样本数据：...\Data\Chapter5\TrainingSample.xml。用于监督分类的训练样本。

（3）验证样本数据：...\Data\Chapter5\TestSample.xml。用于对分类结果进行精度评价的验证样本。

（4）Google Earth 数据：...\Data\Chapter5\GoogleImage_example.tif；...\ExerciseData\Chapter5\GoogleImage_exercise.tif。

Google Earth 历史影像，时间分别为 2020 年 8 月 3 日和 2022 年 6 月 23 日，分辨率为 0.00000536°，包含红、绿、蓝三个波段，用于面向对象分类。

（5）Landsat 8 OLI 数据：...\Data\Chapter5\L8_example.hdr；...\Data\Chapter5\L8_example.dat；...\ExerciseData\Chapter5\L8_exercise.hdr；...\ExerciseData\Chapter5\L8_exercise.dat。数据

时间为 2019 年 9 月 18 日，分辨率为 30m，用于混合像元分解。

（6）FCLS 插件：...\Data\Chapter5\fcls_spectral_unmixing.sav。ENVI 扩展工具，采用完全约束最小二乘法进行混合像元分解。

（7）IDL 程序文件：...\Data\Chapter5\Accuracy_verification.pro。用于对混合像元分解结果进行精度验证。

5.4 实践内容与步骤

5.4.1 非监督分类

ENVI 软件提供了 ISODATA 和 *K*-Means 两种非监督分类方法。本节以 ISODATA 分类算法为例，基于研究区 Sentinel-2A 数据进行非监督分类，主要介绍非监督分类的执行、类别定义和合并子类的操作流程（图 5-1）。由于非监督分类的分类后处理和精度评价与监督分类基本一致，相关内容将在 5.4.2 节"监督分类"中进行详细说明，本节暂不对此进行介绍。

Sentinel-2A影像 → 分类系统定义 → ISODATA聚类 → 类别定义 → 子类合并

图 5-1 非监督分类实践操作流程图

1. 分类系统定义

遥感图像分类前，首先要确定分类系统，即预期分为哪些地物类型。通过对研究区的 Sentinel-2A 影像进行初步判读，了解该地区的土地覆盖类型。单击工具栏 📁，浏览至"...\Data\Chapter5"文件夹，选中"S2_example.dat"数据并打开，数据视图中将显示该数据的真彩色图像（图 5-2）。通过判读分析，可以建立一个包含林地、草地、建设用地、水体和裸地共五种地物类型的分类系统。

图 5-2 Sentinel-2A 真彩色图像

2. ISODATA 聚类

在 Toolbox 中，选择【Classification】—【Unsupervised Classification】—【IsoData Classification】，打开 Classification Input File 对话框，在【Select Input File】列表中选择"S2_example.dat"文件，单击【OK】，弹出 ISODATA Parameters 对话框（图 5-3）。

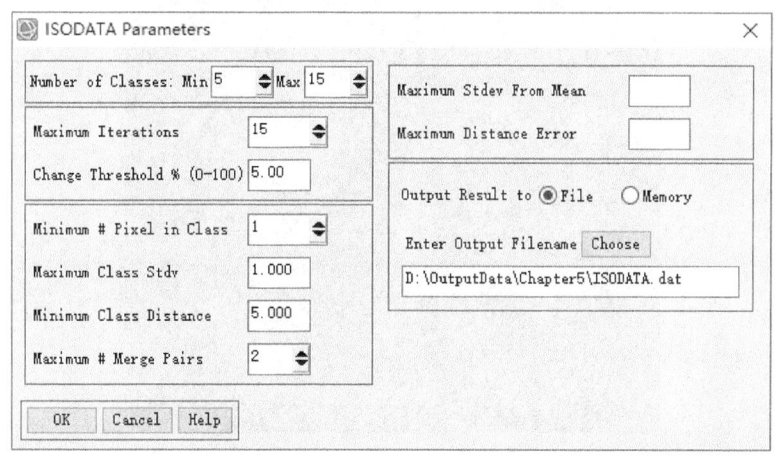

图 5-3　ISODATA Parameters 对话框

ISODATA Parameters 对话框参数设置如下。

（1）【Number of Classes】：类别数量。【Min】/【Max】为最小/最大类别个数，最小值一般不能小于最终分类数量，最大值一般为最终分类数量的 2~3 倍。本次实验设置【Min】为 5，【Max】为 15。

（2）【Maximum Iterations】：最大迭代次数。数值越大，分类结果越精确，运行时间越长。此处设置为 15。

（3）【Change Threshold %（0-100）】：变化阈值。当每一类的像元数量变化值小于该阈值时，停止迭代。值越小结果越精确，但运行时间会越长。此处设置为默认值 5。

（4）【Minimum # Pixel in Class】：形成一个类所需的最少像元数量。如果某个类中像元数小于此数值，则该类将被合并到距离其特征属性最近的类中。此处设置为默认值 1。

（5）【Maximum Class Stdv】：最大分类标准差。以像元灰度值为单位，如果某一类的标准差比此数值大，该类将被拆分成两类。此处设置为默认值 1。

（6）【Minimum Class Distance】：不同类别均值之间的最小距离。以像元灰度值为单位，如果类均值之间的距离小于该阈值则类别将被合并。此处设置为默认值 5。

（7）【Maximum # Merge Pairs】：合并类别对数的最大值。此处设置为默认值 2。

（8）【Maximum Stdev From Mean】：距离类别均值的最大标准差，属于可选项。用于筛选小于这个标准差的像元参与分类。此处不设置。

（9）【Maximum Distance Error】：允许的最大距离误差，属于可选项。用于筛选小于这个最大距离误差的像元参与分类。此处不设置。

（10）【Output Result to】：选择结果输出方式。此处选择文件输出【File】，并设置输出路径为"...\OutputData\Chapter5\ISODATA.dat"。

设置完成后，单击【OK】。分类结果如图 5-4 所示。

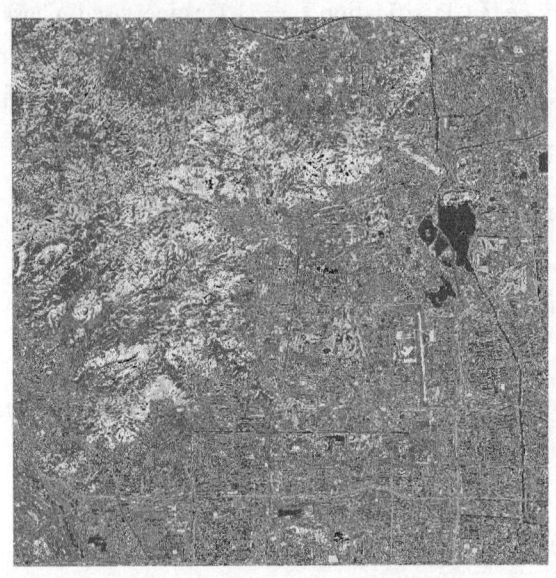

图 5-4 ISODATA 分类结果

3. 类别定义

执行 ISODATA 分类后，得到了一个初步的分类结果，包含 15 个类别（Class 1~15），但这些类别并不与实际类别对应。一般通过目视解译或野外调查数据判断非监督分类的实际类别。此处选择以原始图像为参考，确定初步分类结果中每个类别所属的实际类别。

在 Layer Manager 面板中将 "ISODATA.dat" 文件下的 15 个类别前的对号 "√" 去掉，此时所有类别均不显示，然后只选中单个类别，并与原始图像对比，通过目视解译确定其实际类别。类别 Class 1 如图 5-5 所示，判断该类别属于水体。为了演示所用，此处有明显混分，没有做进一步的区分和处理。

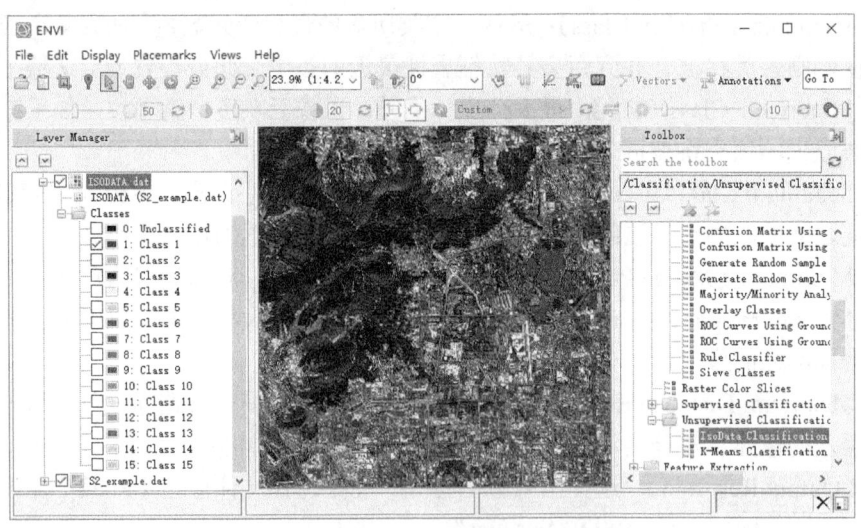

图 5-5 ISODATA 分类结果中的类别 Class 1

用同样的方法判断 Class 1~15 对应的实际类别,并将结果整理为表 5-2 所示格式,可知 Class 3~7、Class 14、Class 15 都属于林地,Class 2、Class 9~12 都属于建设用地。

表 5-2 ISODATA 分类结果类别定义

实际类别	分类结果类别
林地（Forest）	Class 3、Class 4、Class 5、Class 6、Class 7、Class 14、Class 15
草地（Grassland）	Class 8
建设用地（Construction land）	Class 2、Class 9、Class 10、Class 11、Class 12
水体（Water）	Class 1
裸地（Bare land）	Class 13

4. 子类合并

1）启动类别合并工具

在进行非监督分类时,计算机自动分类结果的类别数量一般大于用户期望分类数量,因此,要将实际类别相同的子类进行合并。在 Toolbox 中,选择【Classification】—【Post Classification】—【Combine Classes】,启动类别合并工具。在 Combine Classes Input File 对话框（图 5-6）的【Select Input File】列表中选择输入文件为"ISODATA.dat",单击【OK】。

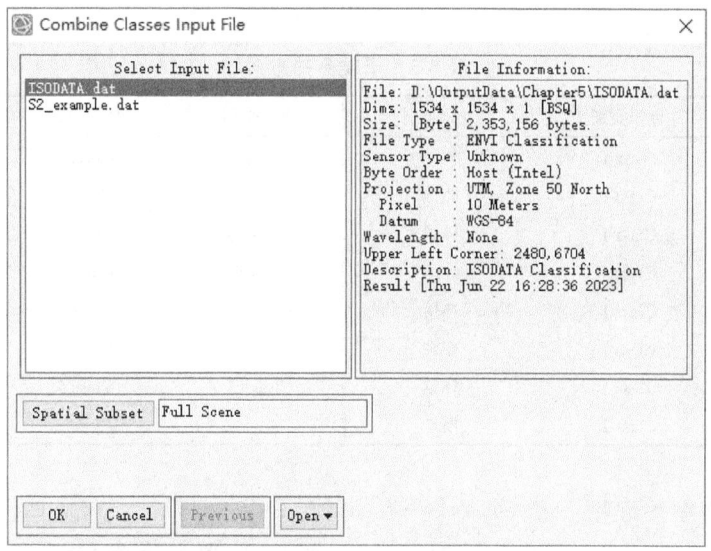

图 5-6 Combine Classes Input File 对话框

2）设置合并方案

在弹出的 Combine Classes Parameters 对话框（图 5-7）中,将【Select Input Class】列表中实际类别相同的类别输出到【Select Output Class】列表中的同一个类别中,从而将 15 个类别合并为 5 类。在【Select Input Class】列表中选择需要合并的类别,在【Select Output Class】列表中选择并入的类别,单击【Add Combination】按钮,将合并方案添加到【Combined Classes】列表中,单击列表中的某一行可将此合并方案从列表中移除。

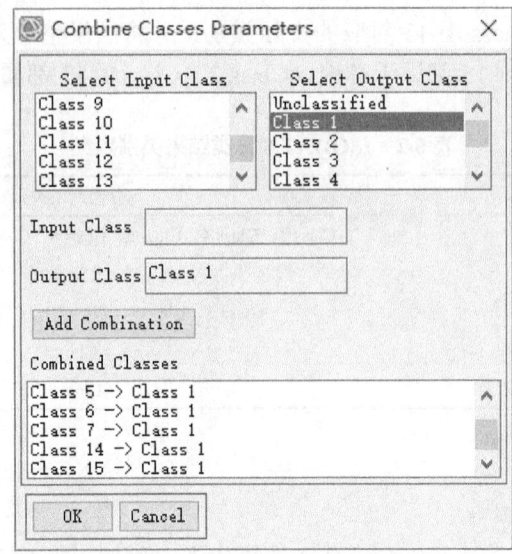

图 5-7 Combine Classes Parameters 对话框

所有合并方案如表 5-3 所示,将其全部添加到图 5-7 中的【Combined Classes】列表后单击【OK】。

表 5-3 子类合并方案

原始类别	合并类别	实际类别	原始类别	合并类别	实际类别
Class 3	Class 1	林地	Class 2	Class 3	建设用地
Class 4	Class 1	林地	Class 9	Class 3	建设用地
Class 5	Class 1	林地	Class 10	Class 3	建设用地
Class 6	Class 1	林地	Class 11	Class 3	建设用地
Class 7	Class 1	林地	Class 12	Class 3	建设用地
Class 14	Class 1	林地	Class 1	Class 4	水体
Class 15	Class 1	林地	Class 13	Class 5	裸地
Class 8	Class 2	草地			

3)输出子类合并结果

在弹出的 Combine Classes Output 对话框中(图 5-8),单击 ⇵ 将【Remove Empty Classes】选项改为"Yes",移除空白类。设置输出路径为"...\OutputData\Chapter5\ISODATA_combine.dat",单击【OK】,得到子类合并结果(图 5-9)。

4)类别名称和颜色修改

对子类合并结果的类别名称和颜色进行修改,使其与表 5-4 对应,以便于理解和使用。为防止 ENVI 软件闪退,将类别名称修改为英文而非中文。

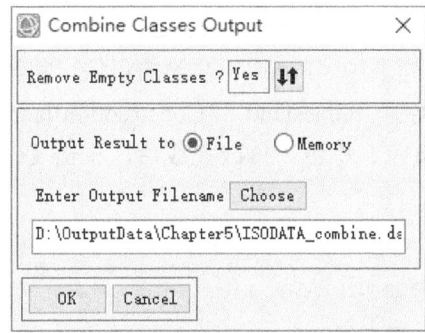

图 5-8 Combine Classes Output 对话框

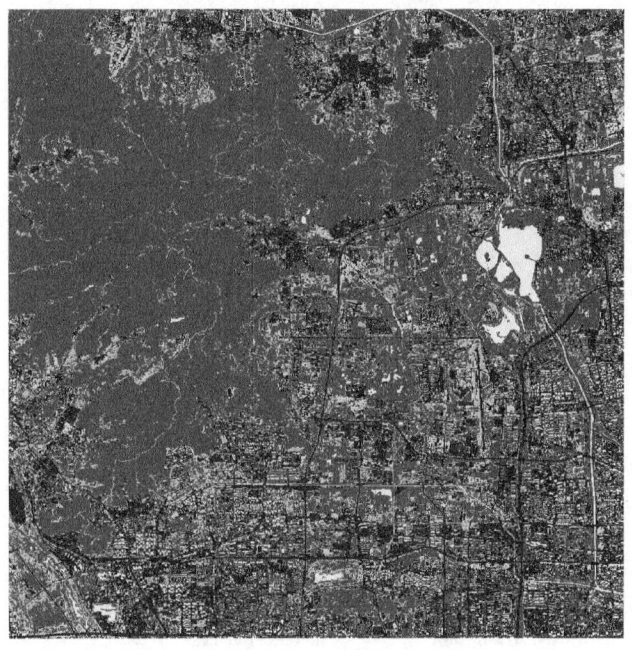

图 5-9 子类合并结果

表 5-4 分类系统及各类别颜色

类别编号	类别名称	颜色	颜色名称	颜色 RGB
1	林地（Forest）		深绿色	0, 128, 0
2	草地（Grassland）		绿色	0, 255, 0
3	建设用地（Construction land）		黄色	255, 255, 0
4	水体（Water）		蓝色	0, 0, 255
5	裸地（Bare land）		棕色	153, 99, 0

在 Layer Manager 中的"ISODATA_combine.dat"下的【Classes】上右键单击，选择"Edit Class Names and Colors"（图 5-10），弹出如图 5-11 所示的窗口。单击【Class Names】列表中的"Class 1"，在【Edit】后的文本框中输入"Forest"，从而将"Class 1"的名称修改为"Forest"；

再依次单击 Class 2~5 并输入类别名分别为"Grassland""Construction land""Water""Bare land"。双击【Class Colors】列表中"Forest"左侧的色块,将颜色由红色更改为深绿色,依次双击其他类别的色块,将类别"Grassland""Construction land""Water""Bare land"的颜色分别更改为绿色、黄色、蓝色、棕色。修改完成后,单击【OK】,得到修改后的结果(图 5-12)。

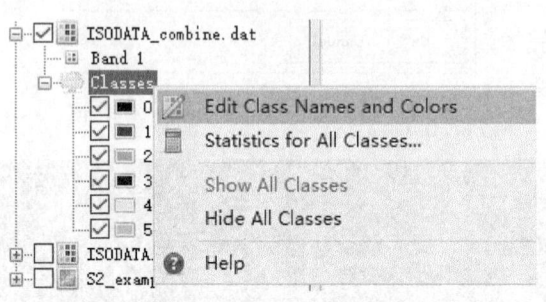

图 5-10　编辑类别名称和颜色

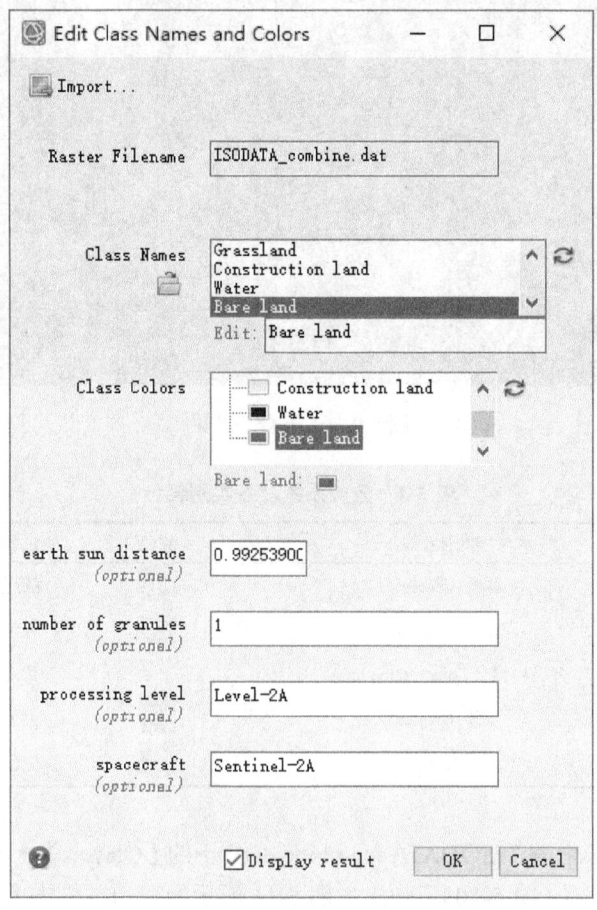

图 5-11　Edit Class Names and Colors 窗口

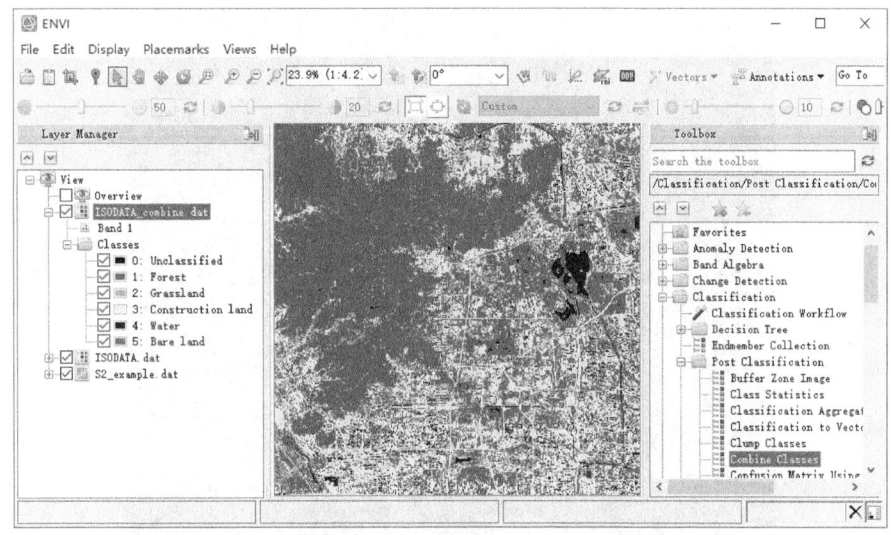

图 5-12 类别名称和颜色修改结果图

5.4.2 监督分类

ENVI 软件提供的监督分类算法包括自适应一致估计分类法（Adaptive Coherence Estimator Classification）、二进制编码法（Binary Encoding Classification）、最小能量约束法（Constrained Energy Minimization Classification）、马氏距离法（Mahalanobis Distance Classification）、最大似然法（Maximum Likelihood Classification）、最小距离法（Minimum Distance Classification）、神经元网络法（Neural Net Classification）、正交子空间投影法（Orthogonal Subspace Projection Classification）、平行六面体法（Parallelepiped Classification）、光谱角填图法（Spectral Angle Mapper Classification）、光谱信息散度法（Spectral Information Divergence Classification）、支持向量机法（Support Vector Machine Classification）。各种分类器的参数设置可以参考 ENVI 帮助文档。

本节以平行六面体法和最大似然法为例，基于研究区 Sentinel-2A 数据进行监督分类。分类系统与 5.4.1 节"1.分类系统定义"中的定义一致，根据定义的分类系统建立解译标志、选取训练样本，然后使用不同的分类方法执行监督分类，再对所得分类结果进行分类后处理和精度评价，操作流程如图 5-13 所示。

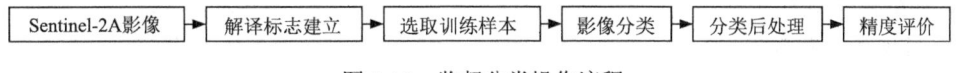

图 5-13 监督分类操作流程

1. 解译标志建立

在 ENVI 软件中加载"S2_example.dat"数据，然后在工具栏单击 ，弹出 Data Manager 窗口，在【Band Selection】下将红、绿、蓝通道分别设置为近红外波段（B8）、红波段（B4）、绿波段（B3），单击【Load Data】，图像窗口中显示该数据的标准假彩色图像（图 5-14）。

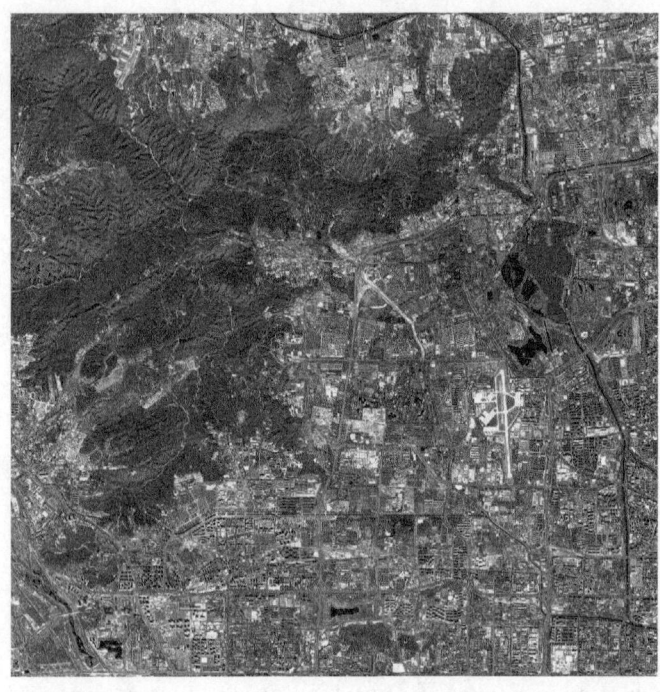

图 5-14 Sentinel-2 数据标准假彩色图像

结合 Google Earth 遥感影像，对照标准假彩色图像和真彩色图像建立各类别的目视解译标志（表 5-5）。

表 5-5 各地物类型对应的解译标志

类别编号	类别名称	标准假彩色图像	真彩色图像
1	林地（Forest）		
2	草地（Grassland）		
3	建设用地（Construction land）		
4	水体（Water）		
5	裸地（Bare land）		

2. 训练样本选择

1）创建感兴趣区

ENVI 软件通过 ROI 工具创建感兴趣区作为训练样本，在工具栏单击 按钮，启动 ROI 工具。根据事先定义的分类系统，创建五类样本。以类别"林地"为例，构建 ROI 的操作如下。

（1）设置 ROI 基本参数。在 Layer Manager 中选中"S2_example.dat"，然后在 Region of Interest（ROI）Tool 对话框中单击 按钮，创建新类别的 ROI。在【ROI Name】右侧的文本框中输入"Forest"，单击文本框右侧的色块，将颜色设置为深绿色（图 5-15）。在【Geometry】选项卡下单击相应的绘制形状按钮（ 多边形、 矩形、 椭圆、 折线和 点），可绘制不同形状的样本。

图 5-15　Region of Interest（ROI）Tool 对话框

（2）绘制 ROI。一类样本 ROI 中可以包含多个多边形或其他形状的记录（Record）。以多边形为例，在"S2_example.dat"图像上辨别林地区域并单击鼠标左键形成多边形的第一个节点，然后移动鼠标单击左键增加新的节点，在绘制完多边形的最后一个节点后，双击鼠标左键或者单击鼠标右键后选择【Complete and Accept Polygon】，完成该多边形样本的绘制，此时【Record Count】后的记录数量增加 1。在图像窗口将鼠标移动到新的位置，绘制当前类别 ROI 中的下一个多边形样本。其他形状的 ROI 绘制方法基本类似。

（3）编辑 ROI。初步选好训练样本后，如果要对某个样本进行编辑，可将鼠标移到样本上单击右键，选择【Edit Record】可修改样本，选择【Delete Record】可删除样本。

绘制一定数量的林地样本后，按照同样的操作，分别创建草地、建设用地、水体、裸地的训练样本，每个类别的样本尽量均匀分布在整幅图像上。图 5-16 为训练样本采集结果。

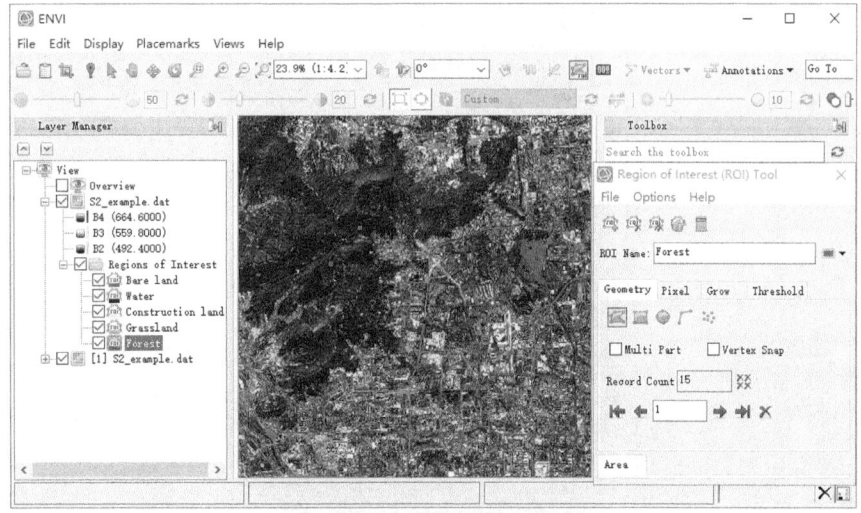

图 5-16　训练样本采集结果

2）评价训练样本

ENVI 软件通过计算每类训练样本与其他类别训练样本的 Jeffries-Matusita 距离和 Transformed Divergence 距离，衡量类别间的可分离性。两个参数的取值范围为 0~2.0，参数值大于 1.9 说明两类样本的可分离性较好；小于 1.8 说明两类样本的可分离性不够好，需要修改样本；小于 1，考虑将两类样本合成一类样本。

在 Region of Interest(ROI)Tool 对话框中，选择【Options】—【Compute ROI Separability...】，在 Choose ROIs 对话框中，单击【Select All Items】，将五类 ROI 全选，单击【OK】，弹出 ROI Separability Report 窗口（图 5-17），该窗口显示了可分离性计算结果。在窗口底部，根据可分离性数值大小，从小到大列出类别组合。本实验所选训练样本可分离性数值全部大于 1.9，属于合格样本。

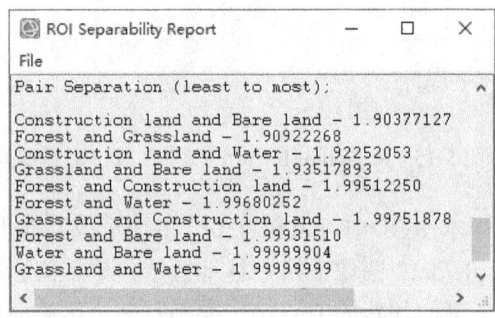

图 5-17　训练样本可分离性计算结果

3）保存训练样本

在 ROI Tool 对话框中，选择【File】—【Save As...】，在弹出的 Save ROIs to .XML 对话框（图 5-18）中单击【Select All Items】按钮，在 Enter Output File [.xml] 下方设置输出路径为 "...\OutputData\Chapter5\TrainingSample.xml"，将感兴趣区保存为.xml 格式文件。

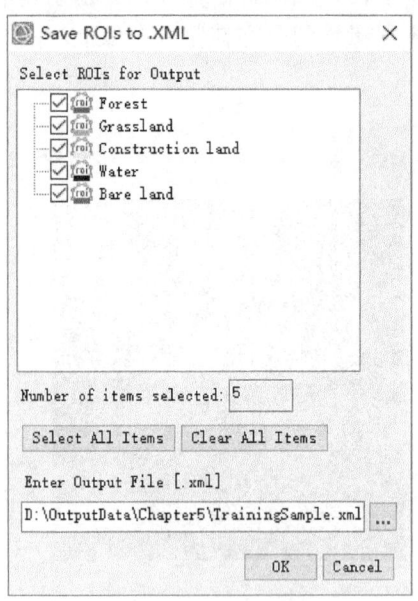

图 5-18　Save ROIs to .XML 对话框

3. 执行监督分类

1）平行六面体法

在 Toolbox 中，选择【Classification】—【Supervised Classification】—【Parallelepiped Classification】，打开 Classification Input File 对话框，在【Select Input File】列表中选择"S2_example.dat"文件，单击【OK】，弹出 Parallelepiped Parameters 对话框（图 5-19）。

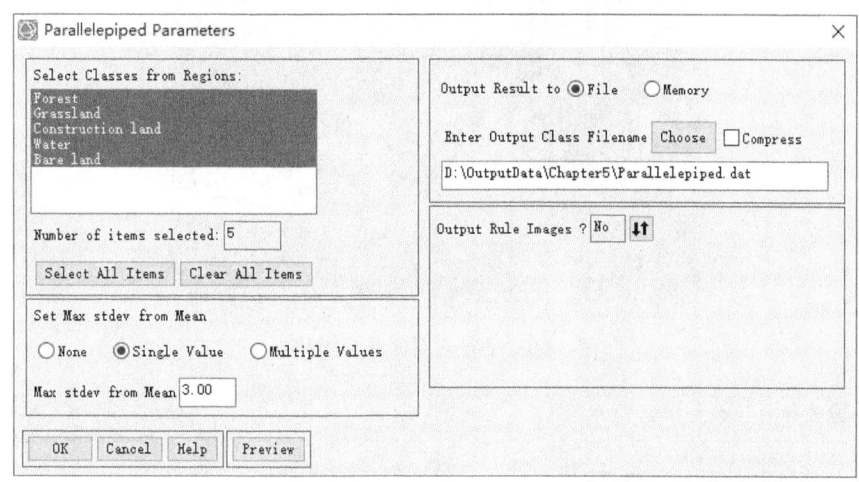

图 5-19 Parallelepiped Parameters 对话框

Parallelepiped Parameters 对话框参数设置如下。

（1）【Select Classes from Regions】：选择类别。单击【Select All Items】按钮，选择所有类别的训练样本。

（2）【Set Max stdev from Mean】：设置标准差阈值。【None】表示不设置标准差阈值；【Single Value】表示为所有类别设置同一个标准差阈值；【Multiple Values】表示分别为每一个类别设置一个标准差阈值。此处选择默认选项【Single Value】。【Max stdev from Mean】设置为默认值 3。

（3）单击【Preview】，可以在对话框右侧预览分类结果，单击【Change View...】可以改变预览区域。

（4）【Output Result to】：选择结果输出方式。此处选择文件输出【File】，并设置输出路径为"...\OutputData\Chapter5\Parallelepiped.dat"。

（5）【Output Rule Images】：选择是否输出规则图像。此处选择"No"，即不输出规则图像。

设置完成后，单击【OK】按钮执行分类。分类结果如图 5-20 所示。

2）最大似然法

在 Toolbox 中，选择【Classification】—【Supervised Classification】—【Maximum Likelihood Classification】，打开 Classification Input File 对话框，在【Select Input File】列表中选择"S2_example.dat"文件，单击【OK】，弹出 Maximum Likelihood Parameters 对话框（图 5-21）。

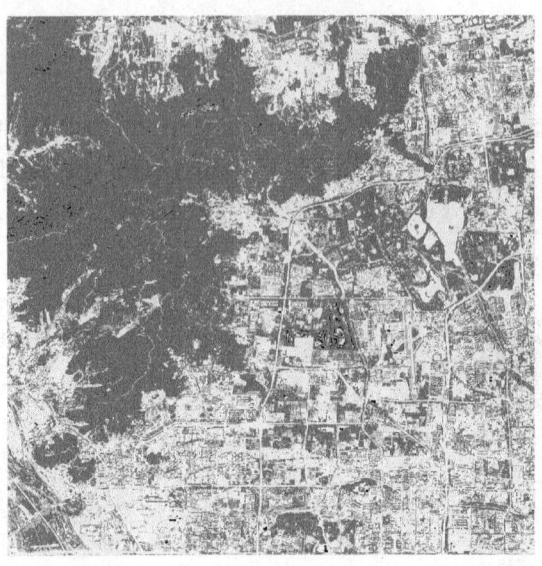

图 5-20　平行六面体法分类结果

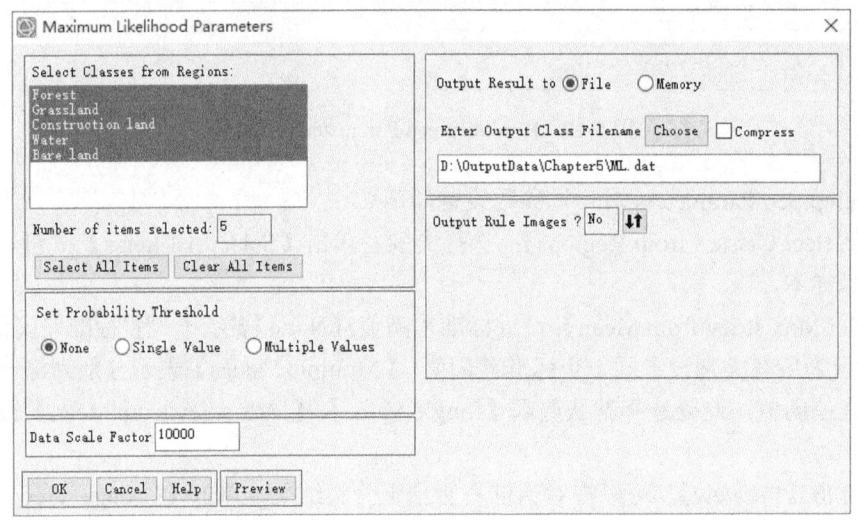

图 5-21　Maximum Likelihood Parameters 对话框

Maximum Likelihood Parameters 对话框参数设置如下。

（1）【Select Classes from Regions】：选择类别。单击【Select All Items】按钮，选择所有类别的训练样本。

（2）【Set Probability Threshold】：设置似然度的阈值（0~1）。如果某像元归属于各类地物的似然度均低于设定的阈值，则该像元将被归为"未分类"（Unclassified）类型。【None】表示不设置似然度阈值；【Single Value】表示为所有类别设置同一个似然度阈值；【Multiple Values】表示分别为每一个类别设置一个似然度阈值。此处选择【None】。

（3）【Data Scale Factor】：数据比例系数。用于将整型反射率或辐射数据除以该比例系数转化为 0~1 之间的浮点型数据。本案例中经过大气校正的反射率数据被放大了 10000 倍，因此设置比例系数为 10000。

（4）单击【Preview】，可以在对话框右侧预览分类结果。

（5）【Output Result to】：选择结果输出方式。此处选择文件输出【File】，并设置输出路径为"...\OutputData\Chapter5\ML.dat"。

（6）【Output Rule Images】：选择是否输出规则图像。此处选择"No"，即不输出规则图像。

设置完成后，单击【OK】按钮执行分类。分类结果如图 5-22 所示。

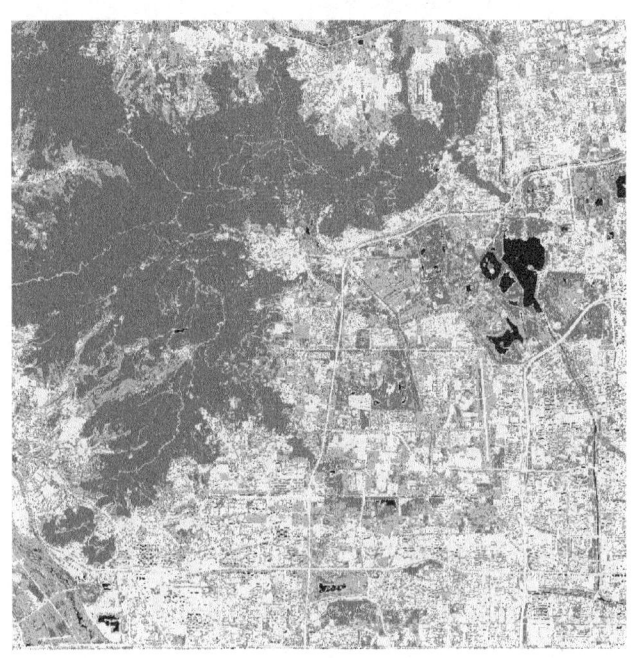

图 5-22 最大似然法分类结果

4. 分类后处理

分类得到的初步结果一般难以达到最终的应用目的，通常需要对分类结果做进一步处理。常用分类后处理包括更改类别颜色、处理细小图斑、分类统计、栅矢转换等。本节以最大似然分类结果为例，介绍分类后处理操作流程。

1）更改类别颜色

如果需要修改不同类别的颜色，可以参考 5.4.1 节中"4.子类合并"中类别颜色修改的相关内容。

2）处理细小图斑

分类结果中存在一些面积很小的图斑，在实际应用中，有时需要对细小图斑进行剔除。ENVI 软件提供的细小图斑处理方法包括主要/次要分析（Majority/Minority Analysis）、聚类处理（Clump Classes）、过滤处理（Sieve Classes）。此处以主要分析法为例介绍去除细小图斑的操作。

在 Toolbox 中，选择【Classification】—【Post Classification】—【Majority/Minority Analysis】，打开 Classification Input File 对话框，在【Select Input File】列表中选择待处理的分类结果文件"ML.dat"，单击【OK】，弹出 Majority/Minority Parameters 对话框（图 5-23）。

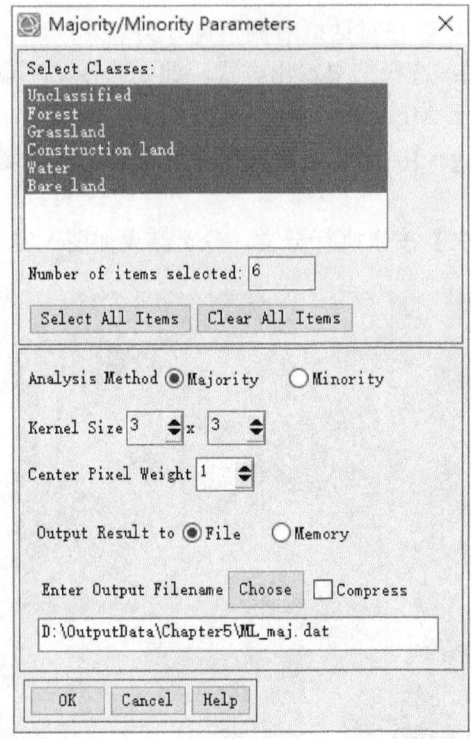

图 5-23 Majority/Minority Parameters 对话框

Majority/Minority Parameters 对话框参数设置如下。

(1)【Select Classes】：选择需要进行处理的类别。此处单击【Select All Items】按钮，选择所有类别。

(2)【Analysis Method】：分析方法。【Majority】为主要分析，【Minority】为次要分析。此处选择【Majority】。

(3)【Kernel Size】：运算核大小。该参数必须为奇数，但运算核不必为正方形。运算核越大，处理结果越平滑。此处设置为3×3。

(4)【Center Pixel Weight】：中心像元权重。在确定哪个类别在运算核中占主要地位时，该参数用于设定中心像元类别被计算的次数。此处设置为1。

(5)【Output Result to】：选择结果输出方式。此处选择文件输出【File】，并设置输出路径为"...\OutputData\Chapter5\ML_maj.dat"。

设置完成后，单击【OK】。主要分析结果如图 5-24 所示，通过与处理前的分类结果（图 5-22）对比，可以看出，经过主要分析处理后细小图斑基本被消除，图像更加平滑。

3）分类统计

分类统计工具（Class Statistics）可以基于分类结果计算输入文件的统计信息。操作流程如下。

(1) 在 Toolbox 中，选择【Classification】—【Post Classification】—【Class Statistics】，在弹出的 Classification Input File 对话框中选择分类结果文件"ML.dat"，单击【OK】。

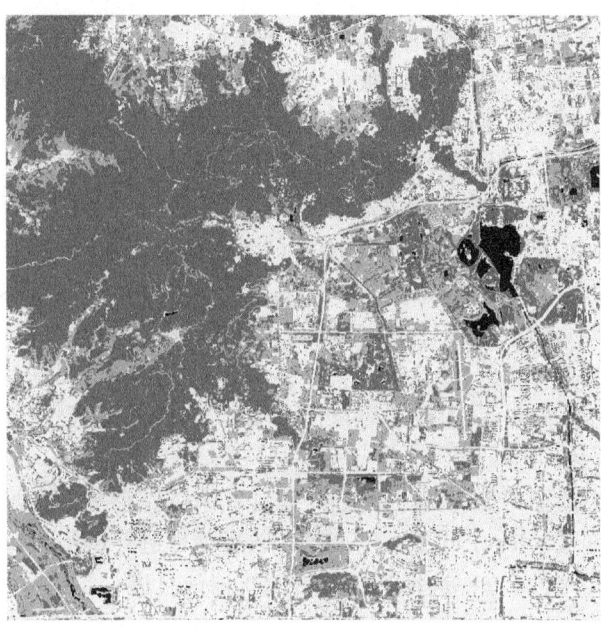

图 5-24 主要分析结果

（2）在 Statistics Input File 对话框中选择用于计算统计信息的输入文件，此处选择 Sentinel-2A 影像数据"S2_example.dat"，单击【OK】。

（3）在 Class Selection 对话框（图 5-25）中选择要进行统计的类别，此处单击【Select All Items】，对所有类别进行统计，单击【OK】。

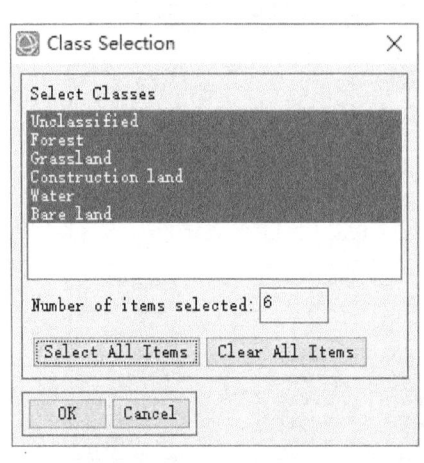

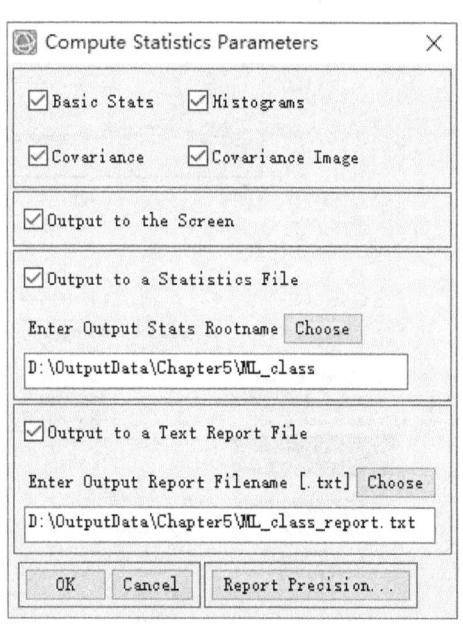

图 5-25　Class Selection 对话框　　　图 5-26　Compute Statistics Parameters 对话框

（4）Compute Statistics Parameters 对话框参数设置如图 5-26 所示。统计信息包含三种类型:【Basic Stats】表示基本统计,包括所有波段的最小值、最大值、均值和标准差;【Histograms】表示直方图统计,生成每个波段的关于频率分布的统计直方图,列出 DN 值及其对应的点的数量(Count)、累计点的数量(Total)、百分比(Percent)和累计百分比(Acc Pct);【Covariance】表示协方差统计,包括协方差矩阵、相关系数矩阵、特征值和特征向量,当选择这一项时,可以勾选【Covariance Image】将协方差统计结果输出为图像。本案例将所有类型都勾选。

(5)统计结果输出方式有三种:【Output to the Screen】表示输出到屏幕显示,将在 Classification Statistics View 窗口中显示统计结果;【Output to a Statistics File】表示生成一个统计文件(.sta),可以通过 Toolbox 中的【Statistics】—【View Statistics File】工具打开;【Output to a Text Report File】表示生成一个文本文件(.txt)。本案例将三种输出方式都勾选。

(6)单击【Report Precision...】按钮可以设置输出统计结果中显示的数据精度,按默认即可。单击【OK】,执行统计。

(7)显示统计结果的窗口如图 5-27 所示,统计结果以图形和列表形式展示。窗口上方图形绘制的内容可通过在【Select Plot】下拉菜单中选择项目进行调整,窗口下方的统计列表可通过在【Locate Stat】下拉菜单中选择类别对应的统计信息进行定位显示。

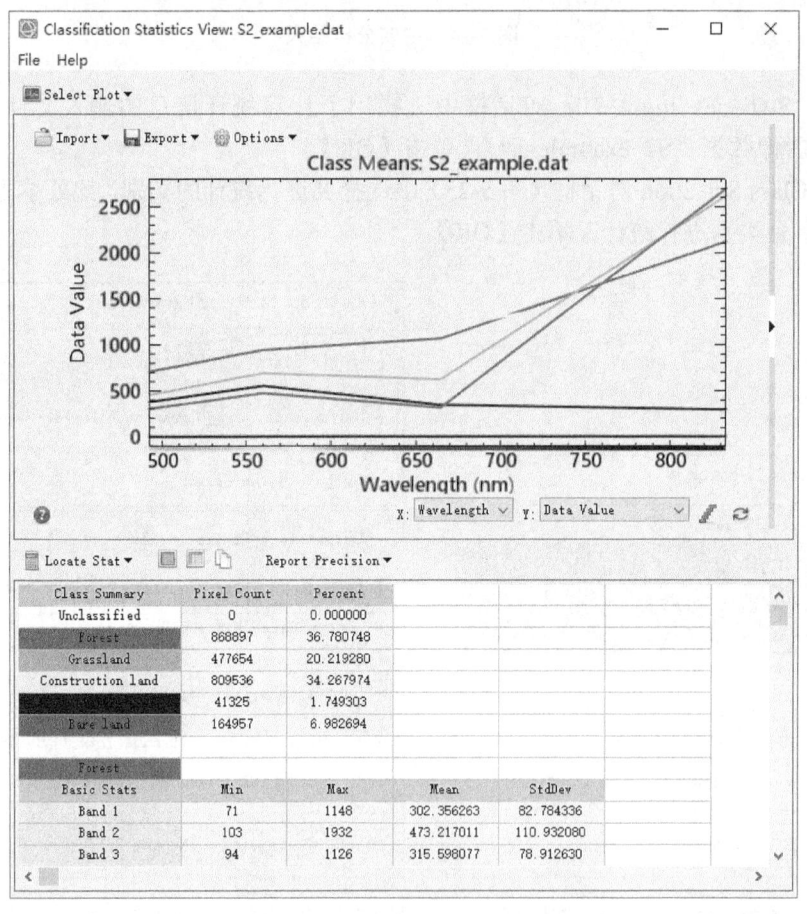

图 5-27 Classification Statistics View 窗口

4）栅矢转换

在 Toolbox 中，选择【Classification】—【Post Classification】—【Classification to Vector】，弹出 Raster to Vector Input Band 对话框，在【Select Input Band】列表中选择"ML.dat"文件（图 5-28），单击【OK】。

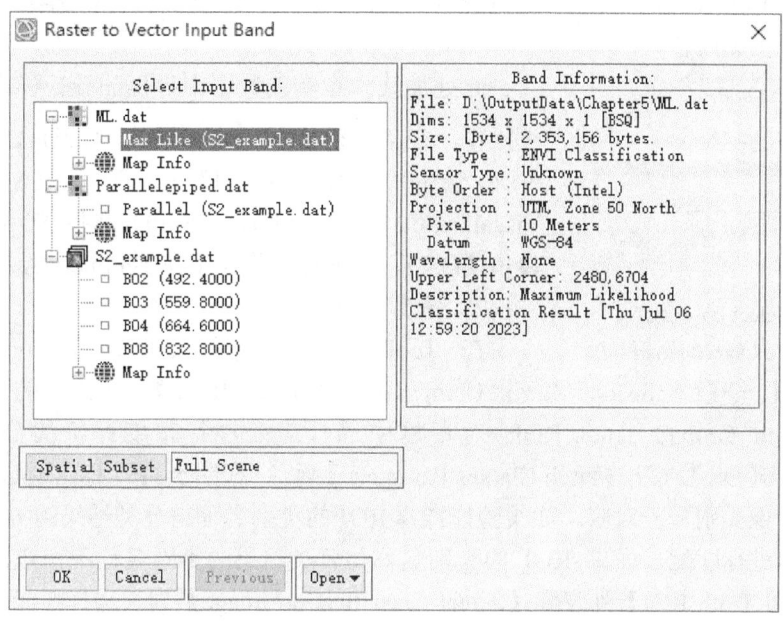

图 5-28　Raster to Vector Input Band 对话框

在 Raster To Vector Parameters 对话框中设置矢量输出参数（图 5-29）。在【Select Classes to Vectorize】列表中通过单击类别名称选择需要被输出为矢量的类别，此处单击【Select All Items】选择所有类别。【Output】选项包括"Single Layer"和"One Layer per Class"，"Single Layer"表示将所有类别输出到一个矢量层中，"One Layer per Class"表示将每一个类别输出到一个单独的矢量层，此处选择"Single Layer"。【Output Result to】用于选择结果输出方式，此处选择【File】，并设置输出路径为"...\OutputData\Chapter5\ML_vector.evf"，单击【OK】，执行转换过程。

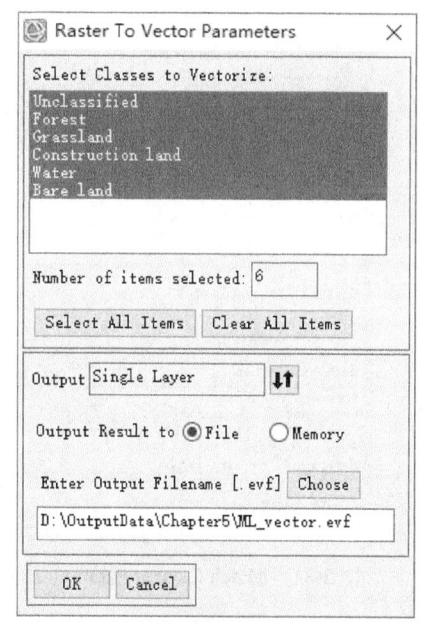

图 5-29　Raster To Vector Parameters 对话框

5. 精度评价

无论是监督分类还是非监督分类，分类结果的好坏需要通过精度评价来鉴定，没有精度评价的分类结果是没有意义的。ENVI 软件提供了分类结果叠加、混淆矩阵和接收者操作特征（Receiver Operating Characteristic, ROC）曲线三种评价方法。本节以最大似然分类结果为例，基于地表真实感兴趣区计算混淆矩阵,从而对分类结果进行精度评价。

1)挑选验证样本

用于精度评价的验证样本应为与真实地物完全对应的感兴趣区,可基于高分辨率遥感图像通过目视解译获取,也可通过实地调查获取。验证样本与训练样本的关系是独立的,需要重新选取五类 ROI 作为验证样本,具体操作可参考 5.4.2 节"2.训练样本选择"中"1)创建感兴趣区"的相关内容。

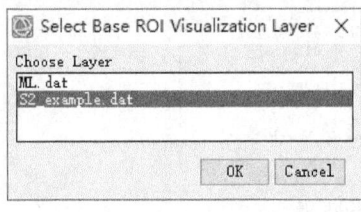

图 5-30 Select Base ROI Visualization Layer 对话框

此处加载本章实践数据中提供的验证样本数据进行后续操作。在菜单栏单击 , 浏览至 "...\Data\Chapter5" 文件夹,选中 "TestSample.xml" 并打开,弹出 Select Base ROI Visualization Layer 对话框(图 5-30),选择 "S2_example.dat",单击【OK】,验证样本将显示在 Sentinel-2A 影像上。

2)精度评价

在 Toolbox 中, 选择【Classification】—【Post Classification】—【Confusion Matrix Using Ground Truth ROIs】, 在弹出的 Select Image Associated with Ground Truth ROIs 对话框中选择需要进行精度评价的分类结果文件 "ML.dat", 单击【OK】。打开 Match Classes Parameters 对话框(图 5-31), 将【Ground Truth ROI】类别与分类影像类别一一对应。如果验证样本 ROI 的类别名称与分类结果的类别名称一致, ENVI 会自动进行匹配。如果 ROI 的类别名称与分类结果的类别名称不一致, 需要分别在【Select Ground Truth ROI】列表和【Select Classification Image】列表选择匹配的类别, 单击【Add Combination】按钮, 将匹配的类别组合添加到【Matched Classes】列表。类别匹配完成后, 单击【OK】。

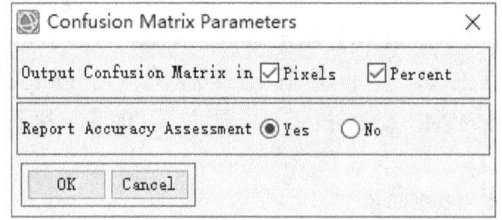

图 5-31 Match Classes Parameters 对话框　　图 5-32 Confusion Matrix Parameters 对话框

在混淆矩阵参数对话框中设置参数,如图 5-32 所示,单击【OK】,输出精度评价结果(图 5-33)。输出结果中包含总体精度、Kappa 系数、混淆矩阵、错分误差、漏分误差、制图精度和用户精度。

Class Confusion Matrix

File

Confusion Matrix: D:\OutputData\Chapter5\ML.dat

Overall Accuracy = (5394/5563) 96.9621%
Kappa Coefficient = 0.9620

Ground Truth (Pixels)

Class	Forest	Grassland	Construction	Water	Bare land
Unclassified	0	0	0	0	0
Forest	1090	13	1	0	0
Grassland	5	1056	19	0	8
Construction	2	1	1152	7	45
Water	0	0	1	1141	0
Bare land	0	1	66	0	955
Total	1097	1071	1239	1148	1008

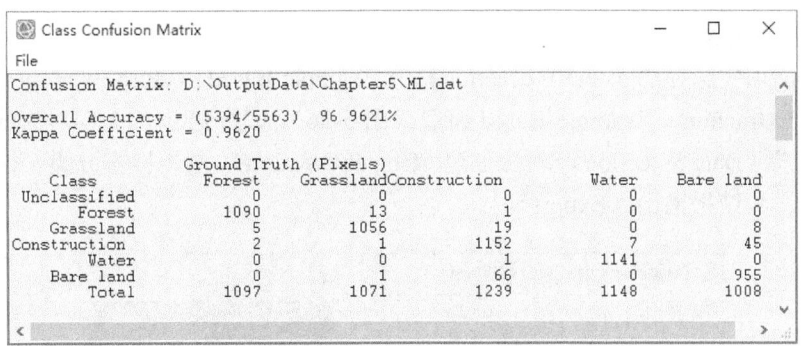

图 5-33　Class Confusion Matrix 窗口

5.4.3　面向对象的分类

ENVI 软件提供了面向对象的分类功能，包括基于样本和基于规则的特征提取流程化工具。本节基于 Google Earth 高分辨率影像数据，利用基于样本的特征提取流程化工具进行面向对象的分类。在加载图像后，首先，将图像进行分割得到斑块对象。然后，以对象为基本处理单元，选择各类别的训练样本，选择参与分类的属性，选择分类算法，在执行监督分类后导出分类结果，操作流程如图 5-34 所示。

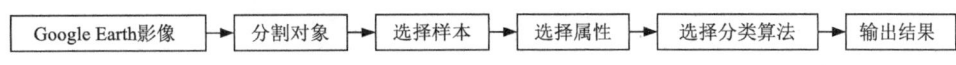

图 5-34　基于样本的面向对象分类操作流程图

1. 图像加载

在工具栏中单击，加载“GoogleImage_example.tif”文件，将 Band 1、Band 2、Band3 波段分别对应红、绿、蓝通道，采用 2%线性拉伸显示真彩色影像（图 5-35）。对图像进行判读分析，发现研究区的地物类型主要包括林地、草地、建筑、道路和水体，因此可创建包含这五种地物类型的分类系统。

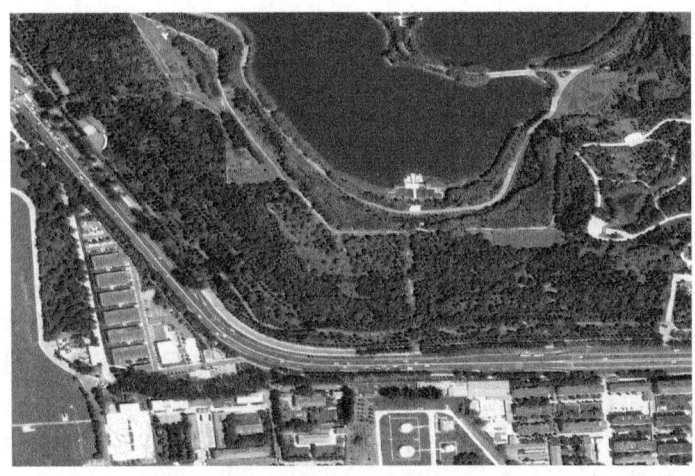

图 5-35　Google Earth 影像

2. 基于样本的面向对象分类

在 Toolbox 中,选择【Feature Extraction】—【Example Based Feature Extraction Workflow】,打开 Feature Extraction - Example Based 窗口(图 5-36)。基于样本的面向对象分类包括四个步骤:数据选择(Data Selection)、对象创建(Object Creation)、基于样本分类(Example-Based Classification)和结果输出(Export)。

图 5-36　Feature Extraction - Example Based 窗口

1)数据选择

在数据选择(Data Selection)面板(图 5-36)中,单击【Input Raster】选项卡下的【Browse...】,弹出 File Selection 对话框,在【Select Input File】列表中选择"GoogleImage_example.tif",单击【OK】。其他选项卡均不作设置,单击【Next】。

2)对象创建

在对象创建(Object Creation)面板(图 5-37)中,设置影像分割、合并参数。【Preview】复选框用于启动分割效果预览功能,勾选后,在图像窗口中将出现一个矩形预览窗口,其中的绿色线条表示对象边缘。

(1)【Segment Settings】:分割参数设置。

【Algorithm】下拉列表用于选择分割算法,有两种选择:"Edge"表示基于边缘检测分割,适用于对象边缘比较明显的图像,与合并算法结合使用可以达到较好的效果;"Intensity"表示基于亮度分割,更适用于边缘不太明显的图像,不需要进行合并处理,选择该算法时需要将下面的【Merge Level】设置为 0。

【Scale Level】表示分割尺度,数值范围为 0~100,数值越小分割得越细,结果越破碎,可以通过拖动滑动条或在滑动条右侧文本框中输入数字进行设置。

【Select Segment Bands】按钮用于选择参与分割的波段,默认为输入图像的所有波段。

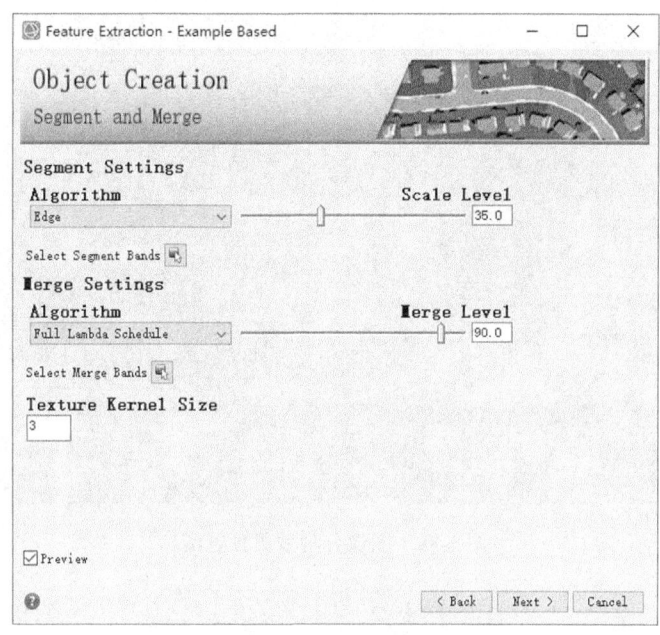

图 5-37　Object Creation 面板

（2）【Merge Settings】：合并参数设置，用于将具有相似光谱属性的相邻斑块合并起来。

【Algorithm】下拉列表用于选择合并算法，有两种选择："Full Lambda Schedule"算法适用于纹理较粗的图像（如包含树木、云等地物）；"Fast Lambda"算法适用于合并具有类似的颜色、边界大小的相邻图斑。

【Merge Level】表示合并尺度，数值范围为 0~100，数值为 0 时不会产生合并，数值越大合并的斑块越多，可以通过拖动滑动条或在滑动条右侧文本框中输入数值进行设置。

【Select Merge Bands】按钮用于选择进行参与斑块合并的波段，默认为输入图像的所有波段。

（3）【Texture Kernel Size】：纹理内核的大小，取值为 3~19 之间的奇数。若分割区域的纹理差异很小（如田野），则设置较大的值；若分割区域的纹理差异较大（如城市社区），则设置较小的值。

本案例选择分割算法为"Edge"，设置分割尺度为 35，选择合并算法为"Full Lambda Schedule"，设置合并尺度为 90，纹理内核大小设置为默认值 3，效果预览如图 5-38 所示。参数设置完成后，单击【Next】。

3）基于样本分类

经过图像分割和合并之后，进入基于样本分类（Example-Based Classification）的界面（图 5-39）。

（1）选择训练样本。单击【Examples Selection】选项卡下工具栏中的 可添加类别，本案例共建立五个类别，分别对应林地、草地、建筑、道路和水体。在右侧的【Class Properties】中修改类别名称（Class Name）和类别颜色（Class Color），本案例将五个类别的名称分别修改为"Forest""Grassland""Building""Road""Water"，类别颜色分别为深绿色（0,128,0）、绿色（0,255,0）、红色（255,0,0）、黄色（255,255,0）、蓝色（0,0,255），如图 5-40 所示。

图 5-38 图像分割效果预览图

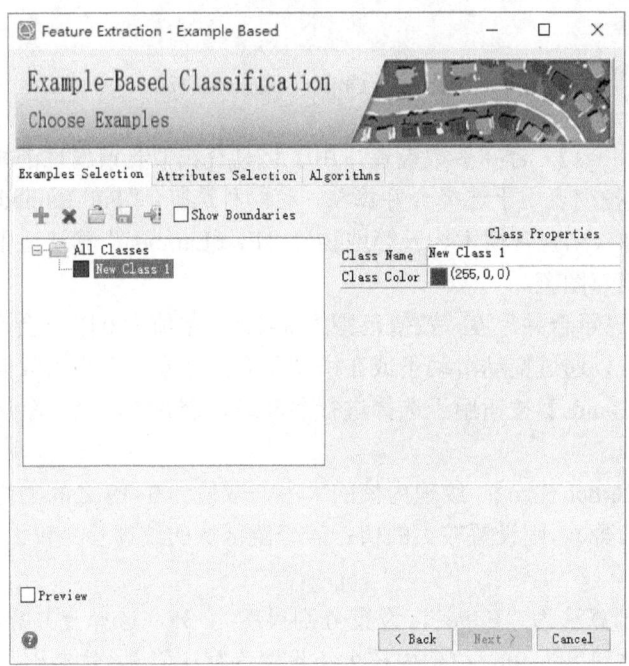

图 5-39 Example-Based Classification 面板

在图 5-40 左侧的【All Classes】下选中某个类别，在分割图像上单击斑块对象即可将其添加为该类别的训练样本，再次单击已选中的对象可以将其移出训练样本。为方便样本的选择，可勾选【Show Boundaries】复选框以显示图像分割边界，还可在【Layer Manager】中将"Region Means"图层关闭以显示原图。

训练样本选择完成后，单击【Examples Selection】选项卡下工具栏中的 按钮可将训练样本保存为 Shapefile 文件（shp 文件），单击工具栏中的 按钮可加载已保存的训练样本 Shapefile 文件。训练样本选择结果如图 5-41 所示。

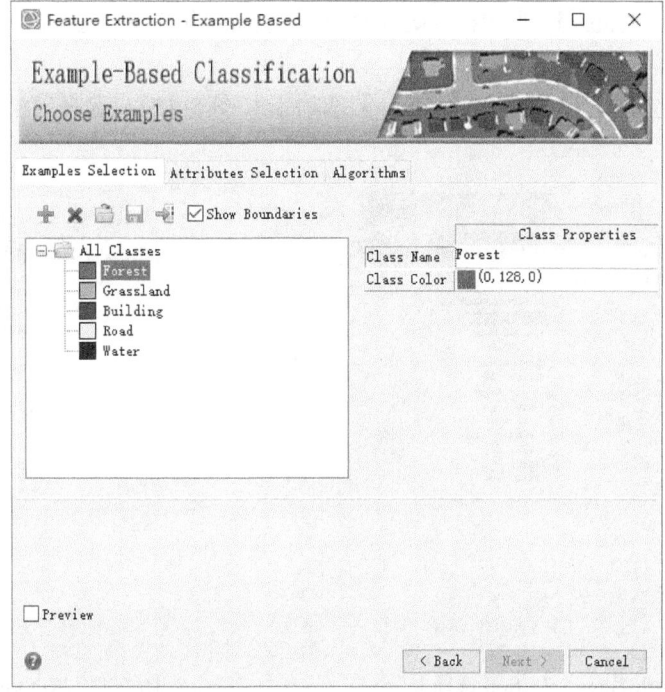

图 5-40　Examples Selection 选项卡

图 5-41　训练样本选择结果

（2）选择分类属性。单击【Attributes Selection】选项卡（图 5-42），选择参与分类的属性。左侧【Available Attributes】列表中列出了所有属性，包括光谱（Spectral）、纹理（Texture）和空间（Spatial）三大类属性；右侧 Selected Attributes 列表中列出了已选择的属性。在【Available Attributes】列表中的【All Attributes】下选中某些属性，单击 ➡ 按钮把所选属性添加到【Selected Attributes】列表中；在【Selected Attributes】列表中选中某些属性，单击 ⬅ 按钮把所选属性移到【Available Attributes】列表中。默认设置为选择所有的属性参与分类,此处按照默认全选。

(3)选择分类方法。单击【Algorithms】选项卡(图5-43),选择监督分类的算法。

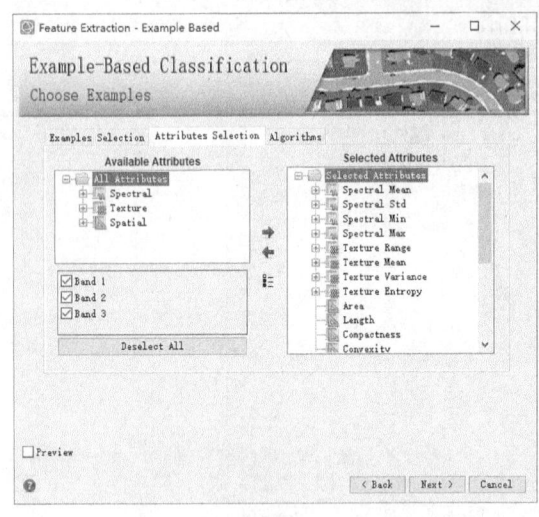

图 5-42　Attributes Selection 选项卡

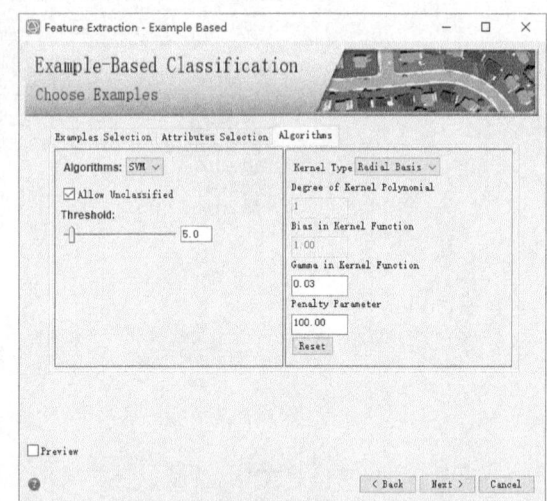

图 5-43　Algorithms 选项卡

【Algorithms】下拉列表用于选择分类算法,有三种选择:K邻近法(K Nearest Neighbor,KNN)、支持向量机(Support Vector Machine,SVM)和主成分分析法(Principal Components Analysis,PCA)。此处选择算法"SVM"。

【Allow Unclassified】复选框用于设置是否允许分类结果中出现未分类地物(Unclassified),当某个对象计算得到的所有规则概率低于设定阈值(Threshold)时,该对象被归为Unclassified类别。此处勾选该复选框,并将阈值设置为默认值5%。

【Kernel Type】下拉列表用于选择核函数,有四种选择:线性(Linear)、多项式(Polynomial)、径向基(Radial Basis)和神经网络(Sigmod)。默认选项为径向基核函数,在大多数情况下该核函数效果良好,此处选择该选项,其他参数保持默认值。

完成分类设置后,单击【Next】执行分类,得到分类结果(图5-44)。

图 5-44　面向对象分类结果图

4）结果输出

在结果输出（Export）面板中设置结果导出参数。

（1）【Export Vector】选项卡（图 5-45）用于将结果导出为矢量文件。

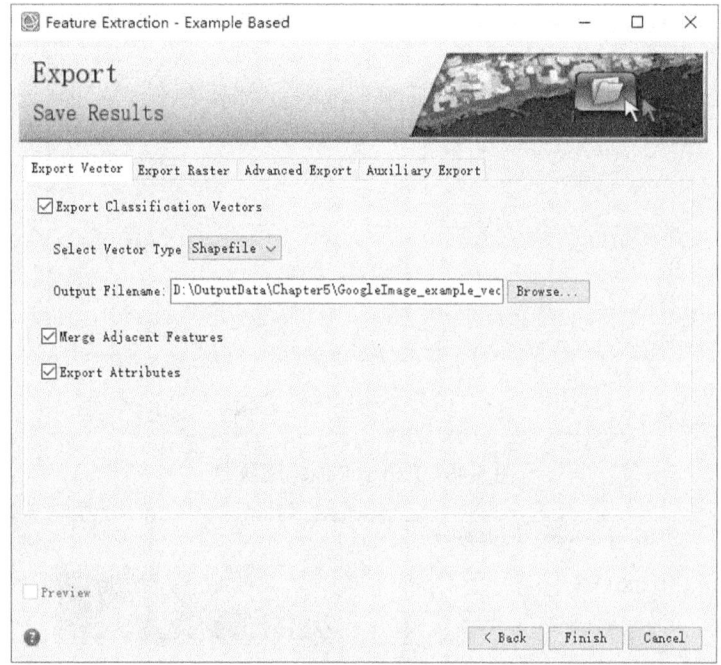

图 5-45　Export Vector 选项卡

参数设置说明如下。

【Export Classification Vectors】复选框用于设置是否将分类结果文件导出为 Shapefile 格式文件。【Select Vector Type】下拉列表用于设置矢量文件格式。【Output Filename】用于设置输出路径和文件名。

【Merge Adjacent Features】复选框用于设置是否将类别相同的相邻多边形进行合并。

【Export Attributes】复选框用于设置是否导出矢量数据的属性信息（空间、光谱、纹理属性）。

此案例保持该选项卡的默认设置，将三个复选框全部勾选，设置输出文件名为"...\OutputData\Chapter5\GoogleImage_example_vectors.shp"。

（2）【Export Raster】选项卡（图 5-46）用于将结果导出为栅格文件。参数设置说明如下。

【Export Classification Image】复选框用于设置是否将分类结果导出为栅格文件。【Output Format】和【Output Filename】用于设置栅格文件格式和文件名。

【Export Segmentation Image】复选框用于设置是否导出分割斑块图像。

此案例保持该选项卡的默认设置，将分类结果导出为 ENVI 格式文件，设置输出文件名为"...\OutputData\Chapter5\GoogleImage_example_class.dat"。

（3）【Advanced Export】选项卡（图 5-47）用于将专题信息导出为栅格文件。参数设置说明如下。

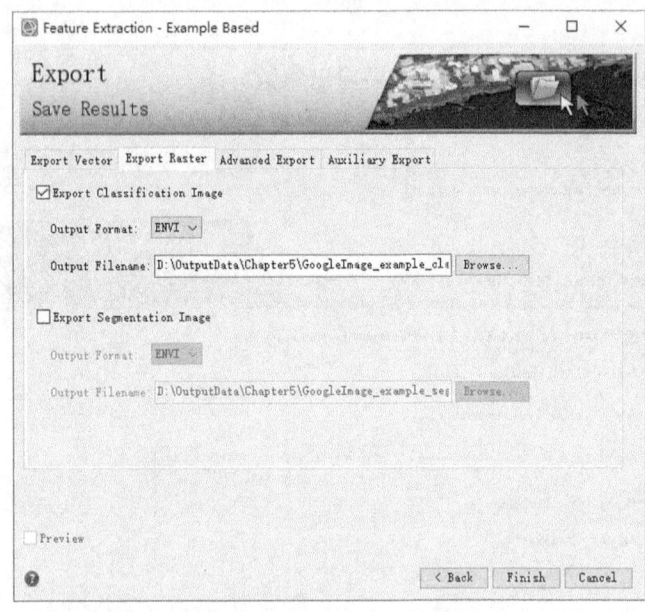

图 5-46 Export Raster 选项卡

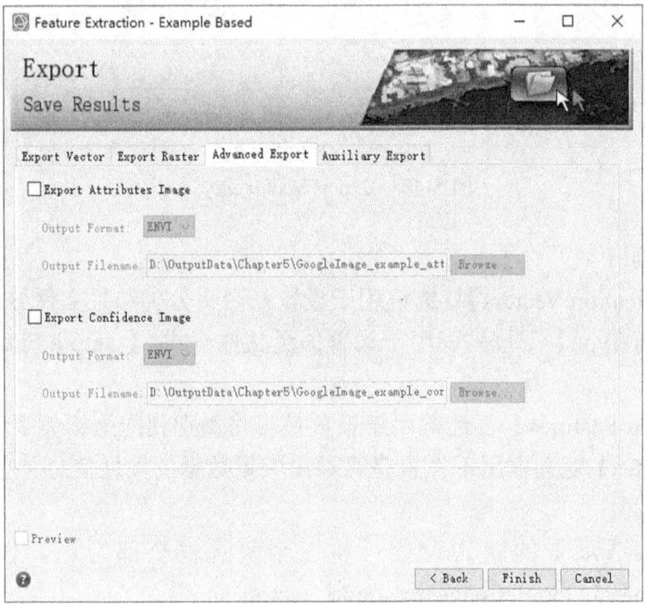

图 5-47 Advanced Export 选项卡

【Export Attributes Image】复选框用于设置是否将属性特征导出为栅格图像。

【Export Confidence Image】复选框用于设置是否将对象属于某类别的可信度导出为栅格图像。

此案例保持该选项卡的默认设置，不导出相关信息。

（4）【Auxiliary Export】选项卡（图 5-48）用于导出辅助信息。参数设置说明如下。

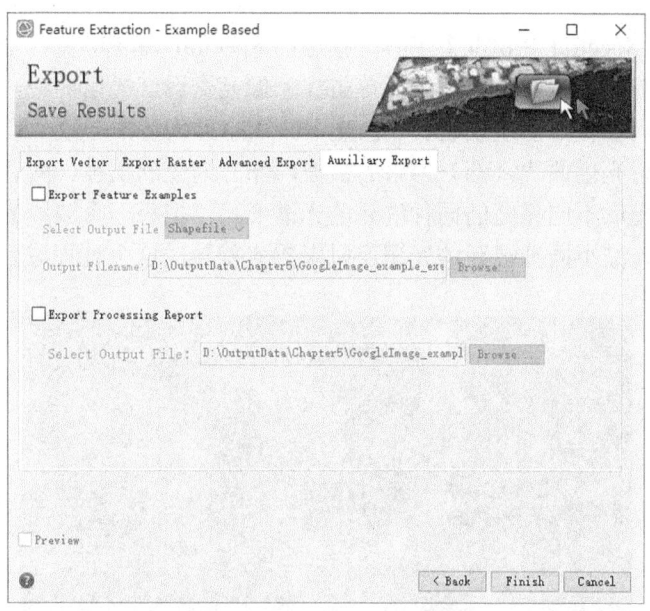

图 5-48　Auxiliary Export 选项卡

【Export Feature Examples】复选框用于设置是否将训练样本导出为 Shapefile 格式文件。

【Export Processing Report】复选框用于设置是否将分割选项、规则和属性设置等处理过程信息导出为文本文件。

此案例保持该选项卡的默认设置，不导出辅助信息。

设置完成后，单击【Finish】按钮，完成面向对象分类。

5.4.4　混合像元分解

本节基于 Landsat 8 OLI 多光谱数据进行混合像元分解，操作流程如图 5-49 所示。①对影像进行光谱归一化；②进行最小噪声分离（Minimum Noise Fraction，MNF）变换；③借助像元纯度指数（Pixel Purity Index，PPI）和 n 维可视化工具提取合适的端元并收集端元光谱信息；④利用线性混合像元分解模型中的完全约束最小二乘法进行丰度解混，得到每个像元中各端元组分的丰度；⑤利用 Sentinel-2A 数据最大似然法分类结果对丰度图像进行精度验证。

图 5-49　混合像元分解实践操作流程图

实验前需安装 FCLS 插件。将"...\Data\Chapter5"文件夹下的"fcls_spectral_unmixing.sav"文件复制并粘贴在 ENVI 安装文件夹下的"extensions"文件夹中（默认路径为"C:\Program Files\Exelis\ENVI53\extensions"），并重新启动 ENVI 程序。

1. 光谱归一化

在 ENVI 软件主菜单中单击【File】—【Open】，加载 Landsat 8 OLI 数据，在图像窗口中显示该数据的真彩色图像（图 5-50）。在 Layer Manager 面板中选中"L8_example.dat"，单击

工具栏的 启动【Spectral Profile】工具，弹出的 Spectral Profile 窗口中显示图像窗口中心像元的光谱曲线，在图像窗口中移动鼠标单击任意像元查看其光谱曲线，可发现同一类地物的反射率数值在不同位置可能差别较大，但光谱曲线的形状基本一致。例如，图 5-51 展示了不同亮度植被的反射光谱曲线，（a）为暗的植被，（b）为亮的植被，两者具有形状基本一致的光谱曲线。为了提取不同亮度的同种端元的光谱形状，把每一个波段的反射率除以所有波段反射率的平均值，减小同种端元的光谱反射率数值差异，这个过程称为光谱归一化。

图 5-50　Landsat 8 OLI 真彩色影像

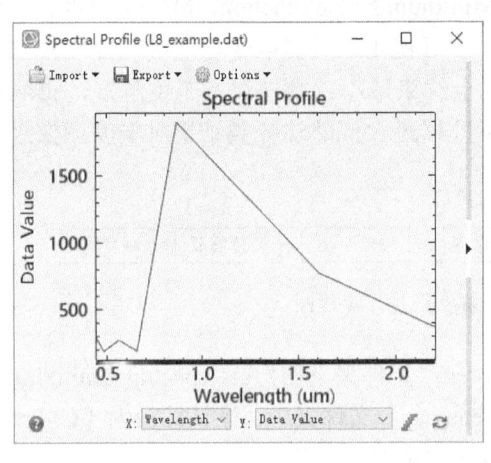 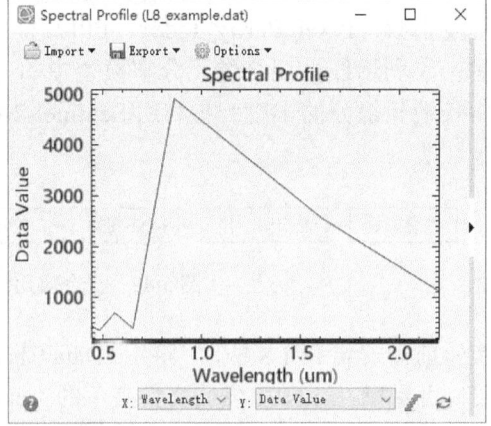

　　　　（a）暗的植被　　　　　　　　　　　　（b）亮的植被

图 5-51　不同亮度植被的反射光谱曲线

计算归一化反射率的公式如式（5-1）和式（5-2）所示：

$$\overline{R}_b = \frac{R_b}{\mu} \tag{5-1}$$

$$\mu = \frac{1}{N}\sum_{b=1}^{N} R_b \tag{5-2}$$

式中，$\overline{R}_b$ 为某像元波段 b 的归一化反射率；R_b 为某像元波段 b 的反射率；μ 为某像元各个波段的平均反射率；N 为波段数，本案例中取值为 7。

使用 ENVI 软件对原始反射率数据进行光谱归一化处理。

1）计算各个波段的平均反射率

在 Toolbox 中，选择【Band Algebra】—【Band Math】。在打开的 Band Math 对话框中，输入表达式"(float（b1）+b2+b3+b4+b5+b6+b7)/7"，并单击【Add to List】按钮，再单击【OK】，在 Variables to Bands Pairings 对话框（图 5-52）中，将公式中的"b1"~"b7"分别与【Available Bands List】列表中"L8_example.dat"文件的第 1~7 个波段进行匹配，【Output Result to】选择【File】，并设置结果输出路径为"...\OutputData\Chapter5\L8_mean.dat"，单击【OK】。

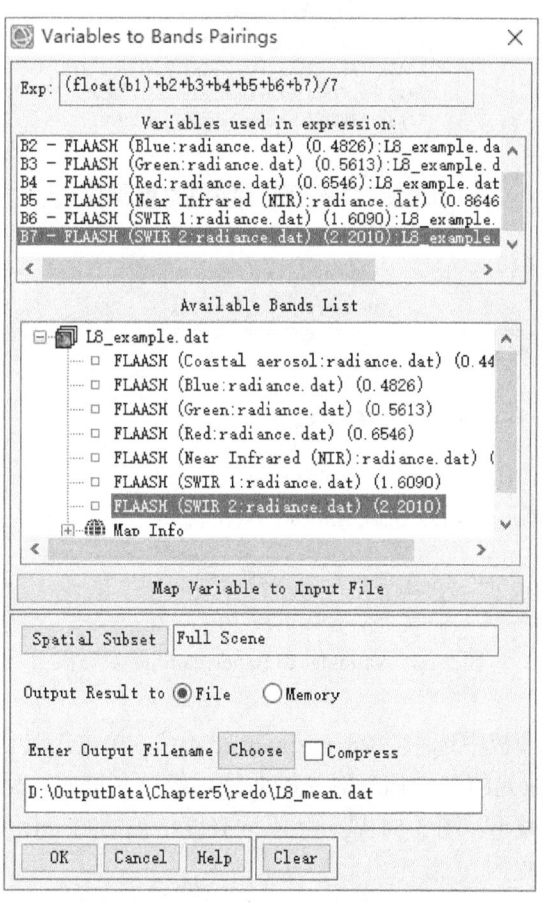

图 5-52　Variables to Bands Pairings 对话框

2）计算归一化反射率

在 Toolbox 中，选择【Band Algebra】—【Band Math】。在打开的 Band Math 对话框中，输入表达式"b1/b2"，并单击【Add to List】按钮，再单击【OK】，在 Variables to Bands Pairings 对话框中，单击【Map Variable to Input File】，在弹出的 Band Math Input File 对话框中选择"L8_example.dat"，单击【OK】，将公式中的"b1"与"L8_example.dat"文件进行匹配。单击【Variables used in expression】列表中的【B2】，将其与【Available Bands List】列表中"L8_mean.dat"文件的波段进行匹配。【Output Result to】选择【File】，并设置结果输出路径为"...\OutputData\Chapter5\L8_normalized.dat"，如图 5-53 所示。单击【OK】进行运算，得到归一化反射率结果文件。

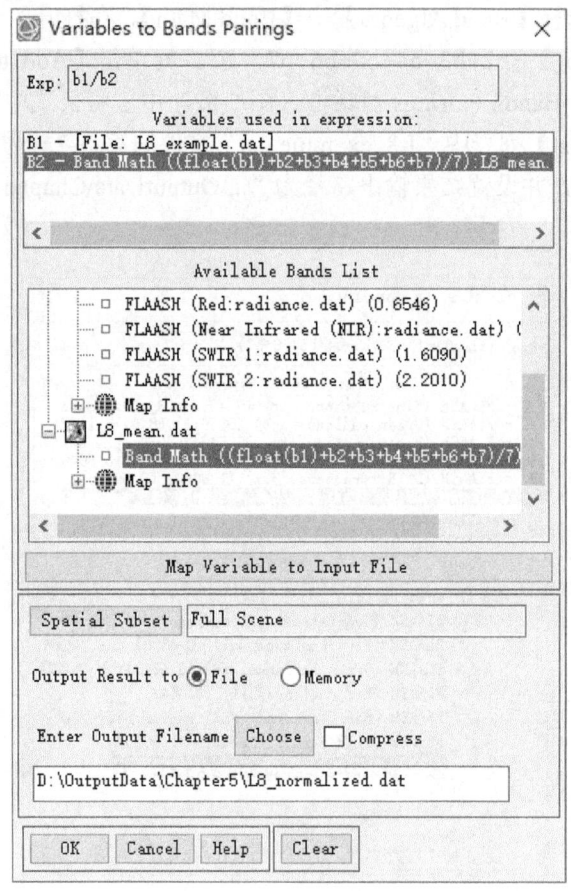

图 5-53　Variables to Bands Pairings 对话框

在 Layer Manager 面板中选中"L8_normalized.dat"，单击工具栏的 ，使用【Spectral Profile】工具查看不同像元的归一化反射光谱曲线。经过光谱归一化后，不同亮度的同种地物光谱之间的数值差异减小。图 5-54 显示了不同亮度植被的归一化反射光谱曲线，(a) 为暗的植被，(b) 为亮的植被。

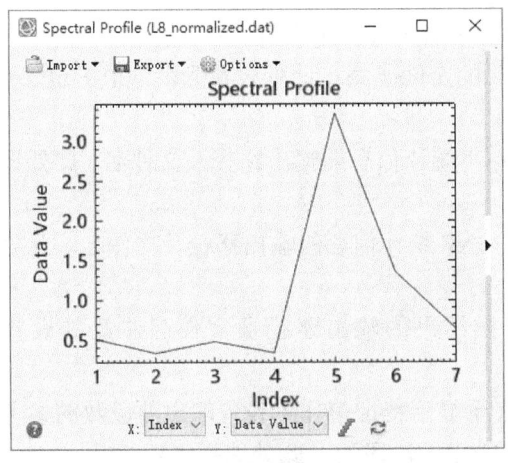 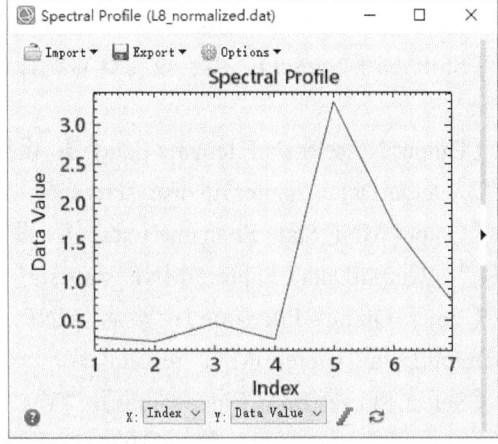

　　（a）暗的植被　　　　　　　　　　　（b）亮的植被

图 5-54　不同亮度植被的归一化反射光谱曲线

2. MNF 变换

为了消除各个波段之间的相关性和存在的噪声，通常在端元选择之前对数据进行空间转换。MNF 变换根据信号与噪声的比率排列成分，将主要信息集中在前几个波段中，能够分离数据中的噪声，同时降低波段之间的相关性，减少数据冗余度。本节对上一节得到的归一化反射率图像进行 MNF 变换，获得排除噪声波段的变换结果。

在 Toolbox 中选择【Transform】—【MNF Rotation】—【Forward MNF Estimate Noise Statistics】工具，弹出 MNF Transform Input File 对话框（图 5-55）。在【Select Input File】列表中选择"L8_normalized.dat"文件，单击【OK】按钮，进入下一步。

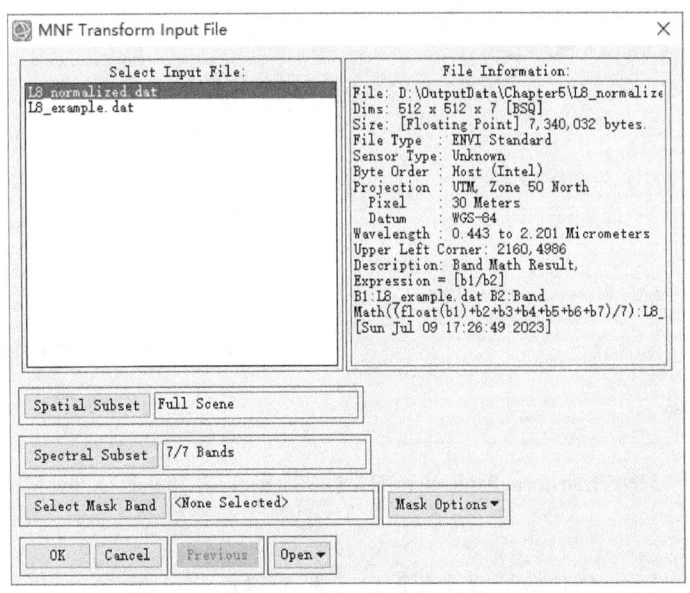

图 5-55　MNF Transform Input File 对话框

在 Forward MNF Transform Parameters 对话框（图 5-56）中设置变换参数。

【Shift Diff Subset】：用于设置计算统计信息的空间子集。此处设置为默认值 Full Scene（全景）。

【Output Noise Stats Filename [.sta]】：设置噪声统计信息的输出路径及文件名。此处设置为 "...\OutputData\Chapter5\Noise_stats.sta"。

【Output MNF Stats Filename [.sta]】：设置 MNF 统计信息的输出路径及文件名。此处设置为 "...\OutputData\Chapter5\MNF_stats.sta"。

【Enter Output Filename】：设置 MNF 变换结果的输出路径及文件名。此处设置为 "...\OutputData\Chapter5\MNF_result.dat"。

【Select Subset from Eigenvalues】："Yes"表示显示特征值作为设置输出波段数的参考依据，"No"则表示在不显示特征值的情况下设置输出的波段数。此处选择"Yes"。

设置完毕后单击【OK】，弹出 Select Output MNF Bands 对话框（图 5-57），显示经 MNF 变换后各波段的特征值及其包含的信息累计百分比。此案例中前五个波段能够包含整幅图像的绝大部分信息（93.50%），故选择输出前五个波段，将【Number of Output MNF Bands】设置为 5，单击【OK】。

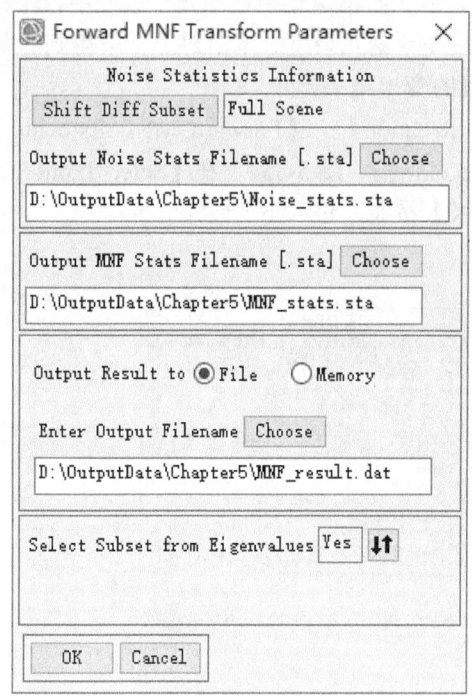
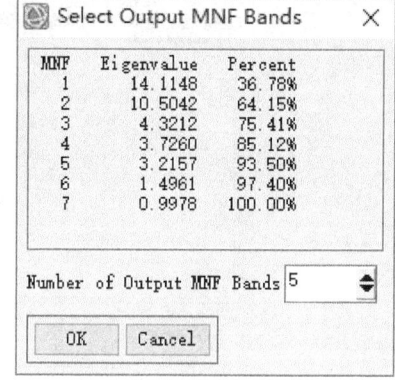

图 5-56 Forward MNF Transform Parameters 对话框　　图 5-57 Select Output MNF Bands 对话框

处理完成后，显示 MNF 特征值绘图窗口（图 5-58）。

MNF 变换结果仅输出所选择的五个波段，本案例中 MNF 变换结果的五个波段图像如图 5-59 所示。

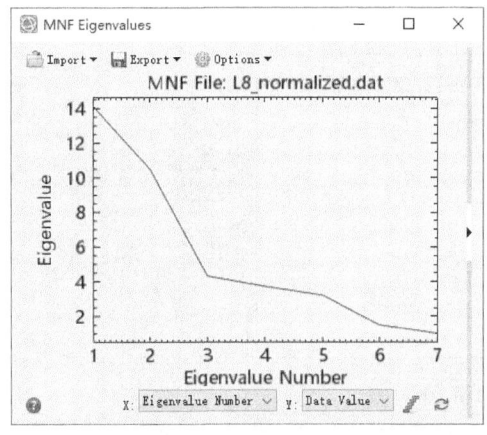

图 5-58　MNF Eigenvalues 窗口

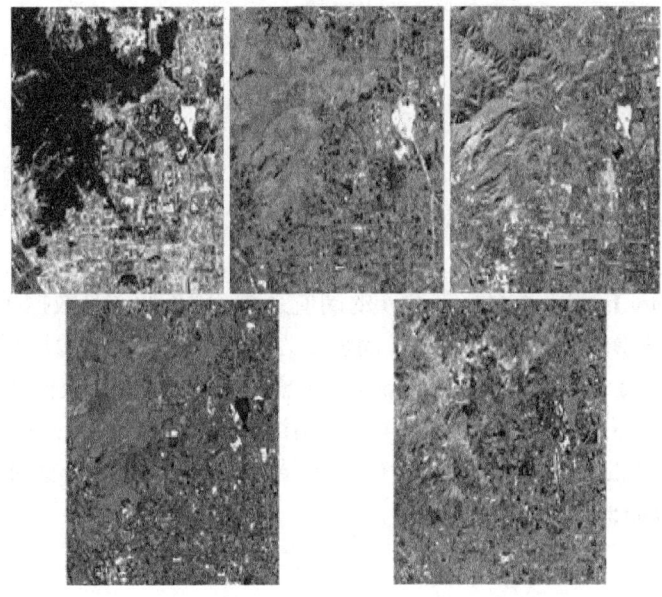

图 5-59　MNF 变换结果

3. PPI 计算

PPI 是表征多波段遥感图像中每个像元纯度的指标，该值越大，说明对应的像元越接近纯净像元。它的原理是将 n 维像元点投影到一个随机的单位向量上，如果该像元纯度大，则应更接近单位向量的端点，否则位于单位向量的内部。通过这种投影方式迭代多次，每次投影用阈值筛选出投影到单位向量两端的极值像元并将其标记，理论上最终纯度更大的像元被标记的次数更多，于是可得到一幅反映像元纯度大小的标记次数图像。本节基于 MNF 变换结果计算 PPI 指数，所得结果图像可用于后续筛选纯净像元。

在 Toolbox 中选择【Spectral】—【Pixel Purity Index】—【Pixel Purity Index（PPI）[FAST] New Output Band】，弹出 Fast Pixel Purity Index Input Data File 对话框（图 5-60）。在【Select Input File】列表中选择"MNF_result.dat"，单击【OK】，进入下一步。

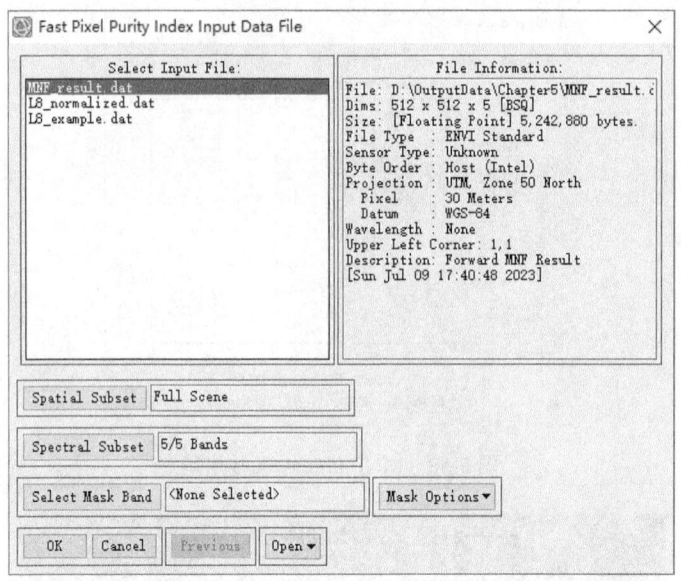

图 5-60 Fast Pixel Purity Index Input Data File 对话框

在 Fast Pixel Purity Index Parameters 对话框（图 5-61）中设置 PPI 计算的相关参数。

【Number of Iterations】：迭代次数，最大为 32767 次。一般来说，迭代次数越多越有利于更好地找到极值像元，但所用时间也越长。此处设置为默认值 10000。

【Threshold Factor】：用于选择极值像元的阈值系数。阈值通常是数据噪声水平的 2~3 倍，当输入数据为标准化噪声的 MNF 数据时，阈值设为 2 或 3 效果较好。此处设置为默认值 2.5。

【X Resize Factor】和【Y Resize Factor】：数据二次采样系数，数值范围为 0~1。此处保持默认值 1.0000，即不对数据进行二次采样，使用全部像元参与 PPI 计算。

【Enter Output Filename】：设置 PPI 计算结果的输出路径及文件名。此处设置为"...\OutputData\Chapter5\PPI_result.dat"。

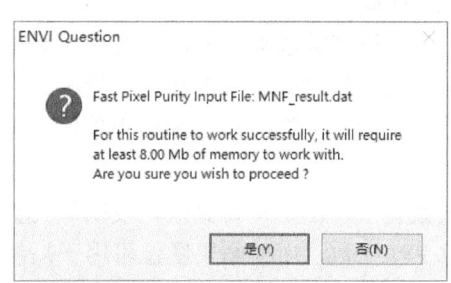

图 5-61　Fast Pixel Purity Index Parameters 对话框　　图 5-62　内存量提示对话框

设置完毕后单击【OK】按钮，弹出内存量提示对话框（图 5-62）：提醒所需的内存量并询问是否继续。

单击【是（Y）】，出现 PPI 处理状态窗口（图 5-63）。该窗口显示了随迭代次数增加所发现的满足阈值标准的极值像元总数。

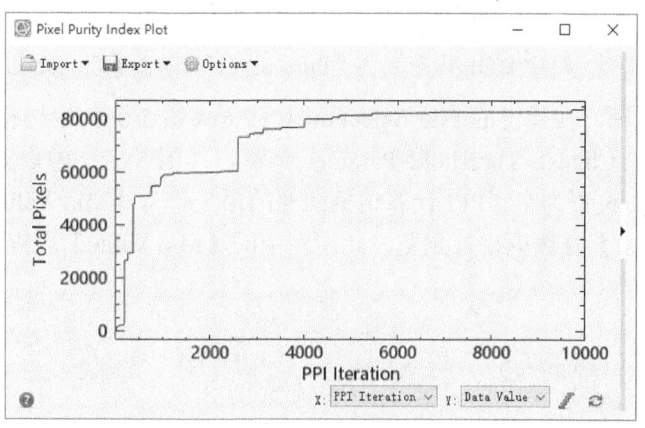

图 5-63　Pixel Purity Index Plot 窗口

PPI 计算结果如图 5-64 所示，图中的像元值即对应像元的 PPI 数值，代表每个像元被标记为极值像元的次数。

图 5-64　PPI 计算结果

4. 端元提取

本节先对 PPI 计算结果图像设定阈值，过滤掉不够纯净的像元，筛选出纯净像元，再利用 n 维可视化工具进行散点图分析，识别不同类型的端元，得到端元的光谱曲线。

1) 筛选纯净像元

利用 ROI 工具建立纯净像元的感兴趣区，筛选出相对纯净的像元。在 Layer Manager 中选中 PPI 计算结果"PPI_result.dat"，单击菜单栏的 打开 Region of Interest（ROI）Tool 对话框（图 5-65）。单击 新建 ROI 并命名为"Pure pixel"，单击【Threshold】按阈值建立 ROI，单击 创建阈值规则，在弹出的 File Selection 对话框（图 5-66）中选择"PPI_result.dat"，单击【OK】，之后在 Choose Threshold Parameters 窗口（图 5-67）中设置最大和最小阈值。其中，【Max Value】设置为空（PPI 计算结果图像的最大值），【Min Value】可以自行设定，之后可勾选【Preview】复选框进行预览。此案例中的【Min Value】设置为 10。

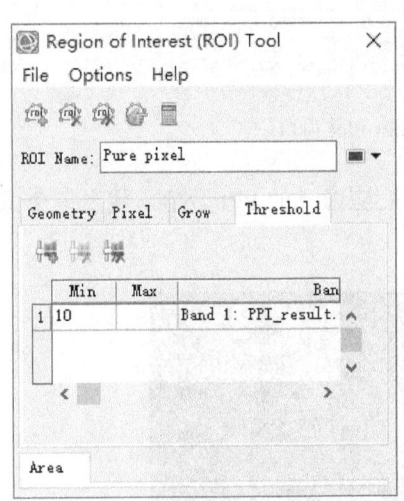

图 5-65　Region of Interest（ROI）Tool 对话框

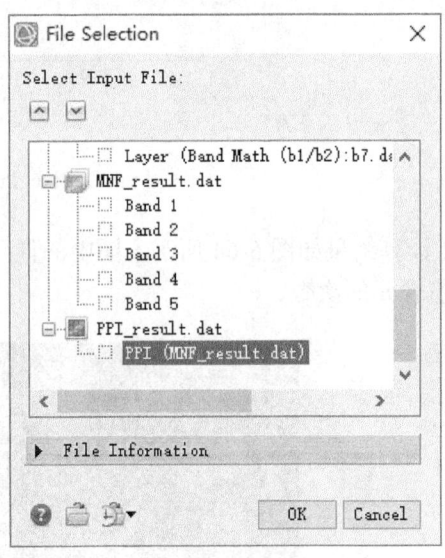

图 5-66　File Selection 对话框

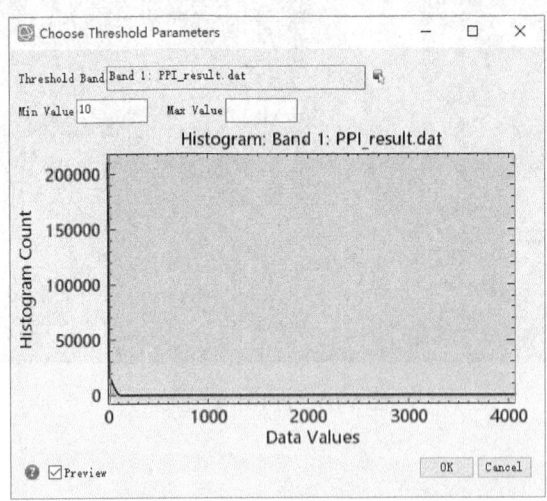

图 5-67　Choose Threshold Parameters 窗口

设置完毕后单击【OK】按钮，图像窗口中显示创建的感兴趣区（图 5-68）。

图 5-68 感兴趣区

2）构建 n 维可视化窗口

上一步通过建立感兴趣区确定了纯净像元在影像中的位置，但未确定纯净像元对应的端元类型，还需要借助 n 维可视化工具确定端元。在 Toolbox 中选择【Spectral】—【n-Dimensional Visualizer】—【n-Dimensional Visualizer New Data】，弹出 n-D Visualizer Input File 对话框（图 5-69）。在【Select Input File】列表中选择 MNF 变换结果文件"MNF_result.dat"，单击【OK】。

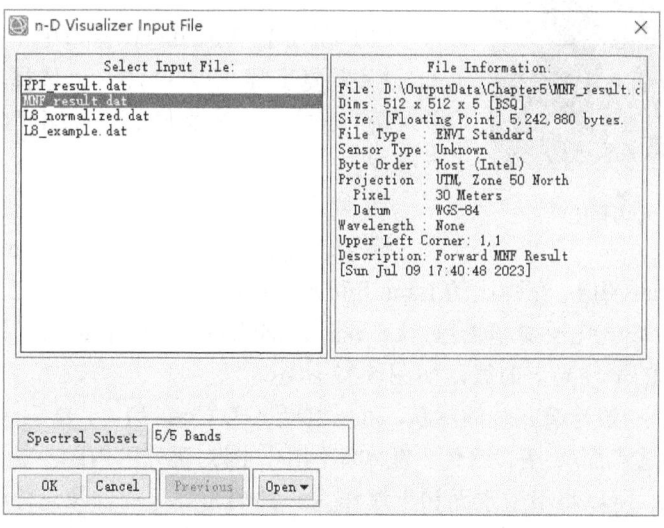

图 5-69 n-D Visualizer Input File 对话框

在 n-D Controls 窗口中，依次单击 n-D Selected Bands 下方的【1】—【2】—【3】—【4】—【5】，构建五维散点图，如图 5-70 所示。

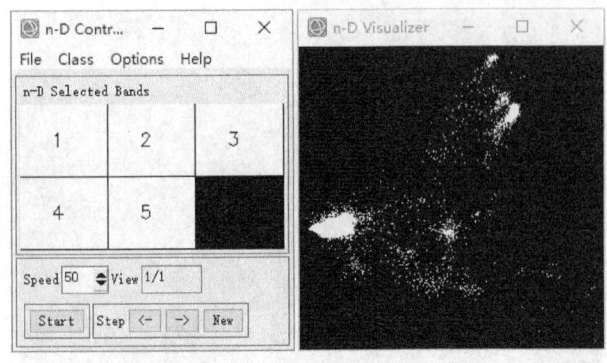

图 5-70 构建五维散点图

3）端元选择

（1）在 n-D Controls 窗口中，设置适当的速度【Speed】，单击【Start】按钮，可以看到 n-D Visualizer 窗口中的点云随机旋转。当部分点云在各个角度都聚集在一起时，单击 n-D Controls 窗口中的【Stop】按钮。

（2）在 n-D Visualizer 窗口中，用鼠标左键勾画白点聚集区域，右键结束选择，选择的点被标示颜色，作为一类端元。

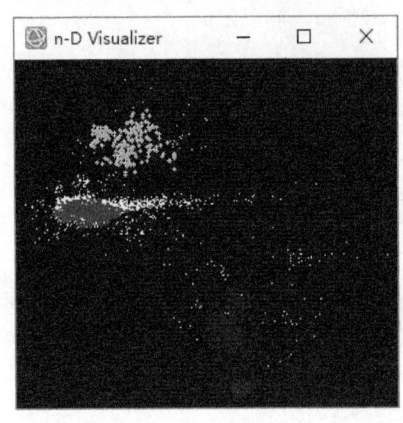

（3）单击【Start】按钮，当看到部分已选择的点出现分散时，单击【Stop】按钮，选择【Class】—【Items 1:20】—【White】，在 n-D Visualizer 窗口中选择分散的点将其标记为白色，即把这部分点从该类端元中移除。借助【<-】【->】按钮能够一帧一帧从不同视角浏览以协助删除分散点。

（4）在 n-D Visualizer 窗口中单击右键选择【New class】，重复步骤（1）~（3）以选择其他白点集中区域作为新一类端元。本案例的三种端元选择结果如图 5-71 所示。

图 5-71 端元选择

4）端元光谱提取

端元选择完成后，在 n-D Controls 面板中，选择【Options】—【Mean All】，在弹出的 Input File Associated with n-D Data 对话框（图 5-72）中选择 Landsat 8 OLI 归一化反射率影像"L8_normalized.dat"，单击【OK】。此时 n_D Mean 窗口中显示各类端元的平均光谱曲线，如图 5-73 所示。

观察图 5-73 中三条光谱曲线的形状，可以判断 n_D Class #1、n_D Class #2、n_D Class #3 分别对应植被、不透水面/土壤、水体。在本案例中，因为研究区内的不透水面和土壤具有相似的光谱曲线形状，所以将不透水面和土壤作为一种端元进行混合像元分解。将图 5-73 中三个类别的名称分别修改为"Vegetation""ISA/Soil""Water"，颜色分别修改为绿色（0,255,0)、红色（255,0,0,）、蓝色（0,0,255），如图 5-74 所示。单击【Export】将端元光谱曲线保存为 ASCII 文本文件，设置输出路径为"...\OutputData\Chapter5\Endmember.txt"。

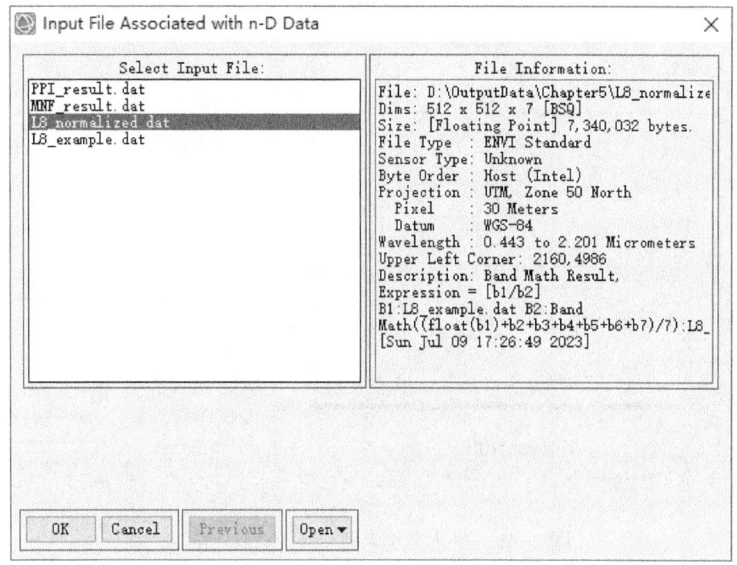

图 5-72　Input File Associated with n-D Data 对话框

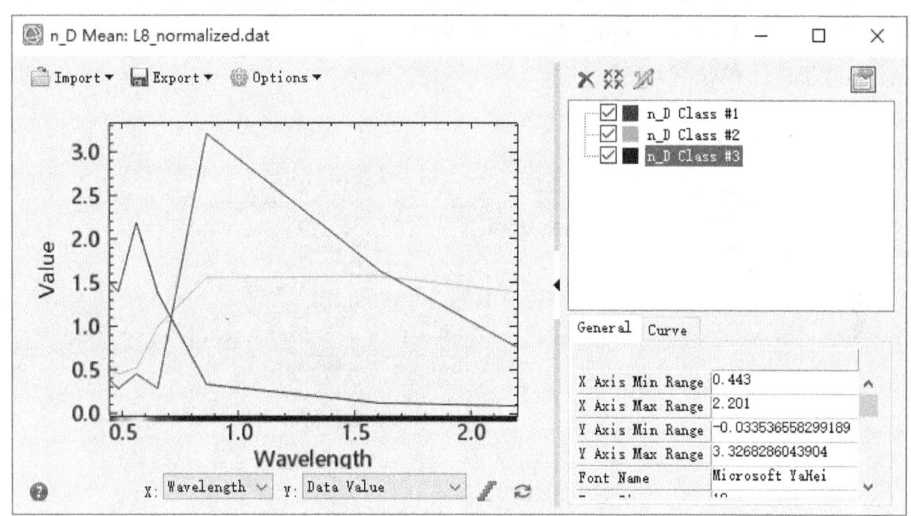

图 5-73　n_D Mean 窗口

5. 丰度解混

丰度解混就是根据端元的光谱特征，获取遥感图像中端元的丰度信息的过程。理论上，一个像元内各种端元的丰度总和为 1，且每种端元的丰度值范围为 0~1，这是两个约束条件。ENVI 软件提供了线性混合像元分解工具 "Linear Spectral Unmixing"，此工具只考虑一个约束条件，即丰度总和为 1。为避免所得丰度图像像元值出现负值和大于 1 的情况，本节使用 ENVI 扩展工具 "FCLS Spectral Unmixing" 进行线性混合像元分解，该工具采用的算法为完全约束最小二乘法（FCLS），能够同时满足两个约束条件。

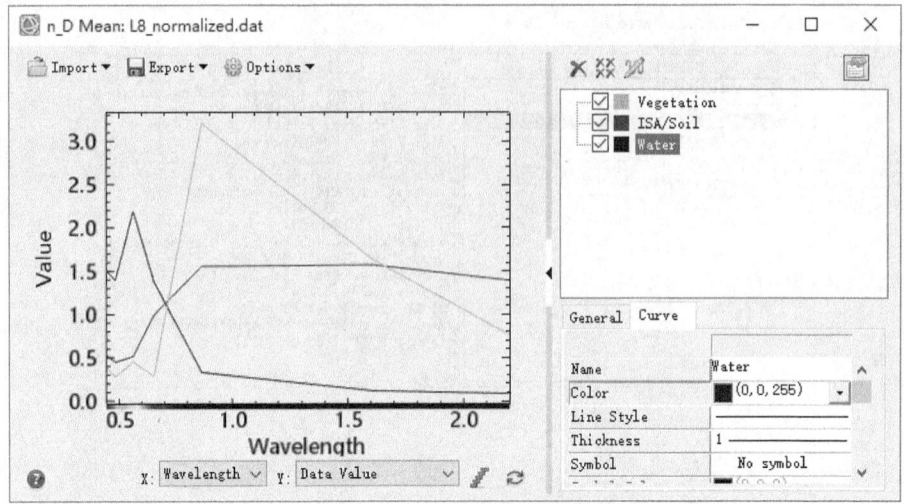

图 5-74　端元类别名称和颜色修改结果

1）启动"FCLS Spectral Unmixing"工具

在 Toolbox 中选择【Extensions】—【FCLS Spectral Unmixing】，打开 Select input file 对话框（图 5-75），在【Select Input File】列表中选择 Landsat 8 OLI 反射率归一化影像"L8_normalized.dat"，单击【OK】。

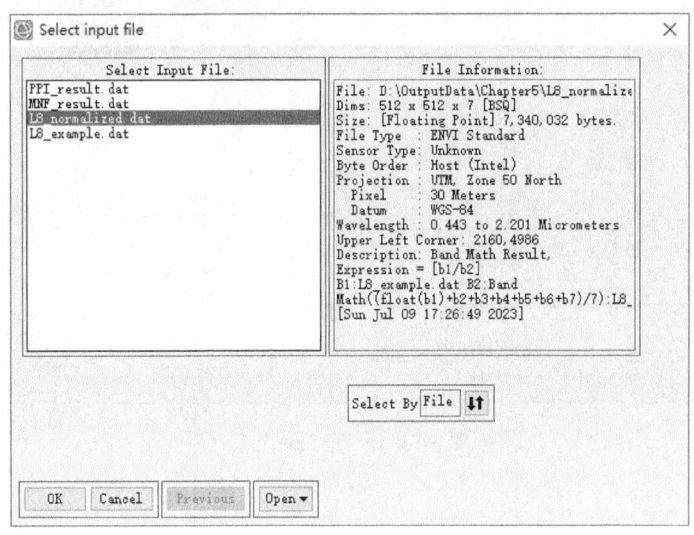

图 5-75　Select input file 对话框

2）端元光谱收集

在 Endmember Collection 对话框中选择【Import】—【from ASCII file…】（图 5-76），导入上一节"4.端元提取"保存的端元光谱曲线文件"Endmember.txt"。

在弹出的 Input ASCII File 对话框（图 5-77）中，在【Select Y Axis Columns】列表中选中三种端元，【Wavelength Units】选择"Micrometers"，单击【OK】。

第 5 章 图 像 分 类

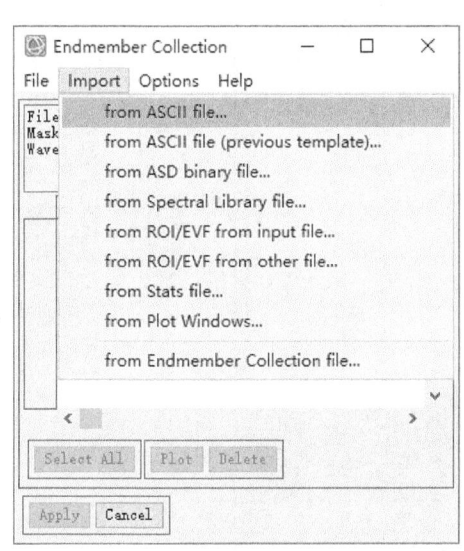

图 5-76 导入端元光谱曲线文件　　　图 5-77 Input ASCII File 对话框

3）执行丰度解混

在 Endmember Collection 对话框中单击【Select All】，选择全部端元，如图 5-78 所示。单击【Apply】后设置结果的输出路径为"...\OutputData\Chapter5\Unmixing_result.dat"，单击【OK】进行丰度解混。

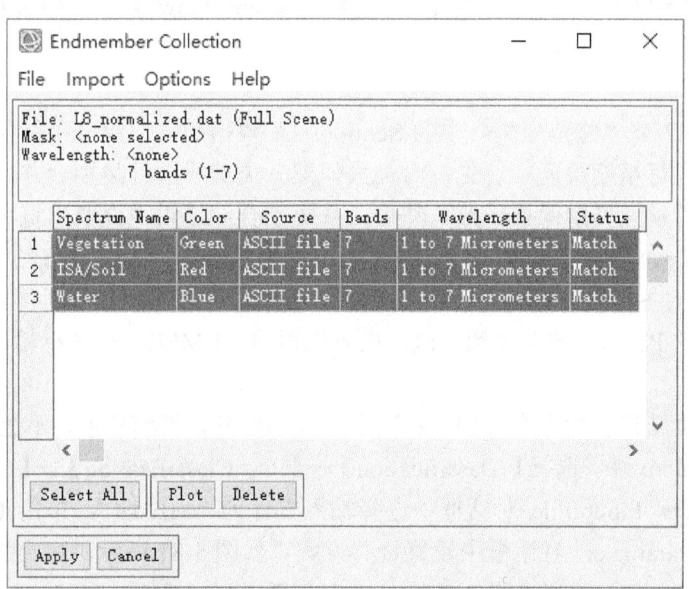

图 5-78 Endmember Collection 对话框

4）查看分解结果

在 Data Manager 窗口中可以看到"Unmixing_result.dat"文件共包含四个波段，如图 5-79 所示。前三个波段对应三种端元的丰度，数值范围为 0~1。第四个波段为混合像元分解的均方根误差（Root Mean Square Error，RMSE），波段名为"RMS Error"。

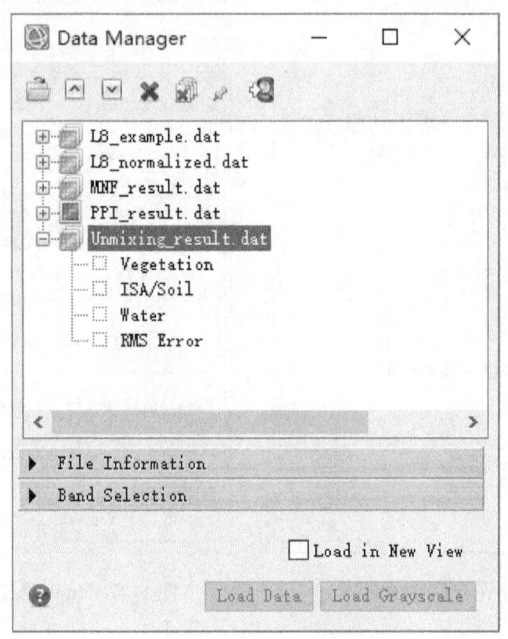

图 5-79　丰度解混结果

在 Data Manager 窗口中每次选中"Unmixing_result.dat"的一个波段，勾选【Load in New View】复选框，单击【Load Data】，将不同端元的丰度图像和 RMS Error 图像逐一加载到不同的 View 中（图 5-80）。选择菜单栏【Views】—【Link Views】—【Link All】—【OK】进行视图连接，方便对比查看。

6. 精度验证

本节使用 5.4.2 节"监督分类"中的 Sentinel-2A 数据最大似然分类结果对混合像元分解得到的丰度图像进行精度验证。首先，对最大似然分类结果进行类别合并，使分类结果类别与混合像元分解的端元类别保持一致。然后，从类别合并结果中提取出每个类别分布范围的二值图像，再对 10m 分辨率的二值图像进行像元聚合重采样，计算每个 3×3 区域的像元均值，得到 30m 分辨率的各类别的参考丰度图像。使用 IDL 对混合像元分解所得丰度图像，计算其与参考丰度图像的 Pearson 相关系数（r）、均方根误差（RMSE）来进行精度验证。

1）类别合并

最大似然分类结果包括五个类别，对其进行类别合并，得到植被、不透水面/土壤、水体三个类别。在 Toolbox 中，选择【Classification】—【Post Classification】—【Combine Classes】，在 Combine Classes Input File 对话框中选择输入文件为"ML.dat"，单击【OK】。在弹出的 Combine Classes Parameters 对话框中设置合并方案，如图 5-81 所示，将类别"Grassland"并入"Forest"，将"Bare land"并入"Construction land"，单击【OK】。在 Combine Classes Output

对话框（图 5-82）中，将【Remove Empty Classes】选项设置为"Yes"，并设置输出路径为"...\OutputData\Chapter5\ML_combine.dat"，单击【OK】，得到类别合并结果图像。

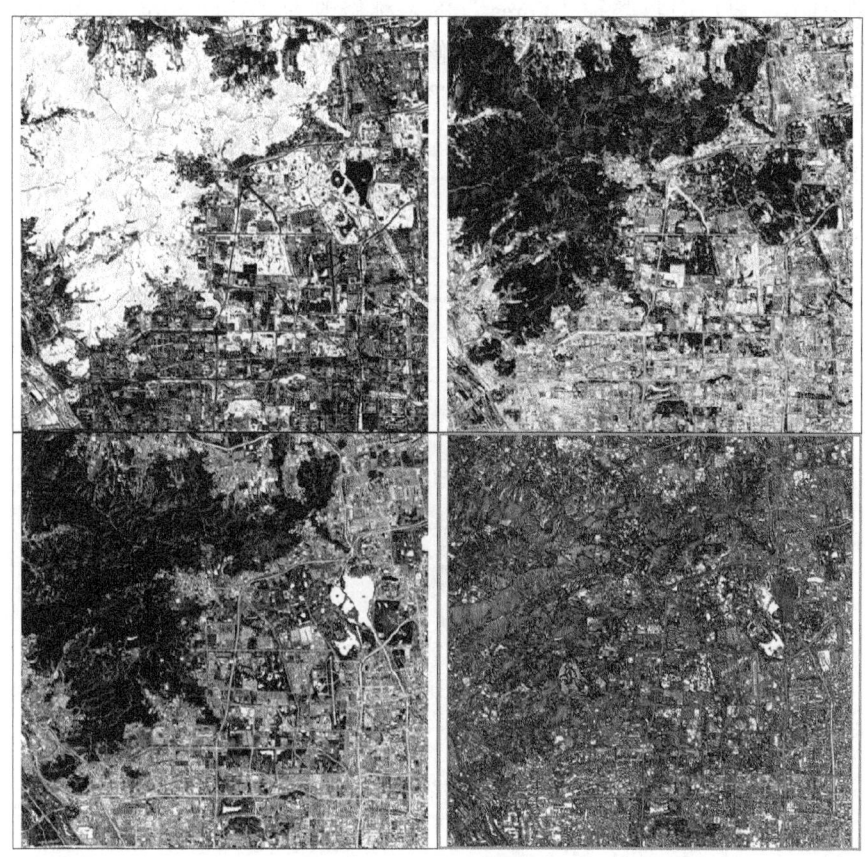

图 5-80　混合像元分解结果

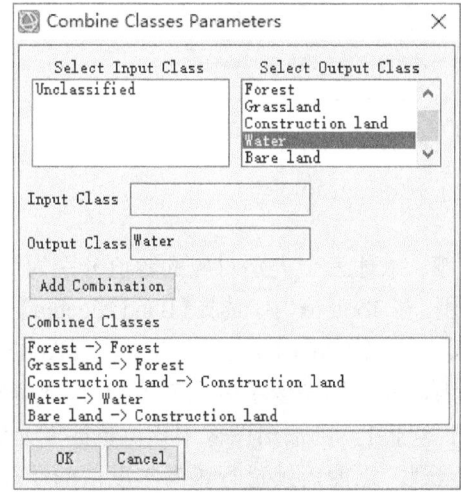

图 5-81　设置合并方案

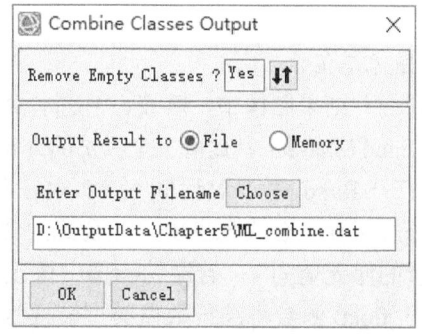

图 5-82　Combine Classes Output 对话框

对类别合并结果的类别名称和颜色进行修改，使其与混合像元分解结果类别一致。在 Layer Manager 中"ML_combine.dat"下的【Classes】上单击右键，选择【Edit Class Names and Colors】。在弹出的窗口中将类别"Forest"的名称修改为"Vegetation"，颜色修改为绿色（0,255,0），将类别"Construction land"的名称修改为"ISA/Soil"，颜色修改为红色（255,0,0），类别"Water"的名称和颜色无需修改（图 5-83）。修改完成后，单击【OK】。

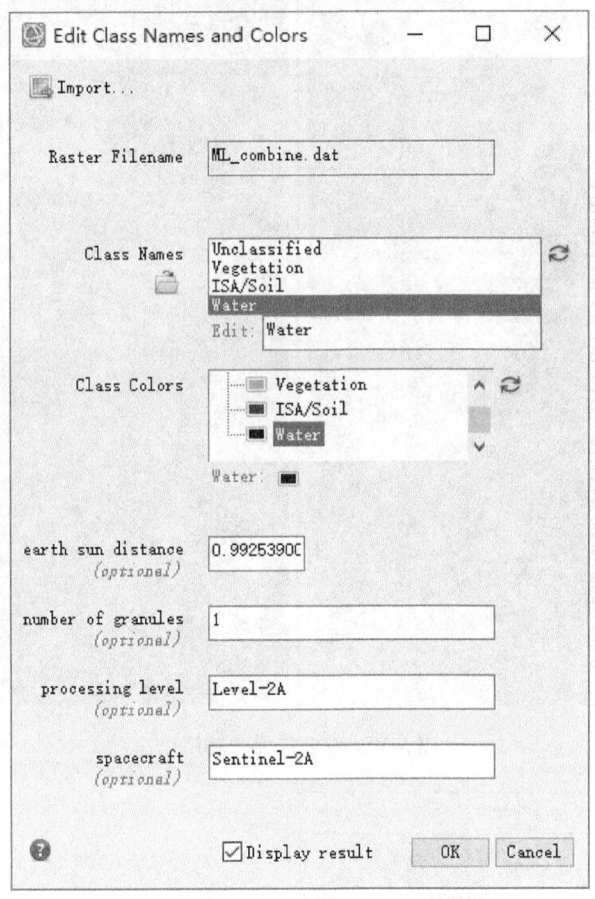

图 5-83　Edit Class Names and Colors 窗口

2）图像二值化

类别合并结果图像中，植被、不透水面/土壤、水体三个类别对应的数值分别为 1、2、3，可利用【Band Math】工具提取三个类别的分布范围。在 Toolbox 中，选择【Band Algebra】—【Band Math】，打开 Band Math 对话框（图 5-84），输入表达式"float（b1 eq 1）"，单击【Add to List】，将计算公式保存在公式列表中。此公式的含义为，若原始图像中像元值等于 1，则输出图像中该位置的像元值为 1；若原始图像中像元值不等于 1，则输出图像中该位置的像元值为 0。公式中的 float 函数将结果数值类型转换为浮点型，以便后续进行参考丰度值的计算。单击【OK】，进入下一步。

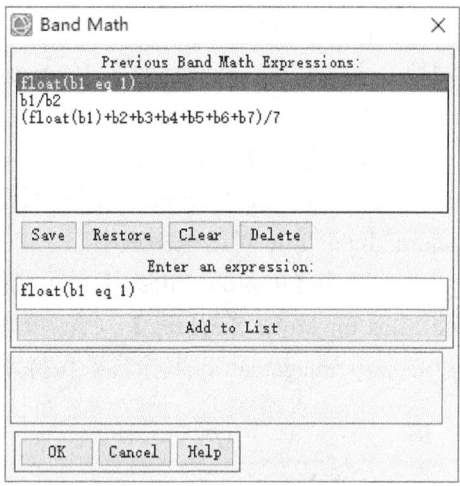

图 5-84　Band Math 对话框

在弹出的 Variables to Bands Pairings 对话框中，将【Variables used in expression】列表中的 B1 与【Available Bands List】列表中"ML_combine.dat"文件的波段进行匹配，【Output Result to】选择【File】，并设置结果输出路径为"…\OutputData\Chapter5\Vegetation.dat"（图 5-85）。单击【OK】进行运算，得到表示植被分布范围的二值图像，像元值为 1 代表该像元对应的类别为植被，像元值为 0 代表该像元对应的类别不是植被。

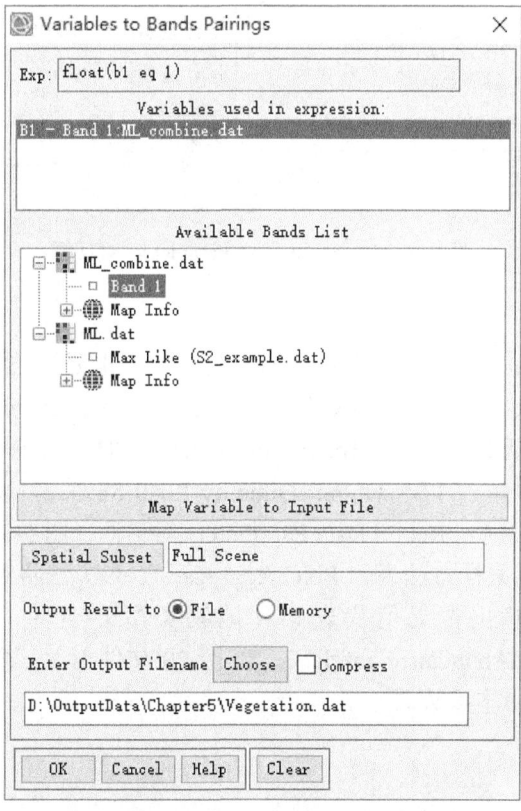

图 5-85　Variables to Bands Pairings 对话框

依此方法，利用公式"float（b1 eq 2）""float（b1 eq 3）"可分别得到表示不透水面/土壤、水体分布范围的二值图像，设置输出路径分别为"...\OutputData\Chapter5\ISA_Soil.dat""...\OutputData\Chapter5\Water.dat"。

为方便后续操作，将三个二值图像合成一个多波段文件。在 Toolbox 中选择【Raster Management】—【Resize Data】，打开 Layer Stacking Parameters 对话框（图 5-86），单击【Import File...】，在弹出的 Layer Stacking Input File 对话框中选中三个二值图像，单击【OK】，回到 Layer Stacking Parameters 对话框，单击【Reorder Files...】可用鼠标拖动文件调整顺序，使文件顺序与图 5-86 中【Selected Files for Layer Stacking】列表中的顺序一致。设置文件输出路径为"...\OutputData\Chapter5\Binary_image.dat"，其余参数保持默认，单击【OK】。

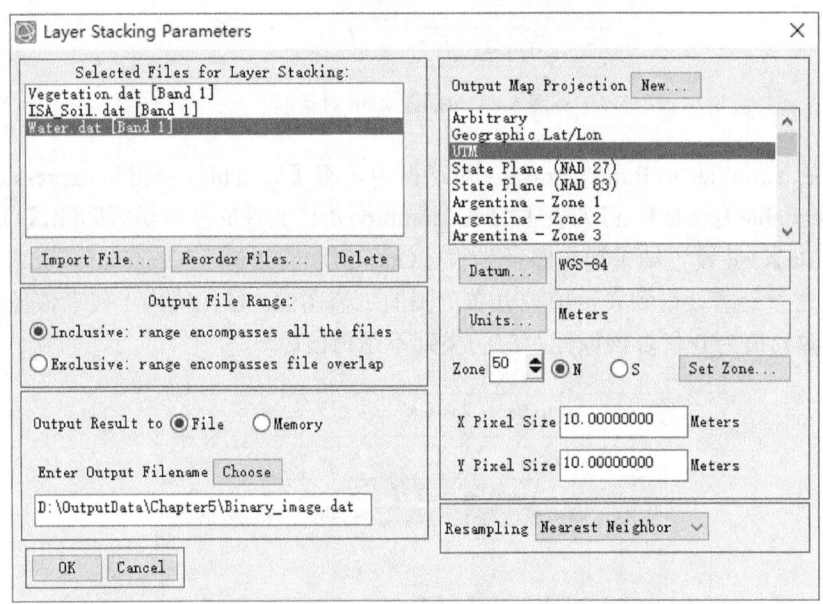

图 5-86　Layer Stacking Parameters 对话框

3）重采样

对上一步得到的 10m 分辨率的二值图像进行像元聚合重采样，得到与混合像元分解结果分辨率一致的参考丰度图像。在 Toolbox 中选择【Raster Management】—【Resize Data】，在 Resize Data Input File 对话框中选择"Binary_image.dat"文件，单击【OK】，在弹出的 Resize Data Parameters 对话框中单击【Set Output Dims by Pixel Size...】，设置输出像元大小为 30m（图 5-87），点击【OK】。回到 Resize Data Parameters 对话框（图 5-88），单击【Resampling】右侧的下拉列表，选择重采样方法为"Pixel Aggregate"。该方法将对输出像元有贡献的所有像元值进行平均，则输出像元值代表某种地物类型的丰度。设置结果输出路径为"...\OutputData\ Chapter5\Abundance_ref.dat"。输出结果文件包含三个波段，分别为植被、不透水面/土壤、水体的参考丰度数据。

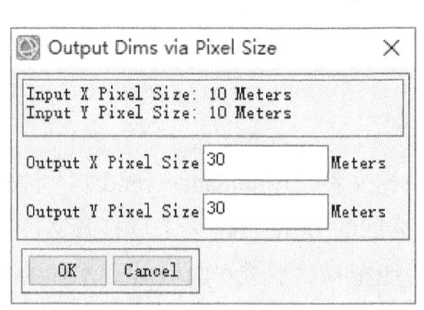
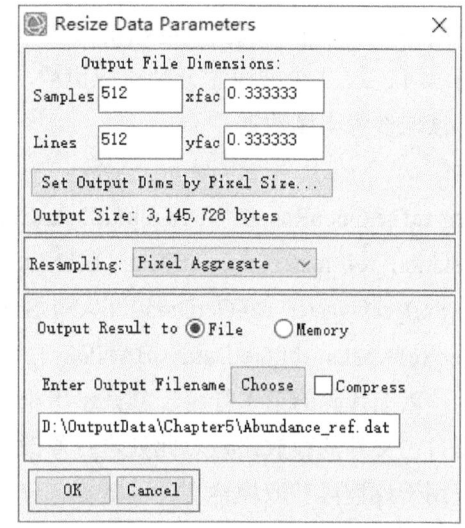

图 5-87 Output Dims via Pixel Size 对话框　　图 5-88 Resize Data Parameters 对话框

4）计算 r 和 RMSE

使用 IDL 计算丰度解混结果与参考值的 r 和 RMSE。ENVI 安装程序中已经包含了 IDL，无需单独下载安装 IDL。在电脑的开始菜单单击【IDL 8.5】文件夹下的【IDL 8.5】应用程序，打开 IDL 软件。

在 IDL 菜单栏单击【文件（F）】—【打开文件...】，在弹出的对话框中浏览至"...\Data\Chapter5"文件夹，选中"Accuracy_verification.pro"文件并打开，程序编辑窗口中显示程序代码。依次单击 IDL 工具栏的【编译】—【运行】按钮，开始运行代码，运行结束后下方的 IDL 控制台中将显示计算结果。

此外，也可在 IDL 控制台中逐行输入代码并按回车键运行代码。下面分步介绍代码及其含义。

（1）启动 ENVI 对象。

代码：

e=ENVI（/headless）

说明：ENVI 提供的栅格数据读写函数库 Raster 在调用之前要先启动 ENVI 对象，上述代码运行后，IDL 控制台的前缀将由 IDL 变为 ENVI，表明 ENVI 对象启动成功。关键字/headless 表示不显示打开的 ENVI 界面。

（2）读取丰度解混结果。

代码：

raster_unmixing=e.OpenRaster（'D:\OutputData\Chapter5\Unmixing_result.dat'）

Vegetation_unmixing=raster_unmixing.GetData（BANDS=[0]）

ISA_Soil_unmixing=raster_unmixing.GetData（BANDS=[1]）

Water_unmixing=raster_unmixing.GetData（BANDS=[2]）

说明：以上代码的第 1 行用于打开丰度解混结果文件"Unmixing_result.dat"（注意：读者需要根据自己文件的存放路径对此处进行修改），返回的 raster_unmixing 为关联打开文件的对象。第 2~4 行用于逐波段获取栅格文件的数据，关键字 BANDS 用于指定波段，数值 0、1、2 表示第 1、2、3 个波段，分别对应植被、不透水面/土壤、水体。

（3）读取参考丰度数据。

代码：

raster_ref=e.OpenRaster（'D:\OutputData\Chapter5\Abundance_ref.dat'）

Vegetation_ref=raster_ref.GetData（BANDS=[0]）

ISA_Soil_ref=raster_ref.GetData（BANDS=[1]）

Water_ref=raster_ref.GetData（BANDS=[2]）

说明：以上代码的第 1 行用于打开参考丰度数据文件"Abundance_ref.dat"（注意：读者需要根据自己文件的存放路径对此处进行修改），返回的 raster_ref 为关联打开文件的对象。第 2~4 行用于逐波段获取栅格文件的数据，分别对应植被、不透水面/土壤、水体的参考丰度数据。

（4）计算相关系数 r。

代码：

Vegetation_r=correlate（Vegetation_unmixing,Vegetation_ref）

ISA_Soil_r=correlate（ISA_Soil_unmixing,ISA_Soil_ref）

Water_r=correlate（Water_unmixing,Water_ref）

说明：以上三行代码分别表示计算植被、不透水面/土壤、水体的相关系数 r。

（5）计算均方根误差 RMSE。

代码：

Vegetation_RMSE=sqrt（mean（(Vegetation_unmixing-Vegetation_ref）^2））

ISA_Soil_RMSE=sqrt（mean（(ISA_Soil_unmixing-ISA_Soil_ref）^2））

Water_RMSE=sqrt（mean（(Water_unmixing-Water_ref）^2））

说明：以上三行代码分别表示计算植被、不透水面/土壤、水体的均方根误差 RMSE。

（6）打印输出结果。

代码：

print,'Vegetation_r',Vegetation_r

print,'ISA_Soil_r',ISA_Soil_r

print,'Water_r',Water_r

print,'Vegetation_RMSE',Vegetation_RMSE

print,'ISA_Soil_RMSE',ISA_Soil_RMSE

print,'Water_RMSE',Water_RMSE

说明：以上代码将计算结果打印输出到 IDL 控制台。

最终得到植被、不透水面/土壤、水体的 r 值分别为 0.93、0.87、0.60，RMSE 值分别为 16.8%、24.4%、15.5%，丰度解混结果具有一定的可靠性。

5.5 课后练习

（1）选择一种监督分类算法，基于"S2_exercise.dat"数据进行监督分类，练习训练样本选择、执行监督分类、分类后处理、精度评价等内容。

（2）使用"GoogleImage_exercise.tif"数据练习基于样本的面向对象分类。

（3）使用"L8_exercise.dat"数据进行混合像元分解，练习基于PPI指数的端元提取和基于FCLS算法的丰度解混，并利用（1）得到的监督分类结果对丰度解混结果进行精度验证。

第6章 水体遥感

6.1 实践目的

通过水体指数计算、水体提取、水质监测、水温反演等案例的实践操作，掌握基于 ENVI 软件的水体相关参数遥感反演的操作步骤，了解利用遥感技术获取关于水体空间分布、水质状况和水体热力学特性等信息的具体实现方式。

6.2 预备知识

水体对气候具有调节作用，大气中的水汽能够阻挡地球辐射量的 60%，保护地球不被冷却，海洋和陆地水体能够吸收和累积热量，在冬夏季节调节气温。同时，水体循环改善水体形态，通过降水、蒸发等形式调节气候变化。目前全球水体受气候变化和人类活动的影响，淡水短缺、水污染严重、地下水缺少等现象逐渐凸显，人类社会与自然环境之间的用水矛盾愈发激烈，科学管理与高效利用水资源对于实现环境保护与社会经济发展之间的平衡具有十分重要的作用。

水体在近红外以及短波红外波段几乎吸收了全部的入射能量，反射率较低，与植被、土壤、岩石等地物有明显的差异，为遥感探测水体提供了物理基础。目前，基于水体遥感提取的方法包括单波段阈值法、水体指数法和分类器法。其中，水体指数法简单易用，能很好地抑制背景地物而突出水体特征，已被广泛地研究和应用。常用的水体指数包括归一化差异水体指数（NDWI）、改进的归一化差异水体指数（MNDWI）、增强水体指数（EWI）等。

水质遥感监测可以在空间和时间上反映水质分布和变化情况，发现一些常规方法难以揭示的污染源和污染物迁移特征；利用多时相遥感数据可以对同一流域水体污染进行长期动态监测，便于对水污染进行趋势预测分析，为水资源保护和规划以及可持续发展提供科学决策依据。水质参数反演主要包括经验模型和半分析模型两种方法。经验模型是基于水体辐射量（遥感反射率或离水辐亮度等）与现场同步测量的水质参数的经验统计关系，选择最优的单波段或波段组合数据与实测水质参数建立模型，实现水质参数的遥感反演。半分析模型是以水体上行辐射与水体组分间的吸收、散射特性之间辐射传输理论为基础，通过多种辐射传输过程的简化或近似，部分参数利用经验方法获得来建立的反演模型。由于经验模型的简单易用、适应性强和计算效率高等优点，其在水质参数反演中得到了广泛的应用。

水体表面温度是水环境的重要参数，通过遥感技术反演水体表面温度有助于水华等水环境的预警与监测。同时，水体表面温度也是研究气候系统变化、天气预报的重要参数之一，是控制水体与大气热量、水分交换的重要变量。水体遥感监测技术能提高监测效率，实现持续跟踪，对于资源调查、环境保护、水利规划、防洪减灾等均有重要意义。目前，反演水体表面温度的算法主要包括单波段算法、分裂窗算法、辐射传输算法等。单波段算法适用于热红外单通道数据，假设比辐射率已知，在获取大气垂直廓线的条件下，利用大气辐射传输模型计算出大气辐射和透过率代入辐射传输方程，对大气效应进行订正和剔除，利用热红外波段辐亮度计算得到水体表面温度。多通道算法不需要已知大气廓线数据,利用相邻两个或多个热红外波段对大气吸收作用的不同进行大气校正,进而计算水体表面温度,其最典型、应用最广泛的是分裂窗算法。辐射传输算法是基于大气温度和湿度垂直廓线数据,利用大气辐射传输模型计算出大气辐射和大气透过率并代入辐射传输方程,对大气效应进行订正和剔除,进而求出水体表面温度。

6.3 实 践 数 据

本章实践所选取的研究区位于山东省潍坊市坊子区以及河北省秦皇岛周边海域,所使用的数据为 Landsat 8 OLI 多光谱数据、Landsat 8 TIRS 热红外数据、坊子区边界矢量数据、Sentinel-2 数据。数据及存放路径介绍如下。

(1) Landsat 8 数据:...\Data\Chapter6\Landsat8data;...\ExerciseData\Chapter6\L8exercise。从美国地质调查局(USGS)官方网站下载 Landsat 8 数据,数据时间分别为 2019 年 7 月 2 日和 2022 年 7 月 10 日,分辨率是 30m×30m,包括 OLI 多光谱数据以及 TIRS 热红外数据。波段信息在第 1 章已介绍过,具体见表 1-3。

(2) 坊子区边界矢量数据:...\Data\Chapter6\fangziqu。从国家基础地理信息中心获取 2019 年坊子区行政边界数据,用于裁剪原始影像,以得到所需要的研究区。

(3) Sentinel-2 数据:...\Data\Chapter6\Sentinel2data;...\ExerciseData\Chapter6\S2exercise。Sentinel-2 从欧洲空间局(European Space Agency,ESA)的官方网站(https://scihub.copernicus.eu/dhus/#/home)获取,数据时间分别为 2020 年 2 月 26 日和 2020 年 7 月 20 日,分辨率为 10 m。波段信息在第 5 章已介绍过,具体见表 5-1。

6.4 实践内容与步骤

6.4.1 水体指数计算

本节基于 Landsat 8 多光谱数据,利用 ENVI 软件中的【Band Algebra】—【Band Math】工具进行常见的水体指数的计算。

在 ENVI 工具栏中单击 【Open】按钮,浏览至"...\Data\Chapter6\Landsat8data"文件夹,选中"LC08_L1TP_121035_20190702_20200827_02_T1_MTL.txt"数据并打开,完成 Landsat 8 数据的加载。继续单击 ENVI 工具栏 【Open】按钮,浏览至"...\Data\Chapter6\fangziqu"文件夹,选中"fangziqu.shp"数据并打开,完成坊子区行政边界数据的加载。

由于研究区所覆盖的空间范围仅占原始图像的一小部分,为减少后续处理的数据量,对原始图像进行裁剪。在 ENVI 菜单栏单击【File】—【Save As】—【Save As...(ENVI, NITF, TIFF, DTED)】,弹出 File Selection 窗口。在【Select Input File】列表中选择"LC08_L1TP_121035_20190702_20200827_02_T1_MTL_MultiSpectral",单击【Spatial Subset...】,File Selection 对话框右侧扩展出裁剪区域选择功能。单击 【Subset by Vector...】,在弹出的窗口中选择"fangziqu.shp",单击【OK】。此时,File Selection 对话框(图 6-1)中【Columns】和【Rows】自动进行了调整,单击【OK】。在 Save File As Parameters 对话框(图 6-2)中设置输出路径为"...\OutputData\Chapter6\L8_subset.dat",单击【OK】,输出裁剪结果,如图 6-3 所示。

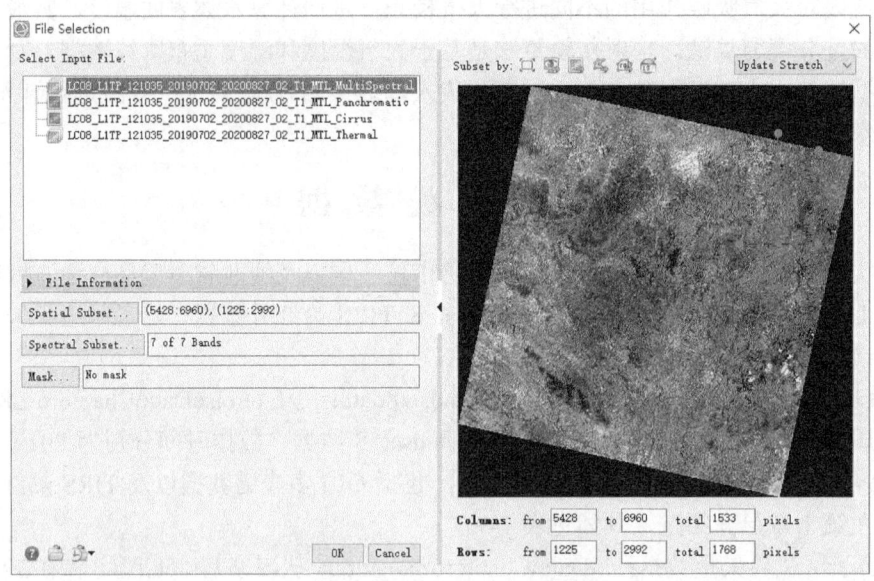

图 6-1 File Selection 对话框

图 6-2 Save File As Parameters 对话框　　　　图 6-3 裁剪结果图

利用【Radiometric Calibration】工具对影像进行辐射定标。在 Toolbox 中，选择【Radiometric Correction】—【Radiometric Calibration】工具。在 File Selection 对话框中选择"L8_subset.dat"，单击【OK】。在 Radiometric Calibration 对话框（图 6-4）中，单击【Apply FLAASH Settings】，选择输出路径为"…\OutputData\Chapter6\L8_radiance.dat"，单击【OK】进行影像的辐射定标并输出结果（图 6-5）。

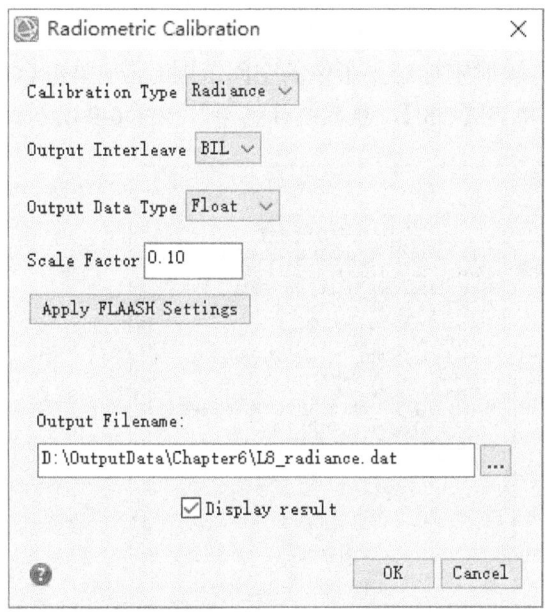

图 6-4　Radiometric Calibration 对话框　　　图 6-5　辐射定标结果图

对辐射定标后的影像进行大气校正。在 ENVI 软件菜单栏选择【File】—【Open World Data】—【Elevation（GMTED2010）】，在 Toolbox 中，选择【Statistics】—【Compute Statistics】，在 Compute Statistics Input File 对话框中，选择"GMTED2010.jp2"（图 6-6）。

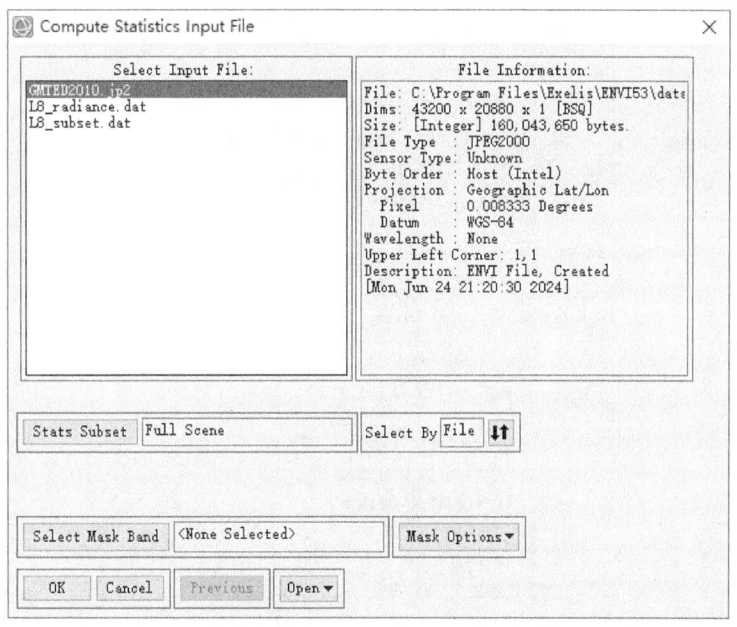

图 6-6　Compute Statistics Input File 对话框

在 Compute Statistics Input File 对话框中，单击【Stats Subset】，在弹出的 Select Statistics Subset 对话框中，选择【File】，在 Subset by File Input File 对话框（图 6-7）中，选择辐射定

标结果影像"L8_radiance.dat",单击【OK】。此时,Select Statistics Subset 对话框(图 6-8)中【Samples】和【Lines】会自动更改,从而与辐射定标结果影像的空间范围对应,单击【OK】。在 Compute Statistics Parameters 对话框中,单击【OK】,获取统计结果,如图 6-9 所示。

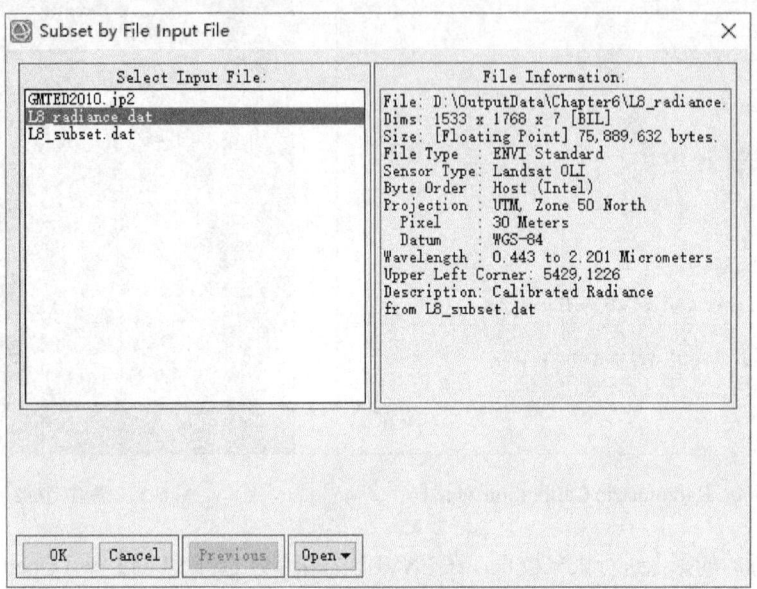

图 6-7　Subset by File Input File 对话框

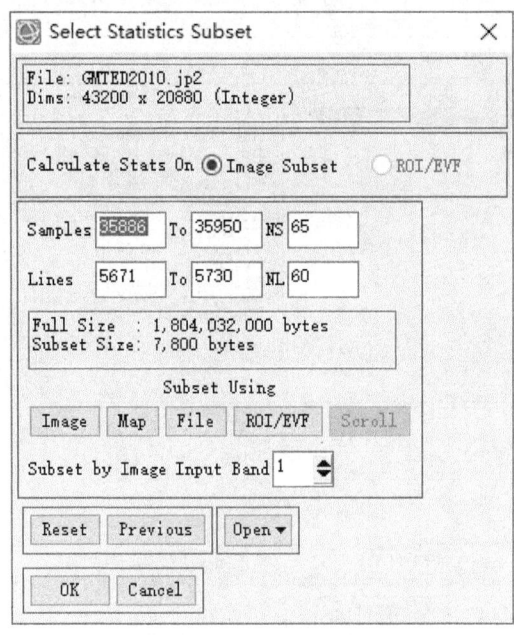

图 6-8　Select Statistics Subset 对话框

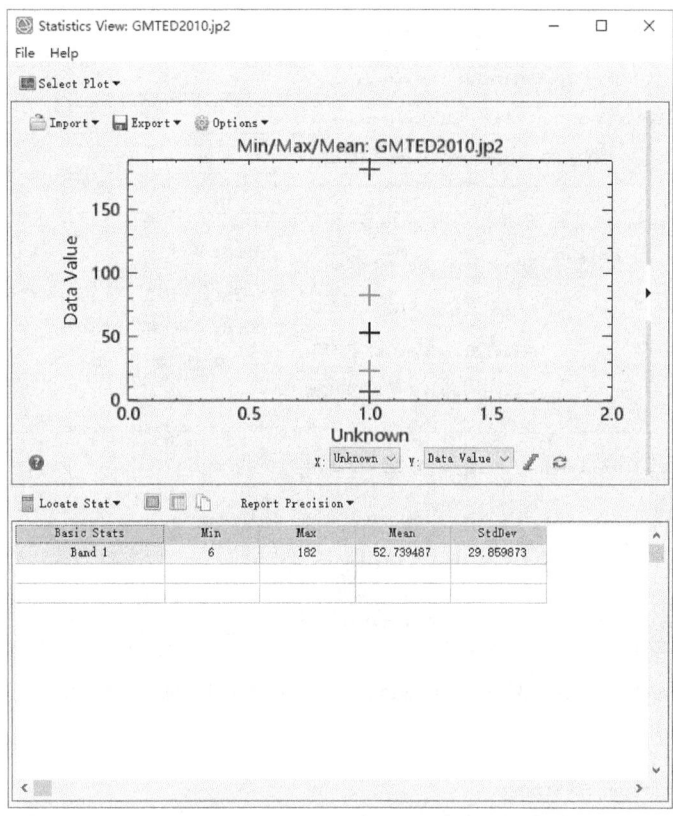

图 6-9 Statistics View 窗口

在 Toolbox 中单击【Radiometric Correction】—【Atmospheric Correction Module】—【FLAASH Atmospheric Correction】,在 FLAASH Atmospheric Correction Model Input Parameters 窗口中,【Input Radiance Image】中输入研究区多光谱波段辐射定标结果影像"L8_radiance.dat",输入影像后,在 Radiance Scale Factors 对话框中,选择【Use single scale factor for all bands】,【Single scale factor】中输入 1,单击【OK】。

在 FLAASH Atmospheric Correction Model Input Parameters 窗口中,单击【Output Reflectance File】,选择输出路径为"...\OutputData\Chapter6\L8_reflectance.dat";【Sensor Type】选择"Multispectral"—"Landsat-8 OLI",选择传感器完成后,【Sensor Altitude(km)】会自动填写数值;【Ground Elevation(km)】中,填写图 6-9 中的统计结果平均值,即"52.739487 m",转换成单位 km 并保留三位小数进行填入,即"0.053";【Flight Date】和【Flight Time GMT (HH:MM:SS)】填写 Landsat 8 影像数据的获取日期和时间;因为研究区在 36°N 附近且数据获取时间为 7 月,所以【Atmospheric Model】选择"Mid-Latitude Summer";【Aerosol Model】中选择"Rural"。参数设置如图 6-10 所示。

在 FLAASH Atmospheric Correction Model Input Parameters 窗口中,单击【Multispectral Settings...】,在 Multispectral Settings 对话框中,选择【Kaufman-Tanre Aerosol Retrieval】,单击【Assign Default Values Based on Retrieval Conditions】右侧的【Defaults->】,选择"Over-Land Retrieval standard(660:2100 nm)",如图 6-11 所示,随后单击【OK】。

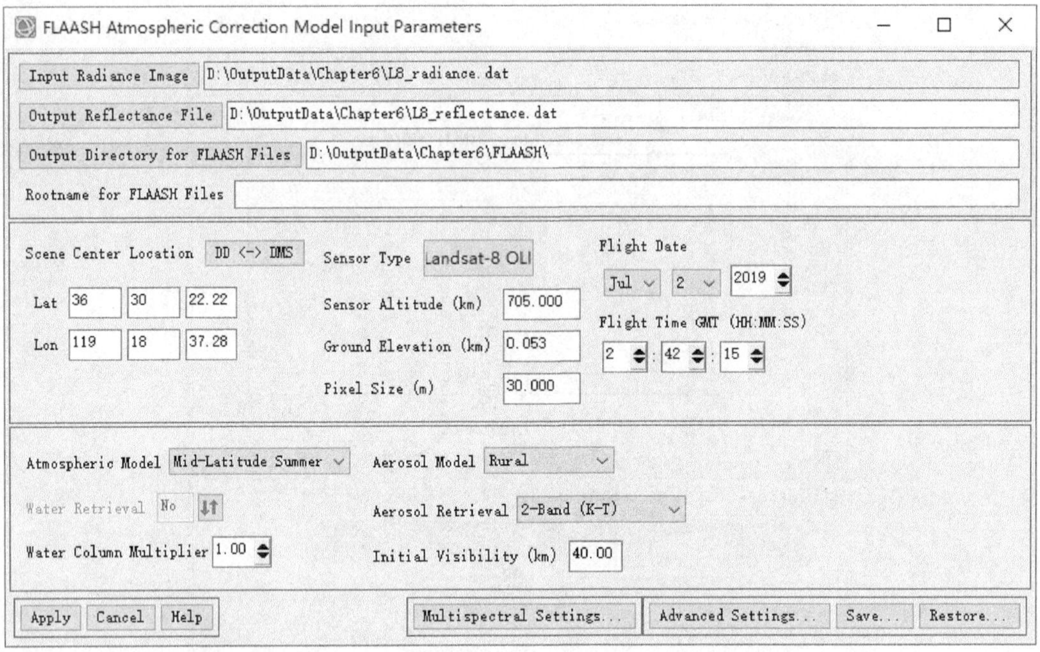

图 6-10　FLAASH Atmospheric Correction Model Input Parameters 窗口

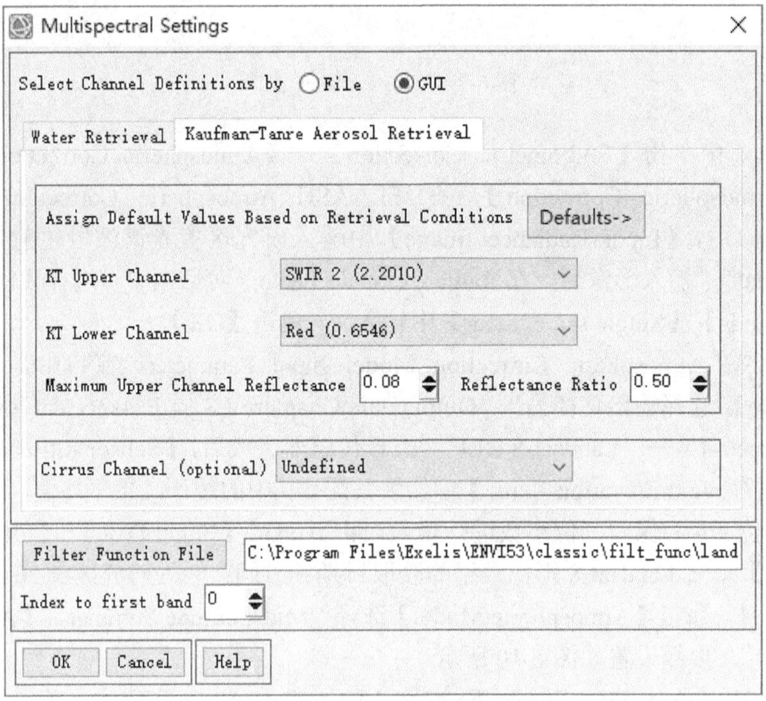

图 6-11　多光谱波段的大气校正

在 FLAASH Atmospheric Correction Model Input Parameters 窗口中，单击【Apply】，得到 FLAASH 大气校正结果，获取的结果将反射率放大了 10000 倍。在 Toolbox 中选择【Band

Algebra】—【Band Math】,输入计算公式"float(b1)/10000",在 Variables to Bands Pairings 对话框中,单击【Map Variable to Input File】,将公式中的"b1"与"L8_reflectance.dat"进行匹配,将反射率计算结果输出为"...\OutputData\Chapter6\L8_ref.dat"。

使用坊子区行政边界数据对反射率数据进行不规则裁剪。在 Toolbox 中选择【Regions of Interest】—【Subset Data from ROIs】,在 Select Input File to Subset via ROI 对话框中选择 "L8_ref.dat",在 Spatial Subset via ROI Parameters 对话框中,【Mask pixels outside of ROI】设置为"Yes",【Mask Background Value】设置为"nan",设置输出路径为"...\OutputData\Chapter6\L8_ref_subset.dat",单击【OK】(图 6-12)。得到研究区大气校正结果,如图 6-13 所示。

图 6-12 Spatial Subset via ROI Parameters 对话框　　图 6-13 大气校正结果图

下面计算 3 个水体指数,包括 NDWI、MNDWI 和 EWI。

(1) NDWI 计算。NDWI 基于水体在绿光波段反射率较高而在近红外波段强烈吸收的特征而设计。理论上水体 NDWI 值大于 0,而植被、土壤等 NDWI 值小于 0,它能够很好地抑制植被信息,同时削弱土壤、建筑物和阴影的影响,突出水体信息。

$$\text{NDWI} = \frac{R_{G} - R_{NIR}}{R_{G} + R_{NIR}} \tag{6-1}$$

式中,R_G、R_{NIR} 分别为绿光、近红外波段反射率值。

在 Toolbox 中,选择【Band Algebra】—【Band Math】工具。在 Band Math 对话框中,输入表达式"(float(b3)−b5)/(float(b3)+b5)",并单击【Add to List】按钮,再单击【OK】。打开 Variables to Bands Pairings 对话框(图 6-14),将公式中的"b3"和"b5"分别匹配至 "L8_ref_subset.dat"影像的"Green"和"NIR"波段。设置输出路径为"...\OutputData\Chapter6\NDWI.dat",单击【OK】,输出 NDWI 数据(图 6-15)。

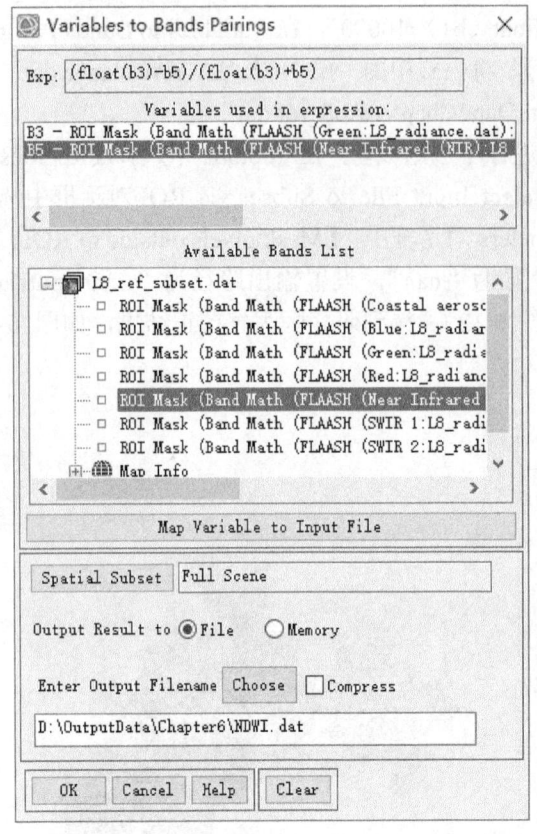
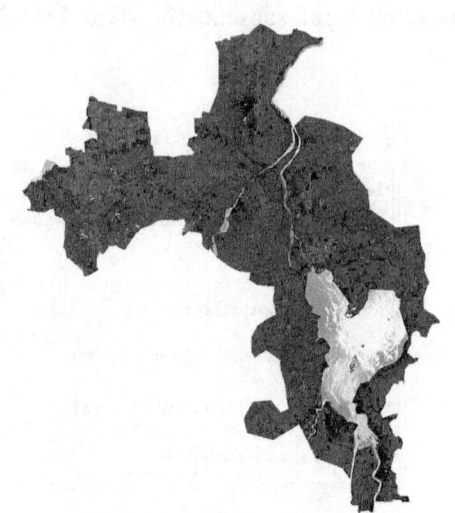

图 6-14　Band Math 工具计算 NDWI　　　　图 6-15　NDWI 计算结果图

（2）MNDWI 计算。MNDWI 方法能够有效去除楼体阴影的影响，是城市区域水体监测的有效方法。MNDWI 计算公式如下：

$$\mathrm{MNDWI} = \frac{R_\mathrm{G} - R_\mathrm{MIR}}{R_\mathrm{G} + R_\mathrm{MIR}} \tag{6-2}$$

式中，R_G、R_MIR 分别为绿光、中红外波段反射率值。

在 Toolbox 中，选择【Band Algebra】—【Band Math】工具。在 Band Math 对话框中，输入表达式"（float（b3）–b6）/（float（b3）+b6）"，并单击【Add to List】按钮，再单击【OK】，打开 Variables to Bands Pairings 对话框（图 6-16）。将公式中的"b3"和"b6"分别匹配至"L8_ref_subset.dat"影像的"Green"和"SWIR 1"波段，并设置输出路径为"...\OutputData\Chapter6\MNDWI.dat"，单击【OK】，得到 MNDWI 计算结果图（图 6-17）。

（3）EWI 计算。EWI 计算公式如下：

$$\mathrm{EWI} = \frac{R_\mathrm{G} - R_\mathrm{NIR} - R_\mathrm{MIR}}{R_\mathrm{G} + R_\mathrm{NIR} + R_\mathrm{MIR}} \tag{6-3}$$

式中，R_G、R_NIR 和 R_MIR 分别为绿光、近红外波段和中红外波段反射率值。

计算 EWI 的操作步骤与 NDWI、MNDWI 操作步骤类似，不再赘述，EWI 计算结果如图 6-18 所示。

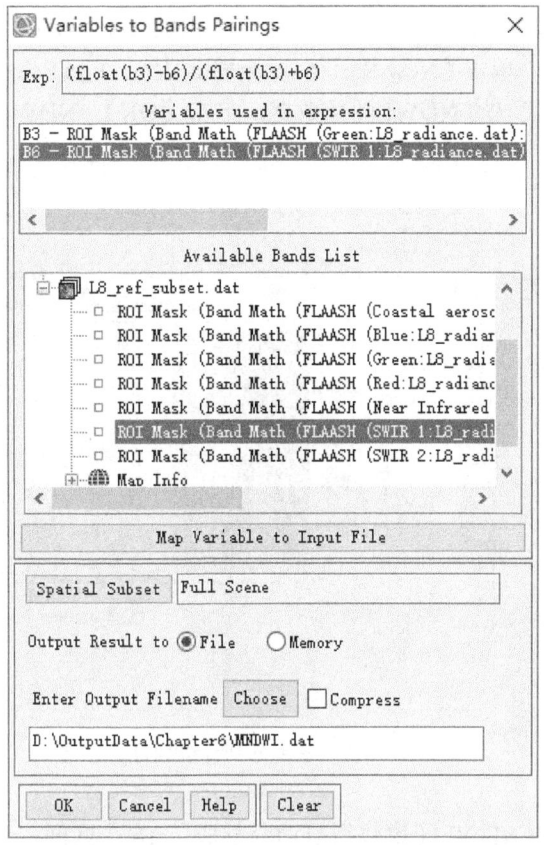

图 6-16 Band Math 工具计算 MNDWI

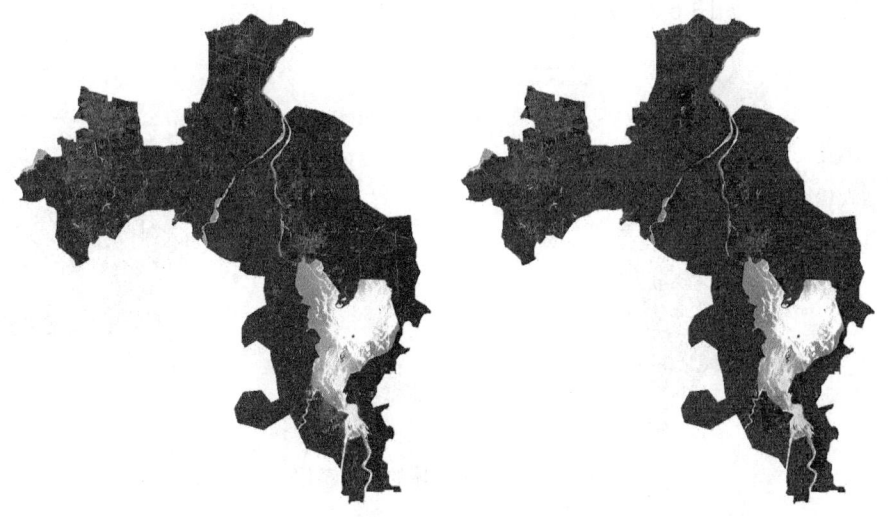

图 6-17 MNDWI 计算结果图　　　　图 6-18 EWI 计算结果图

6.4.2 水体提取

本节基于 6.4.1 节"水体指数计算"中计算得到的 NDWI 数据,通过阈值法对研究区水体进行提取。基于 MNDWI、EWI 两种指数的水体提取方法类似。

加载 6.4.1 节"水体指数计算"中得到的 NDWI 图像数据"NDWI.dat"。在 Layer Manager 中右击 NDWI 图像数据，单击【New Raster Color Slice】。在 File Selection 对话框中的【Select Input File】列表中选择获取的 NDWI 图像数据，单击【OK】。NDWI 图像的密度分割等级划分如图 6-19 所示。

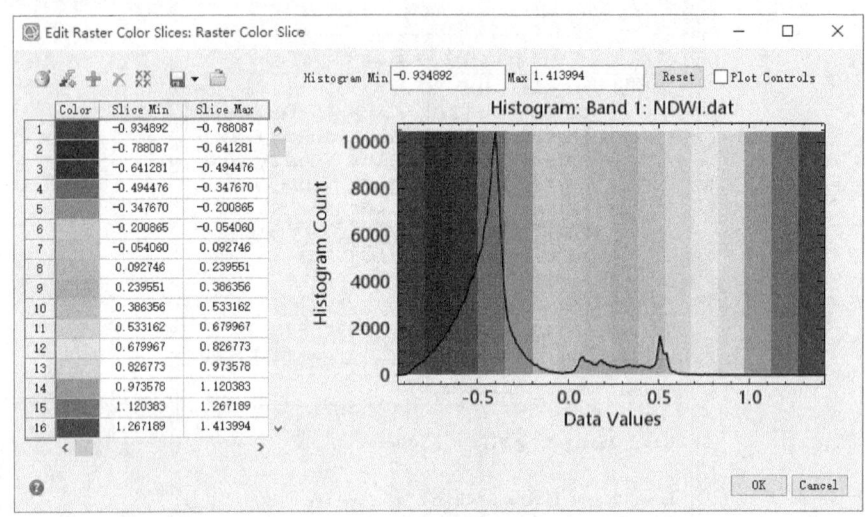

图 6-19　密度分割等级划分

ENVI 工具将获取的 NDWI 图像数据自动分割成了 16 个区间，单击 ，删除全部区间，单击 添加区间。通过改变直方图的数值范围，确定水体的阈值范围。这里将水体阈值范围最小值设置为 0.01，如图 6-20 所示。

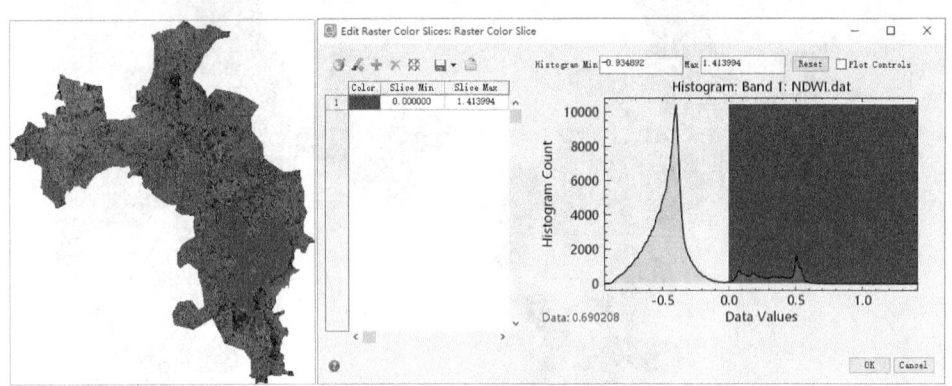

图 6-20　确定水体的阈值范围

确定好水体的阈值范围后，右键选择图层中刚建立的"Raster Color Slice"下的"Slices"文件夹，选择【Export Color Slices】，选择【Shapefile】，输出 shp 格式文件，命名为"water.shp"，并在 ENVI 中打开输出的 shp 文件，得到研究区水体 shp 文件（图 6-21）。

在 Toolbox 中，选择【Regions of Interest】—【Subset Data from ROIs】，在 Select Input File to Subset via ROI 对话框中选择 NDWI 图像，即"NDWI.dat"，单击【OK】。在 Spatial Subset via ROI Parameters 对话框中，选择"EVF: water.shp"，【Mask pixels outside of ROI】选择"Yes"，【Mask Background Value】中输入"nan"，选择输出路径为"...\OutputData\Chapter6\L8_water.dat"，单击【OK】，得到水体提取结果图（图 6-22）。

图 6-21　研究区水体 shp 文件　　　　图 6-22　提取水体的结果图

6.4.3　水质监测

本节基于 Sentinel-2 L2A 级数据产品，利用经验模型[①]对水体中的叶绿素 a（Chl-a）浓度进行反演进而进行水质监测，公式如下：

$$\lg \mathrm{Chl\ a} = 1.102 + 6.035x - 17.264x^2 + 12.647x^3 + 2.799x^4 \tag{6-4}$$

$$x = \frac{R(490)}{R(560)} \tag{6-5}$$

式中，lg Chl a 为叶绿素浓度的对数函数；x 为敏感因子，即 Sentinel-2 数据 490nm"B2"波段处和 560nm"B3"波段处的反射率比值。

在 ENVI 中加载 Sentinel-2 影像数据，浏览至 Chapter6 文件夹，选中 Sentinel2data 文件夹中的"B2""B3""B4""B8"数据并打开，之后操作步骤如下。

（1）进行波段合成。利用【Layer Stacking】工具对打开的四个单波段影像进行合成，在 Layer Stacking Parameters 对话框中单击【Import File...】，在打开的 Layer Stacking Input File 对话框中选择已经导入的"B2""B3""B4""B8"数据，并单击【OK】进入下一步，如图 6-23 和图 6-24 所示。

---

① 资料来源：王林, 孟庆辉, 马玉娟, 等. 2023. 基于 Sentinel-2 MSI 影像的秦皇岛海域叶绿素 a 浓度遥感反演. 海洋环境科学, 42(2): 309-314.

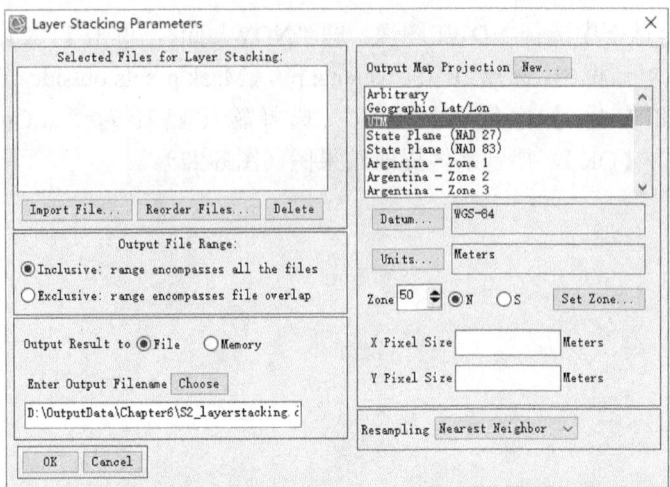

图 6-23 Layer Stacking Parameters 对话框

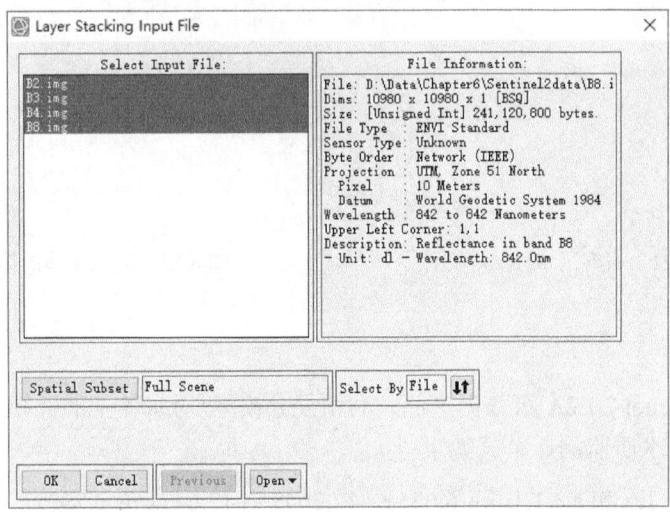

图 6-24 Layer Stacking Input File 对话框

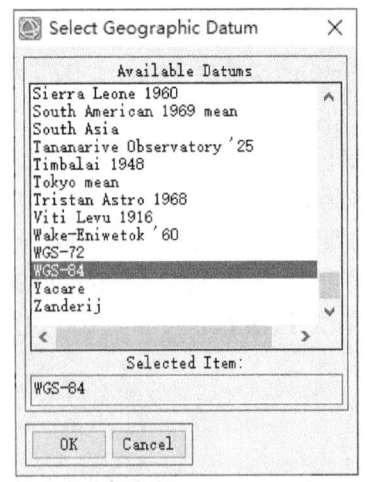

图 6-25 Select Geographic Datum 对话框

在 Layer Stacking Parameters 对话框中单击【Datum…】，在打开的 Select Geographic Datum 对话框中选择"WGS-84"，单击【OK】进入下一步（图 6-25）。

在返回的 Layer Stacking Parameters 对话框中，在【Enter Output Filename】中选择输出路径为"…\OutputData\Chapter6\S2_layerstacking.dat"，单击【OK】进行影像的波段合成并输出结果，如图 6-26 所示。

（2）计算标准反射率。在 Toolbox 中，单击【Band Algebra】—【Band Math】。在 Band Math 对话框中，输入表达式"b1*0.0001"，并单击【Add to List】按钮，再单击【OK】。在 Variables to Bands Pairings 对话框中，单击【Map Variable to Input File】，在 Band Math Input File

对话框中选择上一步得到的"S2_layerstacking.dat"影像,并单击【OK】。在【Enter Output Filename】中选择【Choose】,并选择输出路径为"...\OutputData\Chapter6\S2_albedo.dat",单击【OK】进行反射率的计算,并输出标准反射率数据(图6-27)。

图 6-26 波段合成结果

图 6-27 反射率计算结果

(3)进行水体提取。通过6.4.2节"水体提取"所示方法对该Sentinel-2影像的水体进行提取,需要注意的是,在基于Sentinel-2影像计算水体指数时,绿光波段为"B3"波段,近红外波段为"B8"波段,并设置输出路径为"...\OutputData\Chapter6\S2_extract.dat",提取结果如图6-28所示。

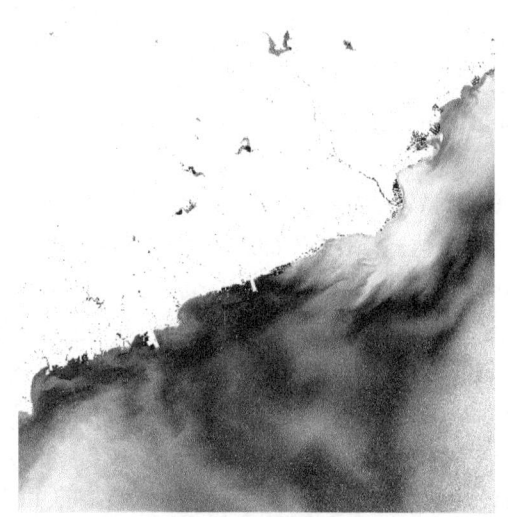
图 6-28 水体提取结果

(4)计算敏感因子。在Toolbox中,单击【Band Algebra】—【Band Math】。在打开的Band Math对话框中,输入表达式"b2/b3",并单击【Add to List】按钮,再单击【OK】。

在 Variables to Bands Pairings 对话框（图 6-29）中，将公式中的"b2""b3"分别匹配至"S2_extract.dat"影像的"B2""B3"波段，并选择输出路径为"…\OutputData\Chapter6\S2_sensitive.dat"，单击【OK】进行敏感因子的计算，并输出敏感因子数据（图 6-30）。

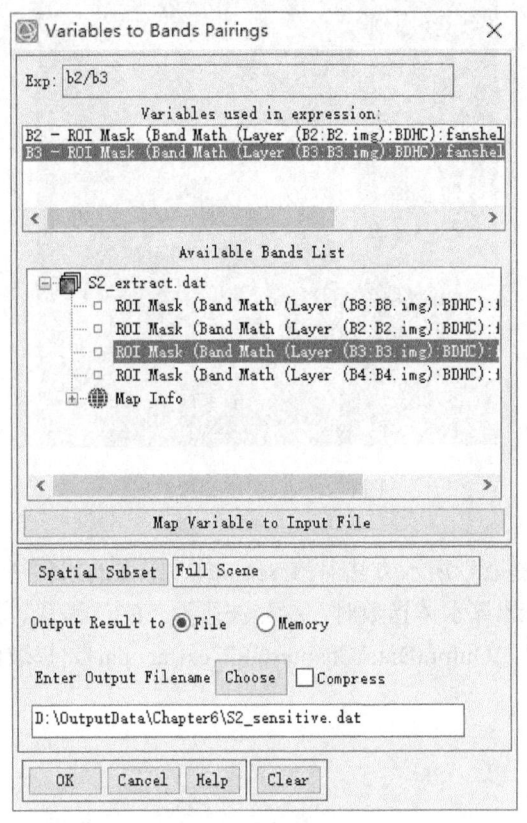

图 6-29　Variables to Bands Pairings 对话框　　　图 6-30　敏感因子计算结果

（5）计算叶绿素 a 浓度的对数函数。在 Toolbox 中，单击【Band Algebra】—【Band Math】。在 Band Math 对话框中，输入表达式"1.102+6.035*b1−17.264*b1^2+12.642*b1^3−2.799*b1^4"，并单击【Add to List】按钮，再单击【OK】。在 Variables to Bands Pairings 对话框（图 6-31）中，将公式中的"b1"与"S2_sensitive.dat"影像匹配，并选择输出路径为"…\OutputData\Chapter6\Chl_a.dat"，单击【OK】，输出叶绿素 a 浓度对数数据（图 6-32）。

（6）计算叶绿素 a 浓度。在 Toolbox 中，选择【Band Algebra】—【Band Math】工具。在打开的 Band Math 对话框中，输入表达式"10^b1"，并单击【Add to List】按钮，再单击【OK】。在 Variables to Bands Pairings 对话框（图 6-33）中，将公式中的"b1"与"Chl-a.dat"影像匹配，并选择输出路径为"…\OutputData\Chapter6\concentration.dat"，单击【OK】进行计算，得到叶绿素 a 浓度反演结果（图 6-34）。

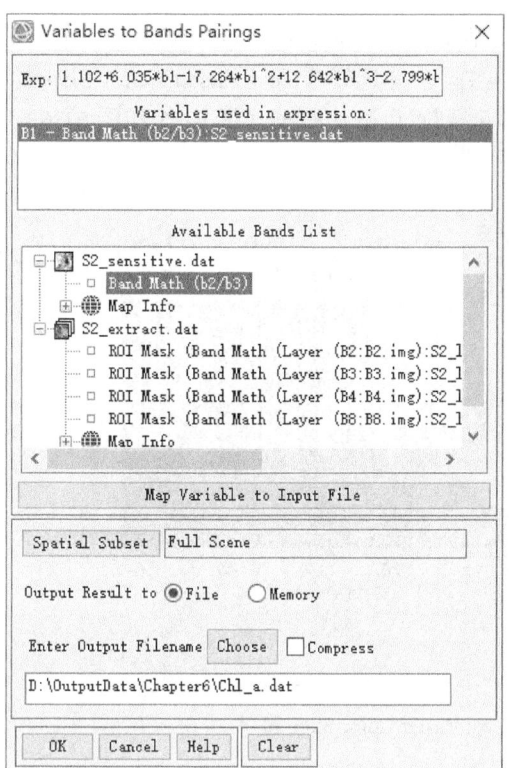
图 6-31　计算叶绿素 a 浓度对数

图 6-32　叶绿素 a 浓度对数计算结果

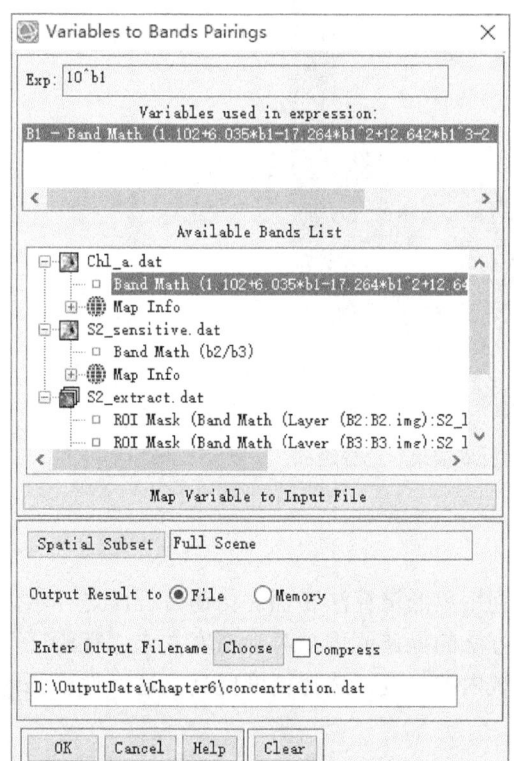
图 6-33　叶绿素 a 浓度计算

图 6-34　叶绿素 a 浓度反演结果

（7）对所得到的反演结果进行彩色分级，使结果更加直观。在 Layer Manager 中右键单击刚刚计算得到的反演结果"concentration.dat"数据，并选择【New Raster Color Slice】，在 File selection 对话框中选中该数据，单击【OK】得到彩色分级数据（图 6-35 和图 6-36）。

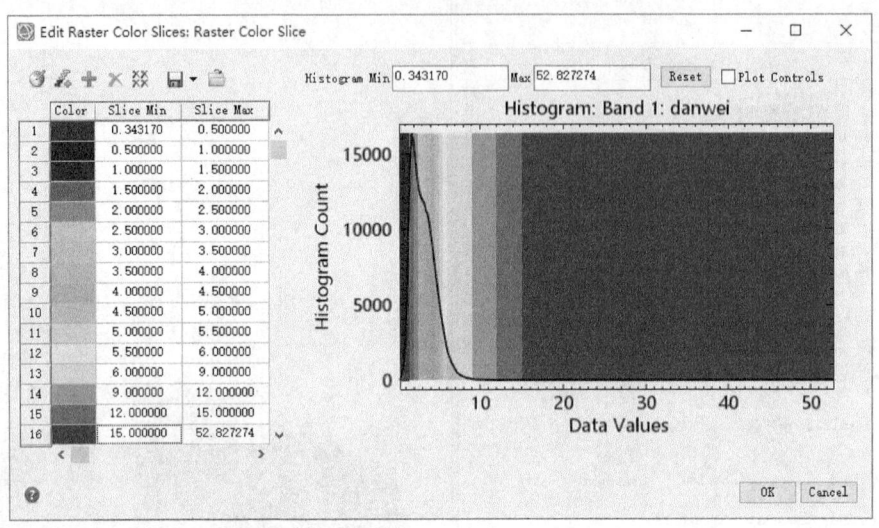

图 6-35　Edit Raster Color Slices: Raster Color Slice 窗口

图 6-36　叶绿素 a 浓度反演结果彩色分级图

6.4.4　水温反演

本节基于 Landsat 8 热红外波段数据，分别利用单通道算法和辐射传输方程法进行水体温度反演。需要说明的是，此处重在介绍这两种方法的操作流程，对于精度并未进行验证。在实际应用过程中，需要对比不同方法在研究区域内的精度，选择精度更高、适用性更强的方法进行反演。

1. 单通道算法

通用单通道算法利用大气水汽含量和波段的有效波长来估算表面温度[①]，具体计算公式为

$$T_s = \gamma \left[\frac{(\Psi_1 L_{\text{sen}} + \Psi_2)}{\varepsilon} + \Psi_3 \right] + \delta \tag{6-6}$$

$$\gamma \approx \frac{T_{\text{sen}}^2}{b_\gamma L_{\text{sen}}} \tag{6-7}$$

$$\delta \approx T_{\text{sen}} - \frac{T_{\text{sen}}^2}{b_\gamma} \tag{6-8}$$

式中，ε 为地表比辐射率，取 $\varepsilon=0.99683$；L_{sen} 为卫星高度上遥感器测得的辐射强度；T_{sen} 为亮度温度；$b_\gamma = c_2 \left(\dfrac{\lambda^4}{c_1} + \dfrac{1}{\lambda} \right)$，需要根据已知值计算得出，$\lambda$ 为当前波段的中心波长，$c_1=1.91104\times10^8 \text{W·μm}^4/(\text{m}^2\cdot\text{sr})$，$c_2=14387.7\text{μm·K}$；$\Psi_1$、$\Psi_2$、$\Psi_3$ 为大气功能参数。

Landsat 8 的三个大气函数的表达式为

$$\Psi_1 = 0.04019\omega^2 + 0.02916\omega + 1.01523 \tag{6-9}$$

$$\Psi_2 = -0.38333\omega^2 - 1.50294\omega + 0.20324 \tag{6-10}$$

$$\Psi_3 = 0.00918\omega^2 + 1.36072\omega - 0.27514 \tag{6-11}$$

式中，ω 为大气水汽含量（g/cm²）。

本实验选择 Landsat 8 利用第 10 波段进行温度反演。在 ENVI 工具栏中单击 【Open】按钮，浏览至"...\Data\Chapter6\Landsat8data"文件夹，选中"LC08_L1TP_121035_20190702_20200827_02_T1_MTL.txt"并打开。继续在 ENVI 工具栏中单击 【Open】按钮，浏览至"...\Data\Chapter6\fangziqu"文件夹，选中"fangziqu.shp"并打开。之后步骤如下。

（1）辐射定标及水体裁剪。利用"Radiometric Calibration"工具对影像的第 10 波段进行辐射定标，在 File Selection 对话框中，选择"LC08_L1TP_121035_ 20190702_20200827_ 02_T1_MTL_Thermal"热红外波段文件，单击【Spectral Subset】，在 Spectral Subset 对话框中选择"Thermal Infrared 1"即第 10 波段进行辐射定标，如图 6-37 所示。

在 Radiometric Calibration 对话框（图 6-38）中，选择输出路径为"...\OutputData\Chapter6\b10_radiance.dat"，单击【OK】进行影像的辐射定标并输出热红外波段辐射亮度 L_{sen} 结果。

对影像进行裁剪得到水体。在 Toolbox 中选择【Regions of Interest】—【Subset Data from ROIs】，在 Select Input File to Subset via ROI 对话框中选择"b10_radiance.dat"，单击【OK】。在 Spatial Subset via ROI Parameters 对话框中，在【Select Input ROIs】列表中选择 6.4.2 节"水体提取"获取的"water.shp"，【Mask pixels outside of ROI】选择"Yes"，【Mask Background Value】中输入"nan"，单击【Choose】，选择输出路径为"...\OutputData\Chapter6\b10_water.dat"，单击【OK】进行研究区的裁剪并输出结果（图 6-39）。

[①] 资料来源：宋挺,段峥,刘军志,等. 2015. Landsat 8 数据地表温度反演算法对比. 遥感学报, 19(3): 451-464.

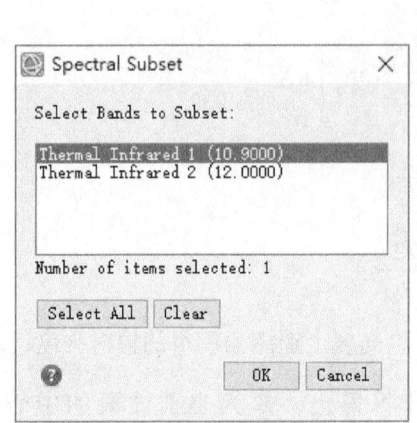
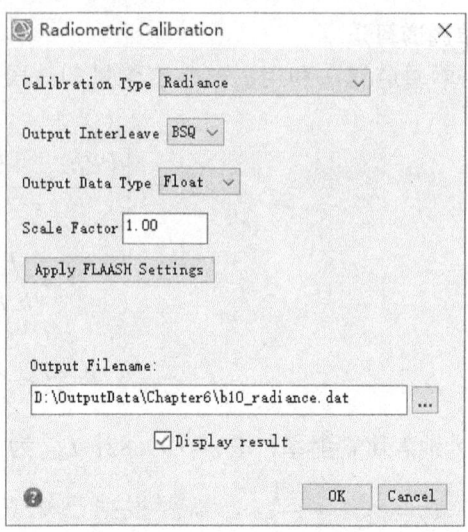

图 6-37 Spectral Subset 对话框　　　图 6-38 Radiometric Calibration 对话框

图 6-39 水体提取结果

（2）将辐射定标结果转化为亮度温度，见下式：

$$T_{\text{sen}} = \frac{K_2}{\ln\left(\dfrac{K_1}{L_{\text{sen}}}+1\right)} \qquad (6\text{-}12)$$

式中，T_{sen} 为亮度温度（K）；L_{sen} 为上一步得到的辐射亮度值；K_1 和 K_2 为热红外波段的定标常数，对于 TIRS 10 波段，K_1=774.89W/（m²·sr·μm），K_2=1321.08K。

在 Toolbox 中选择【Band Algebra】—【Band Math】，输入表达式"1321.08/alog(774.89/b1+1)"，并单击【Add to List】按钮，再单击【OK】。在 Variables to Bands Pairings 对话框（图 6-40）中，将公式中的"b1"与"b10_water.dat"影像的"Thermal Infrared 1"波段进行匹配，并选择输出路径为"…\OutputData\Chapter6\Brightness_temperatures.dat"，单击

【OK】,得到亮度温度数据(图6-41)。

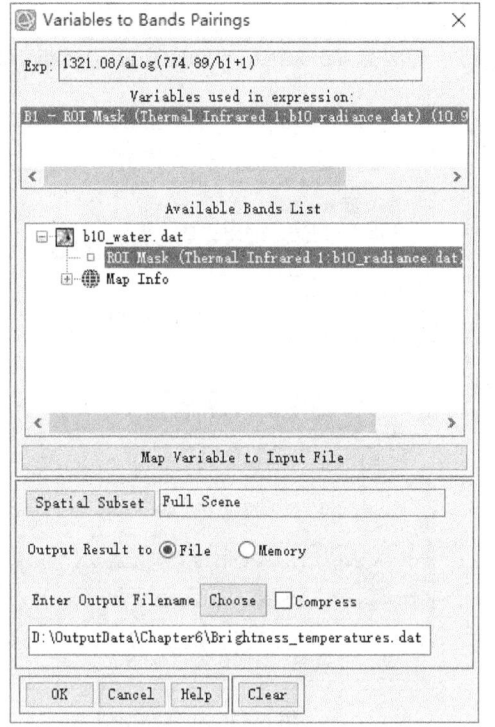

图6-40 计算亮度温度　　　　图6-41 亮度温度结果图

(3) 计算过程值 γ 和 δ。在 Toolbox 中选择【Band Algebra】—【Band Math】,分别输入式(6-7)和式(6-8),即"b2^2/(1321.2*b1)"和"b2–b2^2/1321.2",单击【Add to List】,单击【OK】。在 Variables to Bands Pairings 对话框中,将公式中的"b1""b2"分别匹配至热红外波段辐射亮度值数据"b10_water.dat"和亮度温度数据"Brightness_temperatures.dat",选择输出路径分别为"...\OutputData\Chapter6\gamma.dat""...\OutputData\Chapter6\delta.dat",完成过程值 γ 和 δ 的计算(图6-42和图6-43)。

(4) 计算大气功能参数 Ψ_1、Ψ_2、Ψ_3。由公式可知计算三个参数需已知当日的大气含水量 ω,可由饱和水汽压力 E(hPa)与温度(℃)之间的经验关系式(6-13)计算得出:

$$E = 6.112 \times e^{\frac{17.67 \times T}{T+243.5}} \tag{6-13}$$

式中,T 为影像获取时的大气温度(℃),得出结果后进而转换为 g/cm² 来表示的大气水汽含量 ω,再通过式(6-9)~式(6-11)计算出大气功能参数 Ψ_1、Ψ_2、Ψ_3。通过计算,Ψ_1、Ψ_2、Ψ_3 分别为 1.3167、–5.61174、3.59374。

(5) 计算表面温度 T_s。在 Toolbox 中选择【Band Algebra】—【Band Math】,根据式(6-6),输入表达式"b4*((1.3167*b1–5.61174)/0.99683+3.59374)+b3–273.15",得到单位为℃的温度反演图像,单击【Add to List】,单击【OK】。在 Variables to Bands Pairings 对话框(图6-44)中,将公式中的"b1""b3""b4"分别匹配至热红外波段辐射亮度数据"b10_water.dat"、δ 值和 γ 值,选择输出路径为"...\OutputData\Chapter6\Ts1.dat",单击【OK】,得到水体表面温度 T_s 的计算结果(图6-45)。

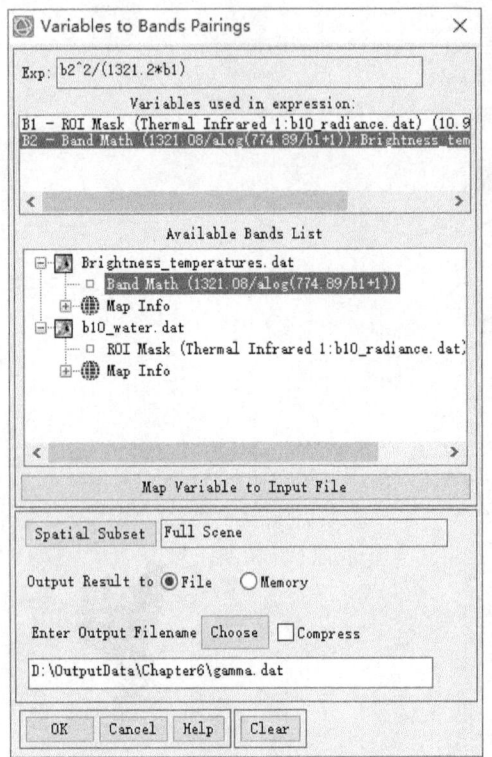

图 6-42 过程值 γ 计算

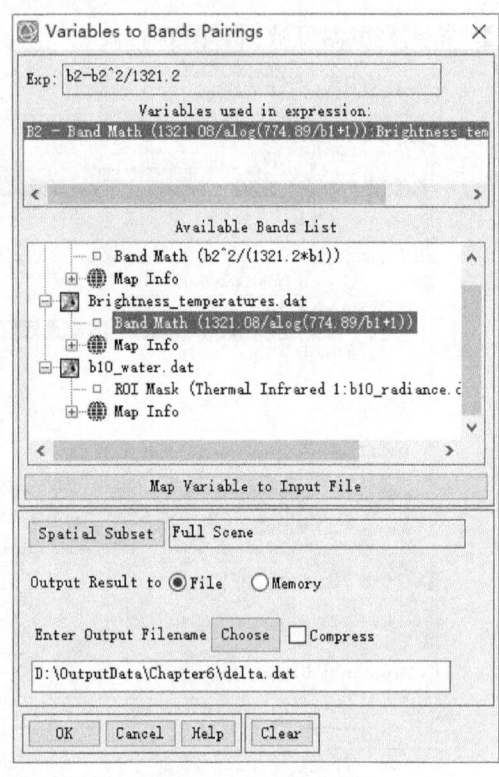

图 6-43 过程值 δ 计算

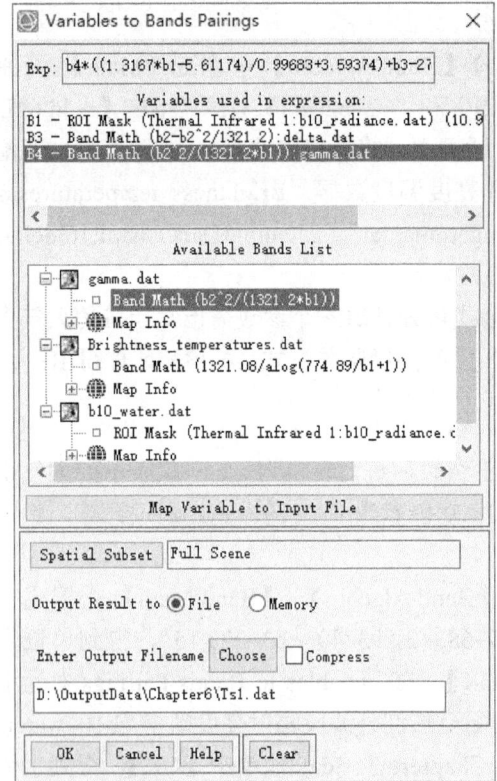

图 6-44 计算水体表面温度

图 6-45 水体表面温度反演结果

（6）对得到的反演结果进行彩色分级，使结果更加直观。在 Layer Manager 中右键单击反演结果"Ts1.dat"，选择【New Raster Color Slice】，在 File selection 对话框中选中该数据，单击【OK】，选择合适的色带，得到彩色分级数据（图 6-46 和图 6-47）。说明：此处的分级和色彩设置均可调整，为了操作简便，这里使用软件默认的分级。

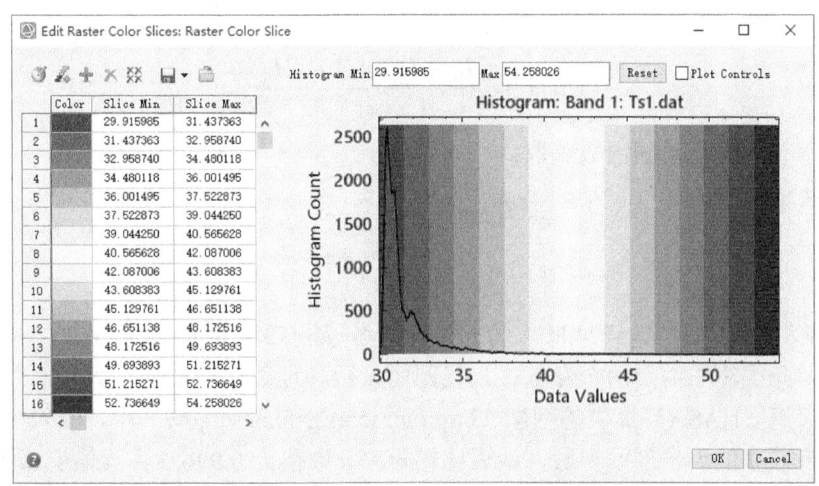

图 6-46　彩色分级数据

图 6-47　水体表面温度反演结果图

2. 利用辐射传输方程法进行水温反演

辐射传输方程法的基本原理为：首先，估计大气对地表热辐射的影响。然后，把这部分大气影响从卫星传感器所观测到的热辐射总量中去除，从而得到地表热辐射强度，再把这一热辐射强度转化为相应的地表温度。

卫星传感器接收到的热红外辐射亮度值 L_λ 由三部分组成：大气向上辐射亮度；地面的真实辐射亮度经过大气层之后到达卫星传感器的能量；大气向下辐射到达地面后反射的能量。

卫星传感器接收到的热红外辐射亮度值 L_λ 的表达式可写为

$$L_\lambda = \left[\varepsilon B(T_s) + (1-\varepsilon)L_\downarrow\right]\tau + L_\uparrow \tag{6-14}$$

式中，ε 为地表比辐射率；T_s 为地表真实温度（K）；$B(T_s)$ 为黑体热辐射亮度；τ 为大气在热红外波段的透过率；$L_\downarrow$ 为大气向下辐射亮度；$L_\uparrow$ 为大气向上辐射亮度；则温度为 T 的黑体在热红外波段的辐射亮度 $B(T_s)$ 为

$$B(T_s) = \frac{L_\lambda - L_\uparrow - \tau(1-\varepsilon)L_\downarrow}{\tau\varepsilon} \tag{6-15}$$

T_s 可以用普朗克公式的函数获取：

$$T_s = \frac{K_2}{\ln\left(\dfrac{K_1}{B(T_s)}+1\right)} \tag{6-16}$$

对于 TIRS Band 10，K_1=774.89W/（$m^2\cdot\mu m\cdot sr$），K_2=1321.08K。

从上可知此类算法需要两个参数：大气剖面参数和地表比辐射率。大气剖面参数在美国国家航空航天局（NASA）提供的网站（http://atmcorr.gsfc.nasa.gov/）中，输入成像时间以及中心经纬度可以获取大气剖面参数，地表比辐射率 ε 取值为 0.99683。具体步骤如下。

（1）同温黑体辐射亮度计算。从 USGS 大气校正参数查询网站（https://atmcorr.gsfc.nasa.gov/）查询需要的参数，在查询页面中分别选择 "Use interpolated atmospheric profile for given lat/long" "Use mid-latitude summer standard atmosphere for upper atmospheric profile" "Use Landsat-8 TIRS Band 10 spectral response curve"，输入影像中心经纬度和影像获取时间即可查询，如图 6-48 所示，查询结果如图 6-49 所示。

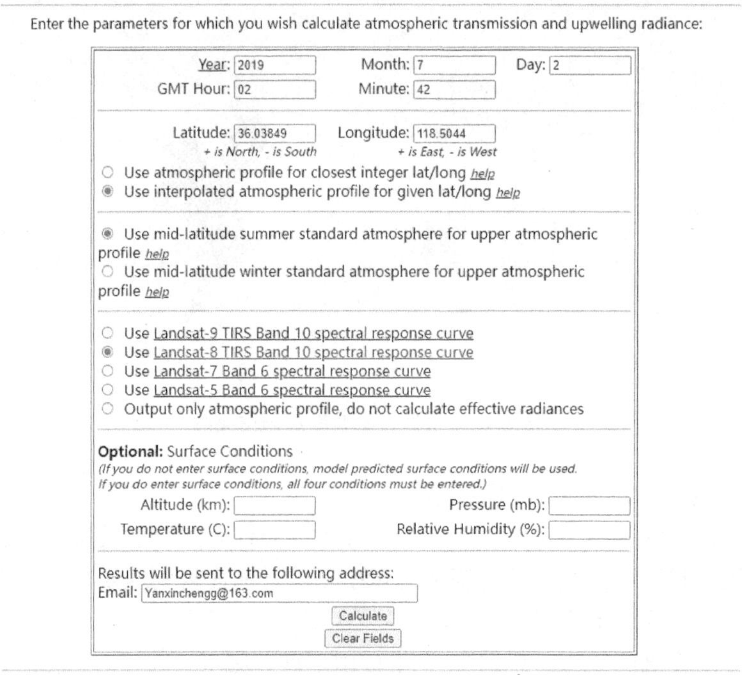

图 6-48　查询大气剖面信息

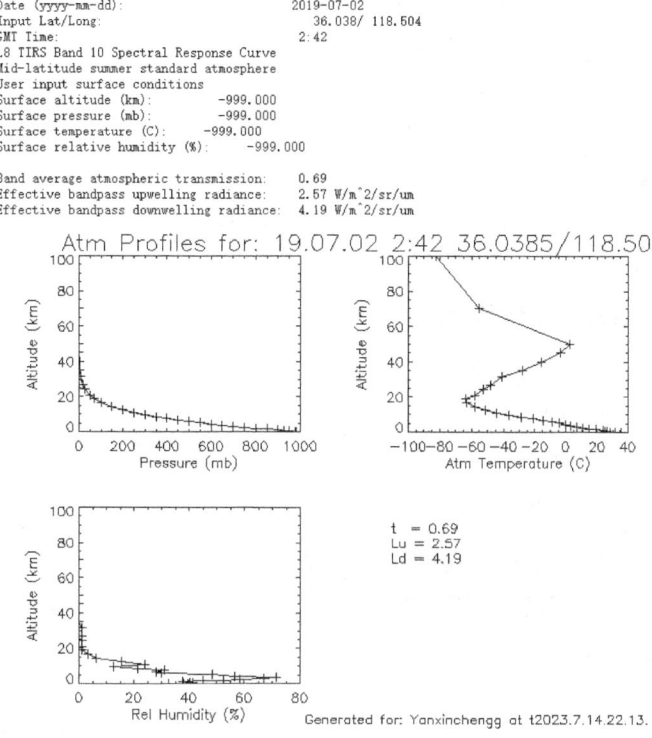

图 6-49　查询大气剖面信息结果

由图 6-49 可知，大气在热红外波段的透过率 τ 为 0.69，大气向上辐射亮度 $L_↑$ 为 2.57W/(m·μm·sr)，大气向下辐射亮度 $L_↓$ 为 4.19W/(m·μm·sr)。

在 Toolbox 中单击【Band Algebra】—【Band Math】，根据式（6-15），输入表达式"(b1−2.57−0.69*(1−0.99683)*4.19)/(0.69*0.99683)"，单击【Add to List】，单击【OK】。在 Variables to Bands Pairings 对话框中，将公式中的"b1"与热红外波段辐射定标影像"b10_water.dat"匹配，单击【Choose】，选择输出路径为"...\OutputData\Chapter6\blackbody_radiation.dat"，如图 6-50 所示。单击【OK】，输出同温度下黑体辐射亮度图像，如图 6-51 所示。

（2）温度反演。在 Toolbox 中单击【Band Algebra】—【Band Math】工具，根据式（6-16），输入表达式"1321.08/alog（774.89/b1+1）−273.15"，得到单位为℃的温度反演图像，单击【Add to List】，单击【OK】。在 Variables to Bands Pairings 对话框中，将公式中的"b1"匹配至黑体辐射亮度图像"blackbody_radiation.dat"。单击【Choose】，选择输出路径为"...\OutputData\Chapter6\Ts2.dat"，如图 6-52 所示。单击【OK】，得到的温度反演图像如图 6-53 所示。

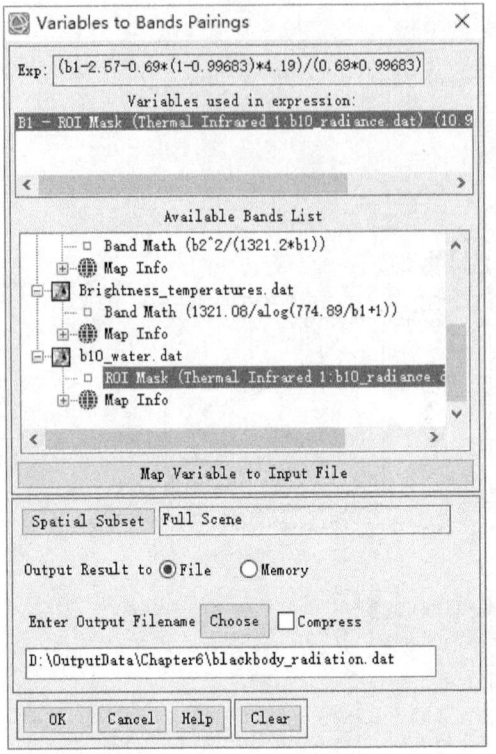

图 6-50　Band Math 计算黑体辐射亮度　　图 6-51　计算得到的黑体辐射亮度图像

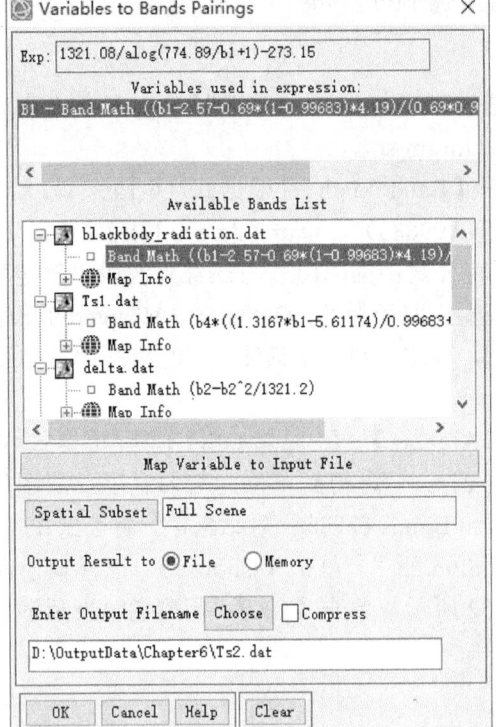

图 6-52　Band Math 计算最终反演结果　　图 6-53　温度反演图像

（3）对结果图进行密度分割。在 Toolbox 中单击【Classification】—【Raster Color Slices】，在 File Selection 对话框中的【Select Input File】列表中选择获取的结果图"Ts2.dat"，单击【OK】。在 Edit Raster Color Slices: Raster Color Slice 窗口（图 6-54）中设置合适的色带，单击【OK】，得到的温度反演结果如图 6-55 所示。

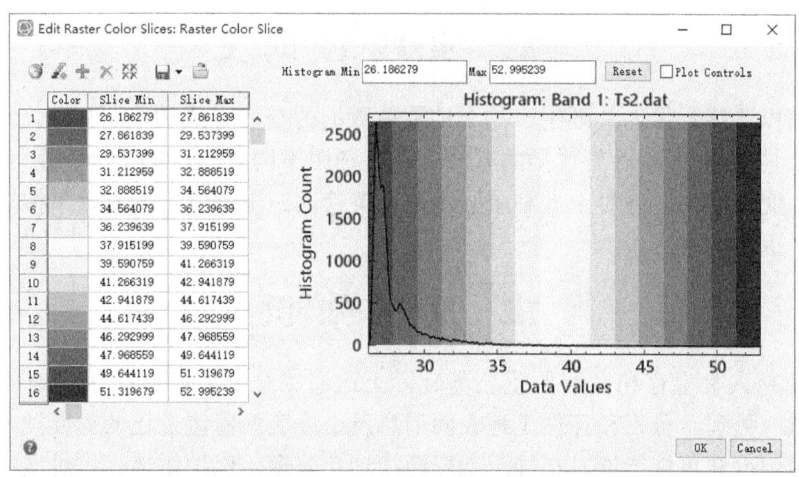

图 6-54　对结果图进行密度分割

图 6-55　水体表面温度反演结果图

6.5　课后练习

（1）利用"L8exercise"数据计算归一化差异水体指数（NDWI）、改进的归一化差异水体指数（MNDWI）和增强水体指数（EWI），并对比它们的特性。

（2）通过（1）中计算的三种指数，利用阈值法对鄱阳湖水域影像数据进行水体提取。

（3）使用"S2exercise"数据对秦皇岛海域 2020 年 7 月 20 日的叶绿素 a 浓度进行反演，并进行分析。

（4）基于"L8exercise"数据利用单通道算法和辐射传输方程法对鄱阳湖水域影像数据进行水温反演，并对比分析两种方法的反演结果。

第7章 土地遥感

7.1 实践目的

了解当前以遥感影像为基础生产的土地覆盖数据的获取方式和使用方法，掌握在 ENVI 环境下处理土地利用/土地覆盖数据的方法，能够利用不同时间段的土地利用/土地覆盖产品进行土地动态变化检测，并对土地利用强度和可持续性做出评价。同时，掌握在 ENVI 中监测和分析土地退化的方法。

7.2 预备知识

土地资源是人类生存和发展的重要基础。土地遥感是利用遥感技术对地球表面进行观测，进而获取、处理、分析和评估土地表面信息及土地表面覆盖变化的重要技术手段，对于评估土地利用强度和可持续性、指导土地资源规划和管理、保护耕地、推进城市化等具有重要的意义。此外，土地遥感技术还可以监测土地的退化、荒漠化、沙漠化等问题，在土地研究相关领域发挥着重要作用。

土地覆盖，又称土地覆被，是自然营造物和人工建筑物所覆盖的地表诸要素的综合体，具有特定的时间和空间属性，其形态和状态可在多种时空尺度上变化。土地利用是根据某些社会经济目标和土地资源的特性对土地的开发和再利用。从区域尺度到全球尺度，通过案例研究分析土地利用/土地覆盖变化并进行综合性的评估一直以来都是综合自然地理学和土地生态学的重要研究内容。目前，国际上常用的土地利用/土地覆盖数据集包括 500 m 分辨率的美国地质调查局（USGS）的 IGBP-DISCover 数据集、美国马里兰大学的 UMD GeoCover 数据集、美国波士顿大学的 BU_MODIS 数据集、欧盟联合研究中心的 GLC2000 数据集、欧洲空间局的 GlobCover 数据集等。而更高分辨率（30 m/10 m）的数据集有国家基础地理信息中心的 GlobeLand30 数据集、中国科学院的 GLC_FCS 数据集、清华大学的 FROM-GLC 数据集、ESRI 公司的 Land Use/Land Cover Time Series 2017—2022、欧洲空间局 WorldCover 数据集以及 Google Earth Engine 上实时更新的 Dynamic World 土地利用数据集等。

常用的土地利用/土地覆盖变化检测方法包括图像直接比较法、分类后比较法和直接分类法等。分类后比较法是可操作性最强的方法，具体流程为将经过配准的两个时相遥感影像分别进行分类，然后比较分类结果得到变化检测信息，获取土地利用转移矩阵。利用遥感影像进行土地覆盖分类的方法和流程可以参见第 5 章。在具体的实践中，可以先参照第 5 章图像分类的方法在 ENVI 中进行分类后再进行变化检测，也可以通过使用土地利用/土地覆盖产品在 ENVI 中进行标准格式转换后进行变化检测。

在 ENVI 中，用于分类后比较法的工具包括【Change Detection Statistics】工具和【Thematic Change Workflow】工具。前者对两幅分类结果图像进行差异分析，识别出哪些像元发生了变化，输出像元数量、百分比和面积统计参数，这有助于识别发生变化的区域以及变化的像元归属；后者从相同区域不同时间的两幅分类结果图像中识别变化信息的同时可以得到 ENVI

格式的分类变化结果图像和标识变化图斑位置的 Shapefile 格式的矢量图像。

土地退化的监测一般包括如下几个步骤：确定所要监测的土地退化类型的内涵，建立退化指标体系、选择退化监测方法、制定退化分级标准、分析土地退化监测结果。要说明的是，退化指标体系中的指标并不一定都来自遥感数据。在数据条件受限制的情况下，可以选择少数遥感可监测的代表性指标进行土地退化的遥感监测。例如，在 ENVI 中可以通过比较两个不同时段的遥感影像所计算出的植被覆盖度指标定量地评价草地退化的现象与程度。在得到两个不同时间段的遥感影像的植被覆盖度后，在 ENVI 中可以进行变化率的计算，并通过退化分级标准评估草地退化程度。

7.3 实 践 数 据

本章实践所选取的研究区分别位于北京市（7.4.1 节"土地利用/土地覆盖变化检测"）和青海省黄南藏族自治州泽库县（7.4.2 节"土地退化监测"），所使用的数据包括土地利用/土地覆盖变化（LUCC）数据产品以及 Landsat 多光谱数据。数据及存放路径介绍如下。

（1）LUCC 数据：① 2010 年土地利用/土地覆盖数据：...\Data\Chapter7\GLC_FCS2010.tif；② 2020 年土地利用/土地覆盖数据：...\Data\Chapter7\GLC_FCS2020.tif。数据来自中国科学院地球大数据科学数据中心数据共享服务系统（http://data.casearth.cn/dataset/6523adf6819aec0c3a438252），选择下载 2010 年和 2020 年北京市研究区域的土地覆盖产品数据。该数据是由中国科学院空天信息创新研究院在耦合变化检测和动态更新相结合的长时序地表覆盖动态监测方案支持下，利用 1984 年以来的 Landsat 卫星数据（Landsat TM、ETM+和 OLI）在 Google Earth Engine（GEE）云计算平台生产的 1985~2022 年全球 30m 精细地表覆盖动态产品，采用了包含 35 个地类的精细分类系统。为方便实践操作，本章提供的数据对原始的分类系统进行了重分类处理，处理后的分类体系见表 7-1。该数据主要用于土地利用/土地覆盖变化检测。

表 7-1 LUCC 数据分类体系

一级编号	一级类型
1	耕地
2	林地
3	草地
4	水体
5	湿地
6	建设用地
7	裸地

（2）Landsat 数据：① Landsat 5 TM 数据。...\Data\Chapter7\Grassland1988.hdr；...\Data\Chapter7\Grassland1988.dat；...\Data\Chapter7\Grassland2001.hdr；...\Data\Chapter7\Grassland2001.dat。从地理空间数据云网站下载遥感图像，经辐射校正和裁剪得到研究区多光谱数据。数据获取时间分别为 1988 年 7 月 24 日和 2001 年 8 月 15 日，分辨率均为 30m×30m，波段信息如表 7-2 所示。该数据主要用于土地退化监测。② Landsat 8 数据。...\ExerciseData\Chapter7\

Landsat2013.tif；...\ExerciseData\Chapter7\ Landsat2020.tif。从 GEE 平台下载遥感图像，经镶嵌、裁剪得到研究区数据。数据获取时间分别为 2013 年 7 月 31 日和 2020 年 8 月 3 日，空间分辨率为 30m×30 m，波段信息在第 1 章已介绍过，具体见表 1-3。

表 7-2 Landsat 5 TM 影像波段信息

波段名称	波长范围/μm	分辨率/m
B1 Blue	0.45～0.52	30
B2 Green	0.52～0.60	30
B3 Red	0.63～0.69	30
B4 NIR	0.76～0.90	30
B5 SWIR1	1.55～1.75	30
B7 SWIR2	2.08～2.35	30

7.4 实践内容与步骤

7.4.1 土地利用/土地覆盖变化检测

本节使用的实验数据是下载并裁剪好的 30 m 分辨率的土地利用/土地覆盖产品 GLC_FCS30。时间为 2010 年和 2020 年。在 ENVI 软件中利用不同时间的土地利用/土地覆盖产品检测土地利用/土地覆盖变化，并对检测结果进行输出、统计和分析。

在 ENVI 工具栏单击 ，浏览至"…/Data/Chapter7"文件夹，选中"GLC_FCS2010.tif"和"GLC_FCS2020.tif"并打开。首先，进行数据格式转换与赋色，将 tif 格式的灰度图像转换为 ENVI 分类图像文件。以"GLC_FCS2010.tif"为例，在 Layer Manager 中右键单击"GLC_FCS2010.tif"，选择【New Raster Color Slice】，在弹出的 File Selection 对话框中选择"GLC_FCS2010.tif"下的"Band 1"，单击【OK】（图 7-1）。

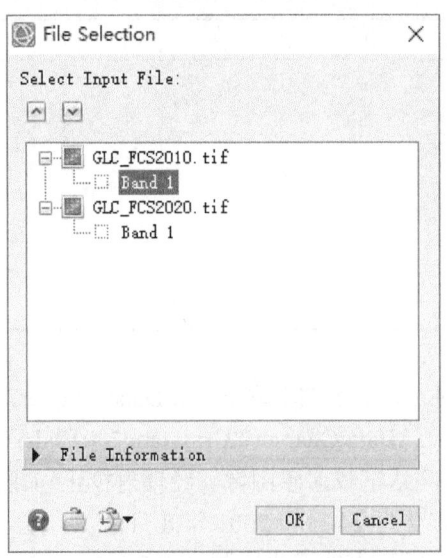

图 7-1 File Selection 对话框

在打开的 Edit Raster Color Slices: Raster Color Slice 窗口（图 7-2），可以看到像元值被自动分割成 7 个区间。根据表 7-1 可知，7 个区间分别对应耕地、林地、草地、水体、湿地、建设用地和裸地，单击【OK】。

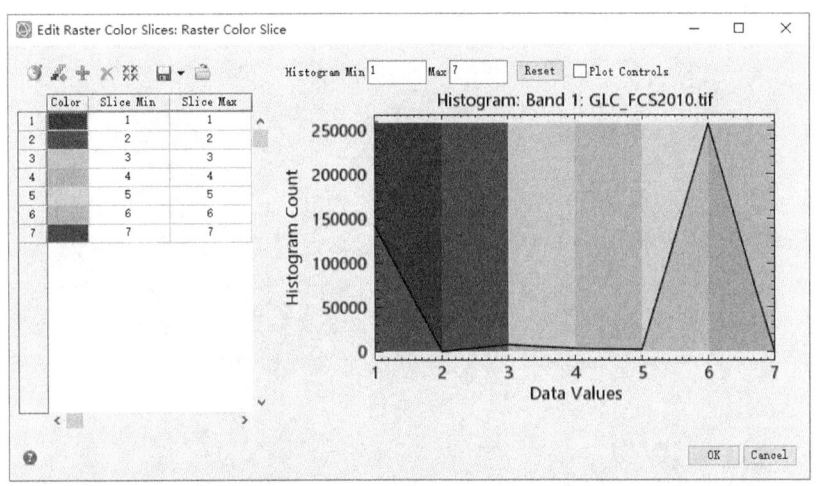

图 7-2　Edit Raster Color Slices: Raster Color Slice 窗口

将分割结果保存为 ENVI 分类图像文件。在 Layer Manager 中右键单击"Raster Color Slice"下的【Slices】，选择【Export Color Slices】—【Class Image...】，在 Export Color Slices to Class Image 对话框中设置输出路径为"...\OutputData\Chapter7\GLC_FCS2010_class.dat"，单击【OK】（图 7-3）。在 ENVI 工具栏中单击 打开 Data Manager 窗口，单击"GLC_FCS2010_class.dat"的波段，再单击【Load Data】，加载得到的 ENVI 分类图像文件。

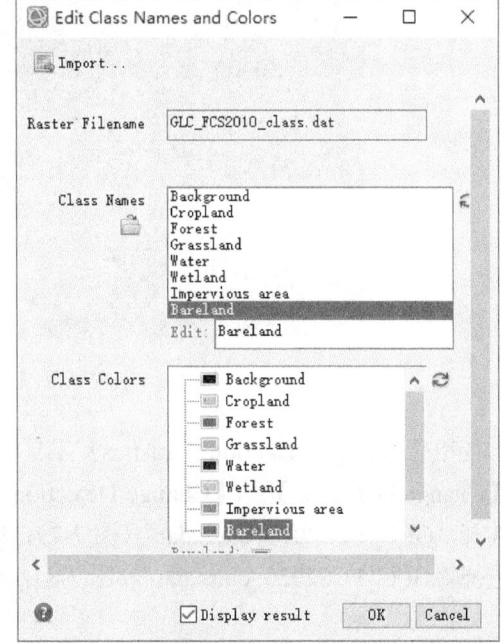

图 7-3　Export Color Slices to Class Image 对话框　　图 7-4　Edit Class Names and Colors 窗口

对分类图像文件的类别名称和颜色进行调整。在 Layer Manager 中，右键单击"GLC_FCS2010_class.dat"下的【Classes】，选择【Edit Class Names and Colors】，弹出 Edit Class Names and Colors 窗口。依次更改各类别的名称和颜色（具体设置如图 7-4 所示），设置完成后单击【OK】，查看调整后的结果（图 7-5）。

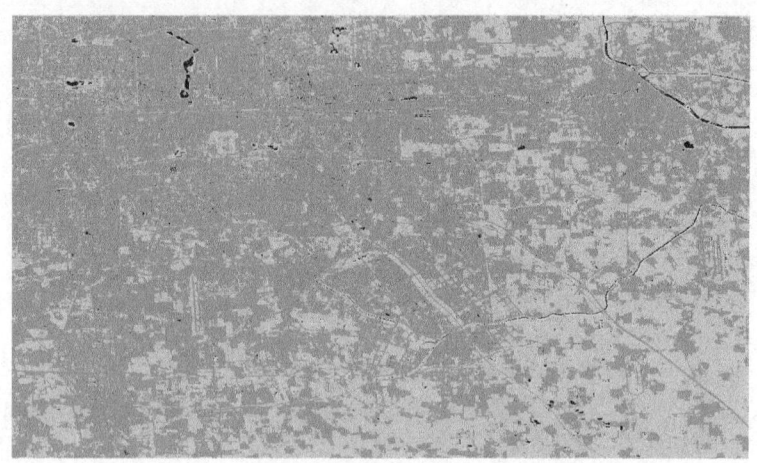

图 7-5　研究区范围 2010 年 GLC_FCS 数据

按照相同的步骤，对"GLC_FCS2020.tif"进行格式转换，得到"GLC_FCS2020_class.dat"，并调整类别名称和颜色，调整后的结果如图 7-6 所示。

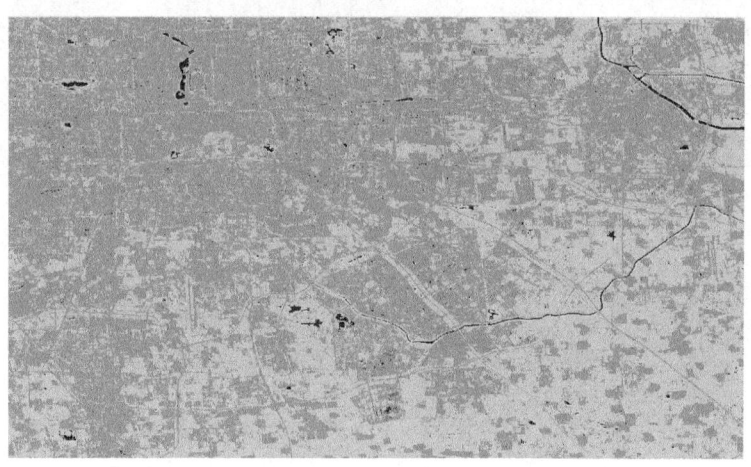

图 7-6　研究区范围 2020 年 GLC_FCS 数据

使用【Change Detection Statistics】工具进行变化检测以及结果统计。在 Toolbox 中，选择【Change Detection】—【Change Detection Statistics】。在 Select 'Initial State' Image 对话框中选择"GLC_FCS2010_class.dat"（图 7-7），单击【OK】。在 Select 'Final State' Image 对话框中选择"GLC_FCS2020_class.dat"（图 7-8），单击【OK】。

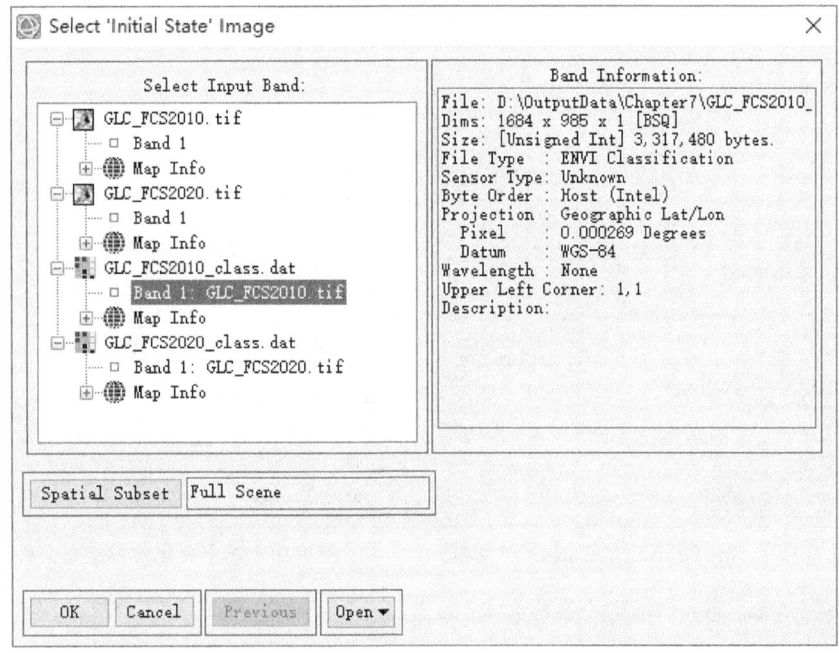

图 7-7 选择初始时段分类图像

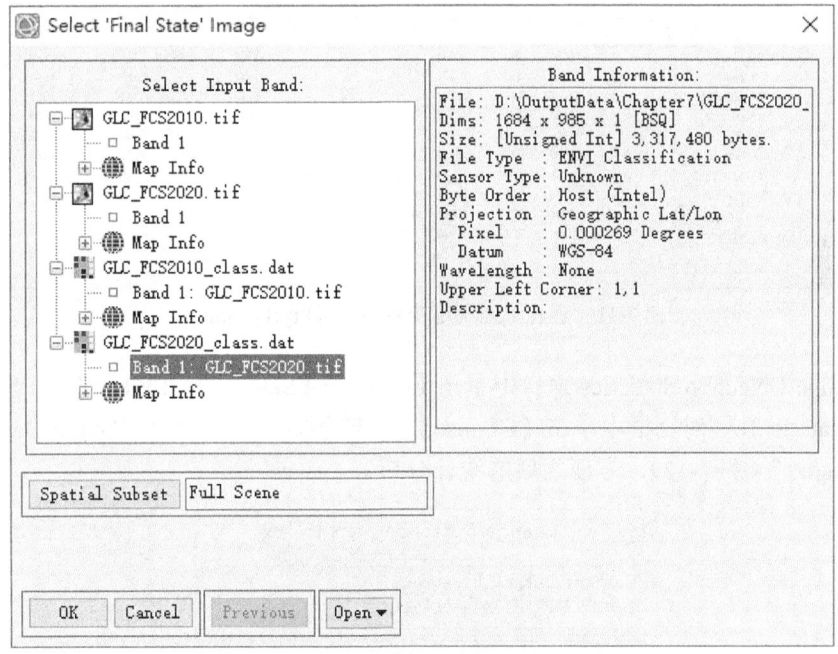

图 7-8 选择结束时段分类图像

在 Define Equivalent Classes 对话框中，如果两个时相的分类图像类别名称一致，则会自动将两时相的类别进行匹配；否则需要在【Select Initial State Class】和【Select Final State Class】列表中手动选择相对应的类别。此处无需调整参数，单击【OK】（图 7-9）。在 Change Detection Statistics Output 对话框（图 7-10）中，勾选【Report Type】右侧的【Pixels】【Percent】【Area】，单击【Choose】，选择输出路径后单击【OK】，得到变化检测的转移矩阵（图 7-11）。

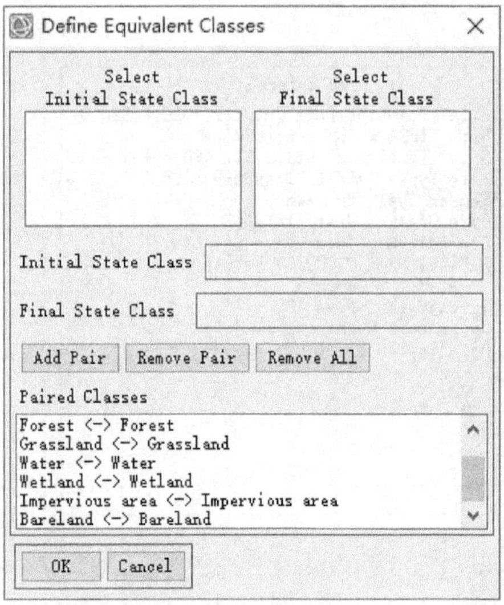

图 7-9　Define Equivalent Classes 对话框

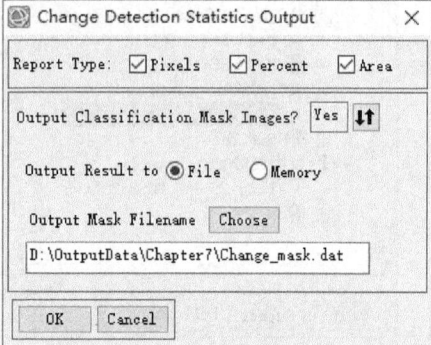

图 7-10　输出变化检测结果文件

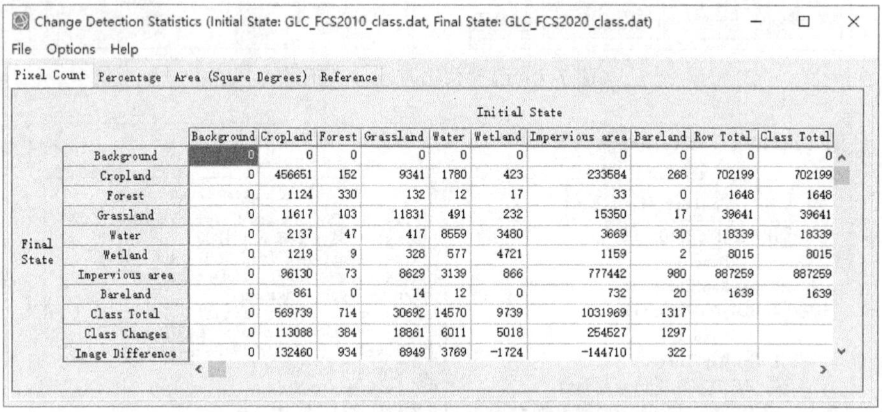

Change Detection Statistics (Initial State: GLC_FCS2010_class.dat, Final State: GLC_FCS2020_class.dat)

File　Options　Help

Pixel Count　Percentage　Area (Square Degrees)　Reference

Final State \ Initial State	Background	Cropland	Forest	Grassland	Water	Wetland	Impervious area	Bareland	Row Total	Class Total
Background	0	0	0	0	0	0	0	0	0	0
Cropland	0	456651	152	9341	1780	423	233584	268	702199	702199
Forest	0	1124	330	132	12	17	33	0	1648	1648
Grassland	0	11617	103	11831	491	232	15350	17	39641	39641
Water	0	2137	47	417	8559	3480	3669	30	18339	18339
Wetland	0	1219	9	328	577	4721	1159	2	8015	8015
Impervious area	0	96130	73	8629	3139	866	777442	980	887259	887259
Bareland	0	861	0	14	12	0	732	20	1639	1639
Class Total	0	569739	714	30692	14570	9739	1031969	1317		
Class Changes	0	113088	384	18861	6011	5018	254527	1297		
Image Difference	0	132460	934	8949	3769	−1724	−144710	322		

图 7-11　查看土地利用转移矩阵（Pixel Count）

在 Change Detection Statistics 窗口中单击【File】—【Save to Text File...】，在 Save Change Detection Stats to Text 对话框中单击【Choose】，将转移矩阵保存至“...\OutputData\Chapter7\Change_stats.txt”（图 7-12），方便之后的统计分析。

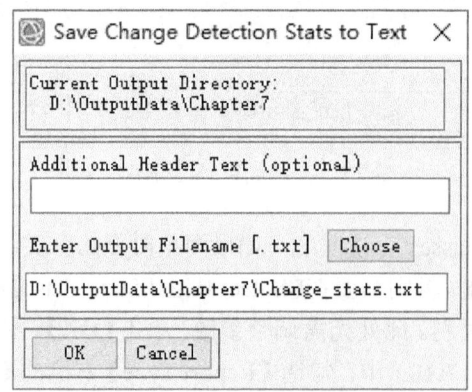

图 7-12　Save Change Detection Stats to Text 对话框

使用【Thematic Change Workflow】工具进行变化检测并输出图像。在 Toolbox 中，选择【Change Detection】—【Thematic Change Workflow】。在 File Selection 面板（图 7-13），分别在【Time 1 Classification Image File】和【Time 2 Classification Image File】中选择"GLC_FCS2010_class.dat"和"GLC_FCS2020_class.dat"，单击【Next】，勾选【Only Include Areas That Have Changed】（图 7-14）设置输出的结果仅包含发生了变化的区域，单击【Next】。

在 Cleanup 面板（图 7-15），可以设置平滑阈值和聚类阈值以去除结果中的小碎块。① 平滑【Enable Smoothing】：主要用于去除椒盐噪声，默认设置为 3×3，即在 3 像素×3 像素范围内的中心点的像素值会被 9 个像素内最多像元数的类别代替。② 聚类【Enable Aggregation】：主要用于去除破碎的小图斑，默认设置为 9 时，即小于等于 9 个像素的区域被重新合并到邻近的、更大的区域。设置完成后单击【Next】。

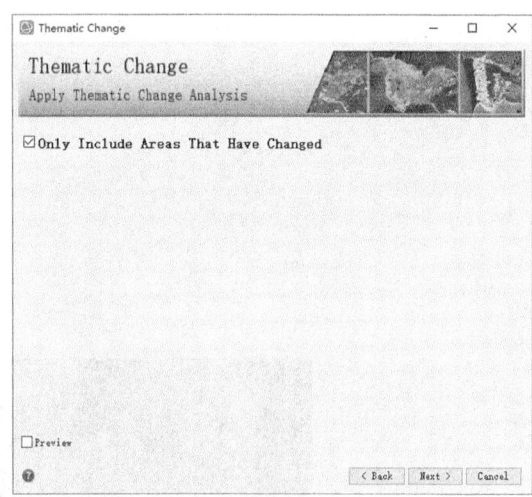

图 7-13　File Selection 面板　　　　图 7-14　Thematic Change 面板

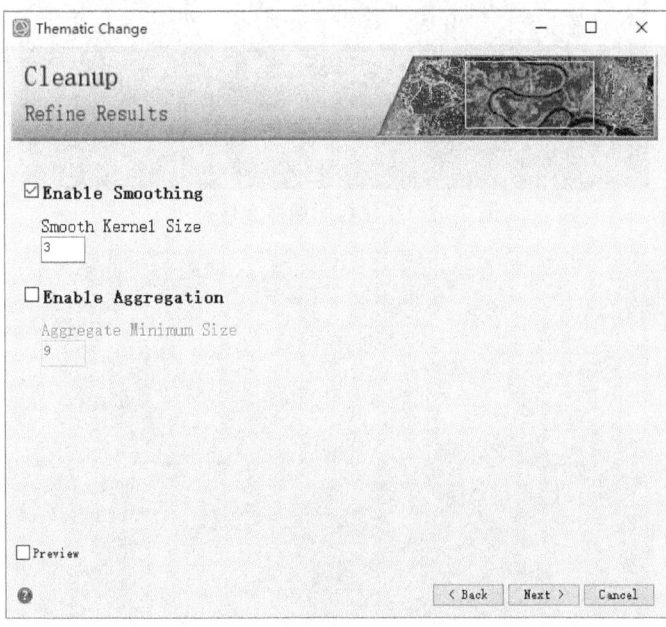

图 7-15　Cleanup 面板

在 Export 面板（图 7-16），可以选择以栅格格式和矢量格式输出结果，单击【Browse...】，设置输出路径分别为"...\OutputData\Chapter7\Change_raster.dat"和"...\OutputData\Chapter7\Change_vector.shp"，单击【Finish】输出结果（图 7-17 和图 7-18）。

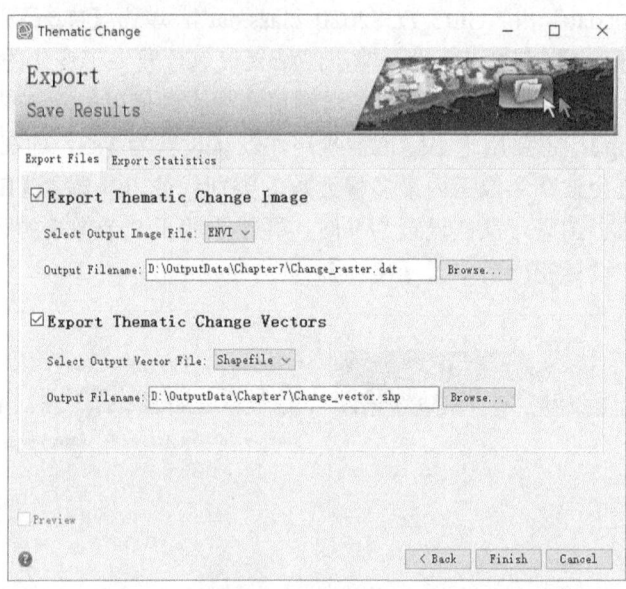

图 7-16　Export 面板

图 7-17　变化检测栅格文件显示

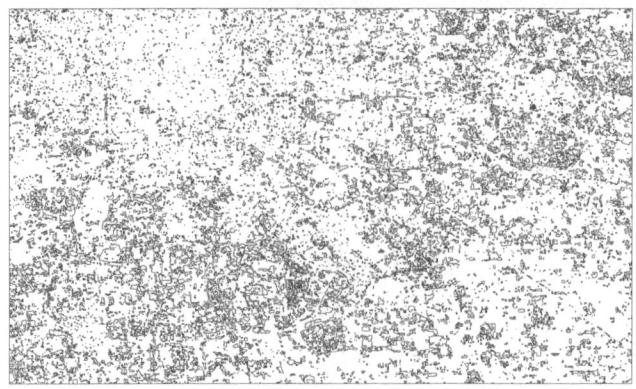

图 7-18　变化检测矢量文件显示

对输出的土地利用变化检测结果进行调整设置并作图,得到土地利用变化专题图(图7-19)。对输出的土地利用转移矩阵进行整理,得到土地利用类型变化检测统计表(表7-3)。

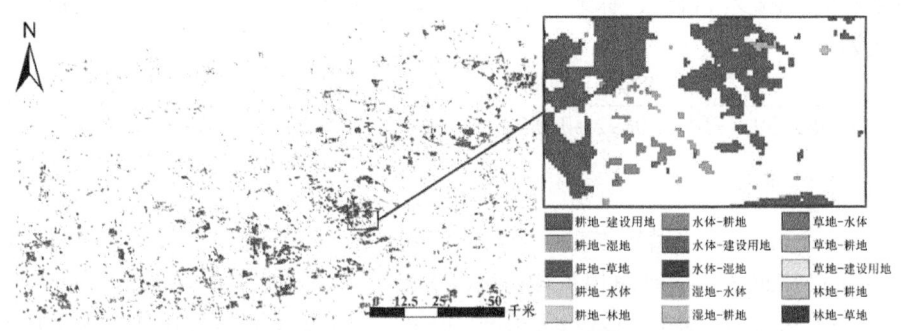

图 7-19 土地利用变化专题图

表 7-3 土地利用类型变化检测统计(像素个数)

2020 年	2010 年							
	耕地	林地	草地	水体	湿地	建设用地	裸地	类别总数
耕地	456651	152	9341	1780	423	233584	268	702199
林地	1124	330	132	12	17	33	0	1648
草地	11617	103	11831	491	232	15350	17	39641
水体	2137	47	417	8559	3480	3669	30	18339
湿地	1219	9	328	577	4721	1159	2	8015
建设用地	96130	73	8629	3139	866	777442	980	887259
裸地	861	0	14	12	0	732	20	1639
类别总数	569739	714	30692	14570	9739	1031969	1317	0
类别变化	132460	934	8949	3769	−1724	−144710	322	0

土地利用动态度从定量角度描述土地利用变化的速度,从而揭示区域某种土地变化的强度。单一土地利用动态度表示单位时间内某一土地利用类型面积的变化程度,其数学模型如式(7-1)所示。综合土地利用动态度表示研究区所有类型面积变化的综合动态度,如式(7-2)所示:

$$R_s = \frac{U_b - U_a}{U_a} \times \frac{1}{T} \times 100\% \tag{7-1}$$

式中,R_s 为某种土地利用类型的动态度;U_a 和 U_b 分别为研究初期和研究末期某种土地利用类型像素数;T 为研究时间间隔。

$$R_t = \frac{\sum_{i=1}^{n}\left|U_{b_i} - U_{a_i}\right|}{2\sum_{i=1}^{n}U_{a_i}} \times \frac{1}{T} \times 100\% \tag{7-2}$$

式中,R_t 为综合土地利用类型的动态度;U_{a_i} 和 U_{b_i} 分别为研究初期和研究末期第 i 种土地利用类型像素数;n 为土地利用类型总数;T 为研究时间间隔。

根据公式计算得到耕地、林地、草地、水体、湿地、建设用地、裸地的单一动态度分别为 2.32%、13.08%、2.92%、2.59%、–1.77%、–1.40%、2.44%。2010~2020 年，研究区的湿地和建设用地面积减少，耕地、林地、草地、水体和裸地面积增加。综合土地利用类型动态度计算结果为

$$R_\mathrm{t} = \frac{132460+934+8949+3769+1724+144710+322}{2\times(569739+714+30692+14570+9739+1031969+1317)} \times \frac{1}{10} \times 100\% = 0.88\%$$

7.4.2 土地退化监测

本节基于 Landsat 多光谱数据对不同时间段的草地遥感影像进行分析，通过使用 ENVI 软件中的【Band Math】工具计算植被覆盖度及其变化率，对草地退化现象进行简单监测。

植被覆盖度（Fractional Vegetation Cover，FVC）通常定义为植被在地面的垂直投影面积占统计区域总面积的百分比，它量化了植被的茂密程度，反映了植被的生长态势，是刻画地表植被覆盖的重要参数，也是指示生态环境变化的基本指标。具体方法见第 9 章。

加载 Landsat 5 TM 数据。在工具栏单击 ，浏览至"D:\Data\Chapter7"文件夹，选中"Grassland1988.dat"和"Grassland2001.dat"数据并打开。此时数据显示在 Data Manager 的列表中。在 Data Manager 中，依次单击【Band 4】—【Band 3】—【Band 2】，并单击【Load Data】，此时数据视图中将显示该数据的标准假彩色影像（图 7-20 和图 7-21）。

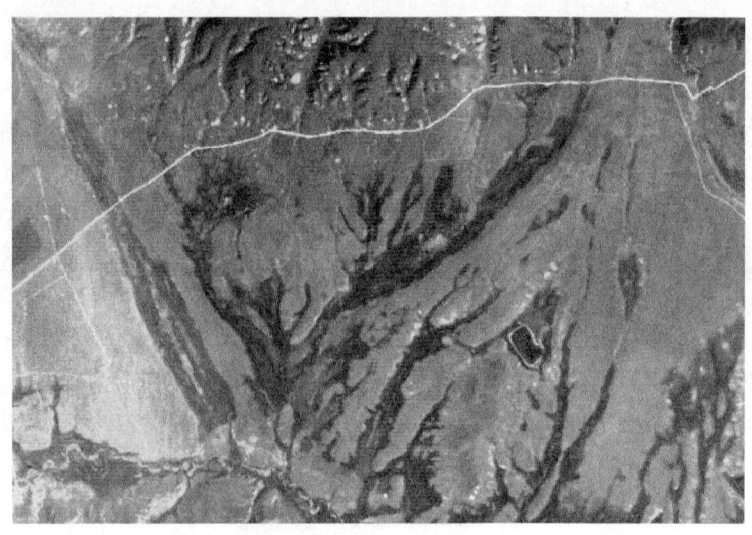

图 7-20　1988 年研究区遥感影像标准假彩色合成

分别计算"Grassland1988.tif"和"Grassland2001.tif"数据的 NDVI 值。NDVI 计算公式如下：

$$\mathrm{NDVI} = \frac{\mathrm{NIR} - \mathrm{R}}{\mathrm{NIR} + \mathrm{R}} \tag{7-3}$$

式中，NIR 为近红外波段灰度值；R 为红光波段灰度值。在 Landsat 5 中，NIR 为 Band 4，R 为 Band 3。

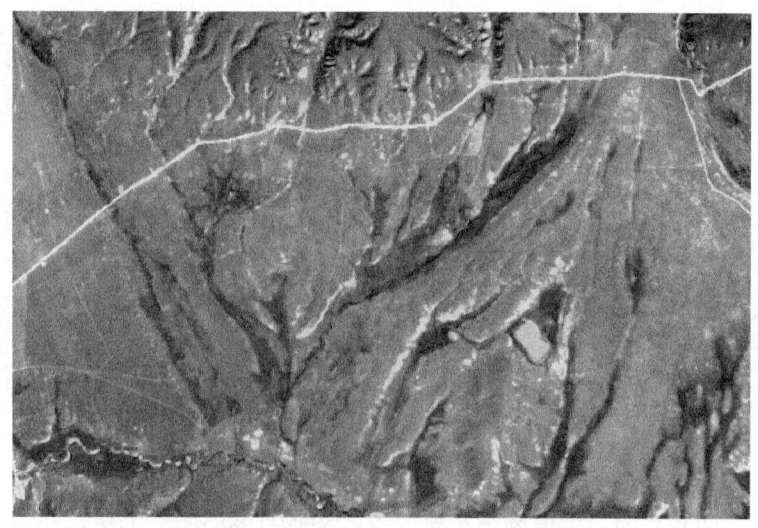

图 7-21 2001 年研究区遥感影像标准假彩色合成

以"Grassland1988.tif"为例，在 Toolbox 中，选择【Spectral】—【Vegetation】—【NDVI】工具，在 NDVI Calculation Input File 对话框选择"Grassland1988.tif"数据，单击【OK】。在弹出的 NDVI Calculation Parameters 对话框（图 7-22）中，【Input File Type】选择"Landsat TM"，【NDVI Bands】的【Red】为 3，【Near IR】为 4，单击【Choose】选择输出路径为"...\OutputData\Chapter7\NDVI1988.dat"，单击【OK】，输出 NDVI 数据（图 7-23）。对"Grassland2001.tif"数据 NDVI 的计算重复以上步骤，输出路径改为"...\OutputData\Chapter7\NDVI2001.dat"，得到结果如图 7-24 所示。

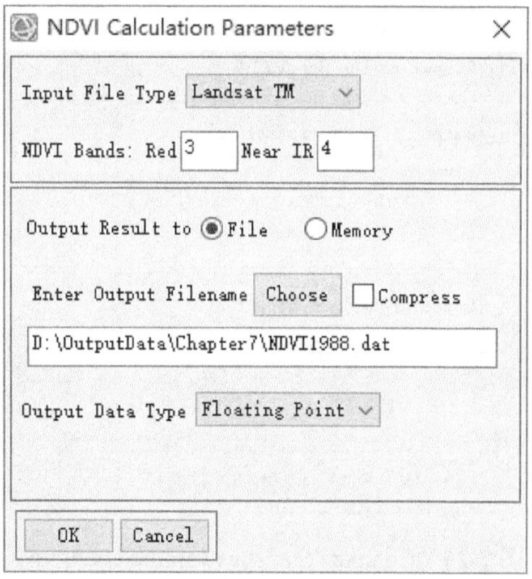

图 7-22 NDVI Calculation Parameters 对话框

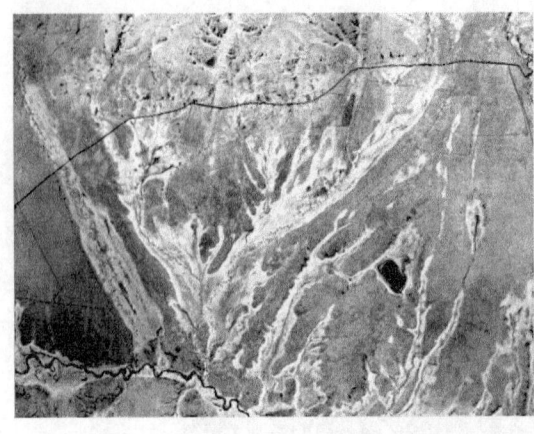 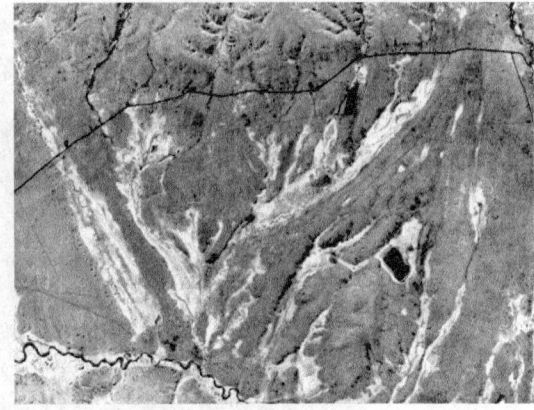

图 7-23　1988 年研究区 NDVI 计算结果　　　图 7-24　2001 年研究区 NDVI 计算结果

获得区域内 NDVI 的最大值和最小值。以"NDVI1988.dat"为例，在 Toolbox 中选择【Statistics】—【Compute Statistics】，在打开的 Compute Statistics Input File 对话框中选择"NDVI1988.dat"，单击【OK】。在弹出的 Compute Statistics Parameters 对话框中，勾选【Basic Stats】和【Histograms】，选择【Output to the Screen】，单击【OK】（图 7-25）。

图 7-25　Compute Statistics Parameters 对话框

在弹出的 Statistics View 窗口中，可以详细了解"NDVI1988.dat"的统计数据，上方散点图红色十字表示 NDVI 最大值和最小值，黑色十字为平均值，绿色十字为平均值加减标准差后的结果；下方的表格也展示了"NDVI1988.dat"数据值的最小值、最大值、平均值和标准差;最下方的直方图表格中"DN"为 NDVI 值,"Count"为当前值的个数,"Total"为累计个数,"Percent"为当前值个数的占比,"Acc Pct"为累计占比。由表可知,$NDVI_{max}$ 和 $NDVI_{min}$ 分别为 0.920054 和 –0.163265(图 7-26)。重复上述步骤,得到"NDVI2001.tif"数据的 $NDVI_{max}$ 为 0.8789,$NDVI_{min}$ 为 0.036991。

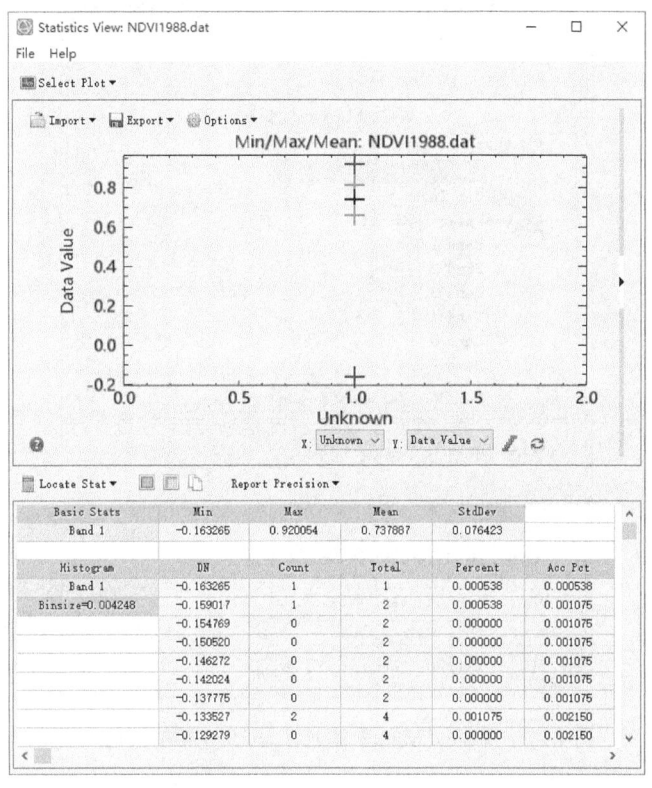

图 7-26 1988 年 NDVI 统计结果

根据式(7-3)以及 NDVI 的最大值和最小值计算两幅影像的植被覆盖度。以 1988 年数据为例,在 Toolbox 中选择【Band Algebra】—【Band Math】,输入计算公式"(b1+0.163265)/(0.920054+0.163265)",单击【Add to List】,单击【OK】。在 Variables to Bands Pairings 对话框(图 7-27)中,将公式中的"b1"与"NDVI1988.dat"匹配。单击【Choose】选择输出路径为"...\OutputData\Chapter7\FVC1988.dat",单击【OK】,得到 1988 年 FVC 数据。

重复上述步骤计算 2001 年影像的植被覆盖度。在 Toolbox 中选择【Band Algebra】—【Band Math】,输入计算公式"(b1–0.036991)/(0.8789–0.036991)",单击【Add to List】,单击【OK】。在 Variables to Bands Pairings 对话框中,将公式中的"b1"与"NDVI2001.dat"匹配。单击【Choose】,选择输出路径为"...\OutputData\Chapter7\FVC2001.dat",单击【OK】,得到 2001 年 FVC 数据。

为两幅植被覆盖度影像赋色,以便于直观地观察草地退化情况。在 Layer Manager 中分别右键单击"FVC1988.dat"和"FVC2001.dat",选择【Change Color Table】更换色带,单击【More】打开 Change Color Table 对话框,选择"CB-RdYlGn"色带(图 7-28)。植被覆盖度越高,颜色越趋于绿色;植被覆盖度越低,颜色越趋于红色(图 7-29)。

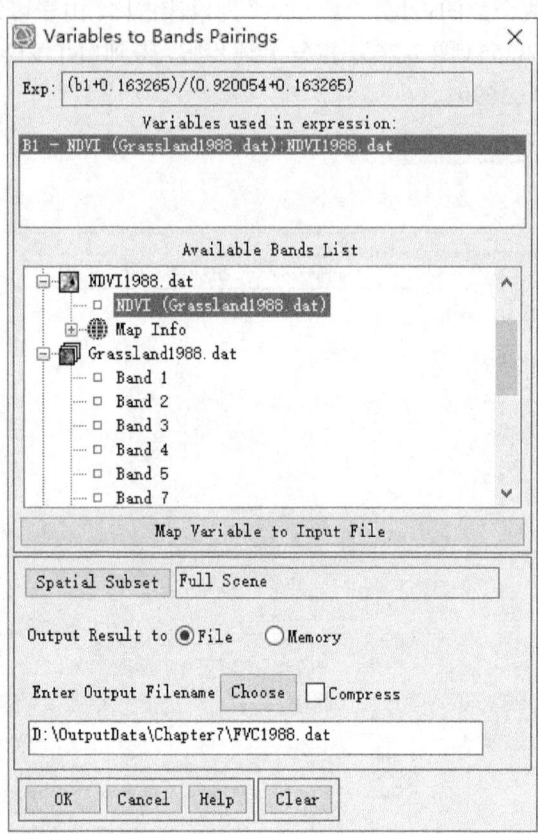

图 7-27 【Band Math】工具计算 1988 年植被覆盖度

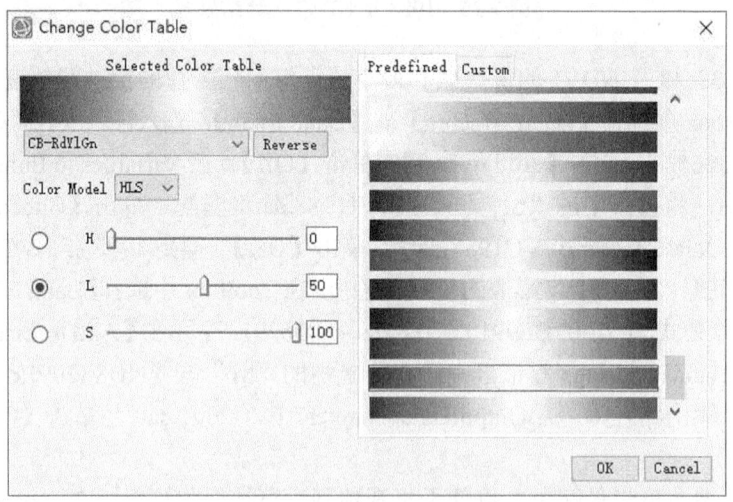

图 7-28 选择合适的色带

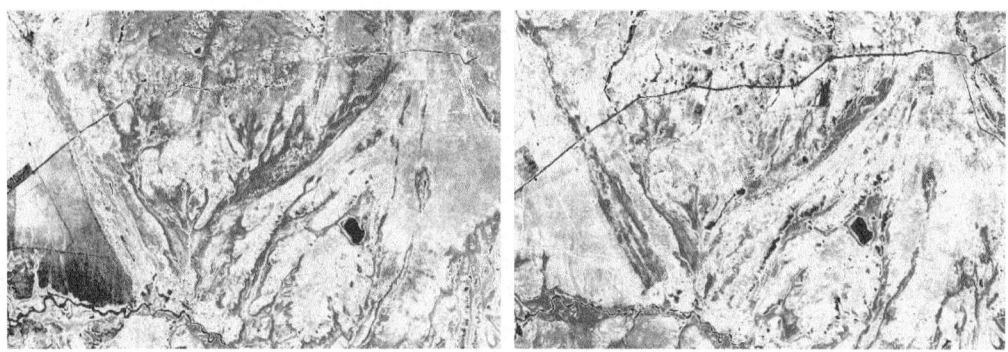

图 7-29 重新赋色的植被覆盖度数据

通过影像显示对比，可以看出该草原区域植被覆盖度大范围降低，由此得到该区域在经过 10 年左右时间后有可能发生了较严重的土地退化。

为了定量地分析研究区草地退化情况，计算 1988 年和 2001 年植被覆盖度的变化率并进行统计分级。在 Toolbox 中，选择【Band Algebra】—【Band Math】，输入表达式"（（b2–b1）lt 0）*（（b1–b2）/b1）"，将"b1""b2"分别匹配至 1988 年植被覆盖度波段、2001 年植被覆盖度波段。公式意义为，若植被覆盖度减少则将像元值赋值为植被覆盖度减少率，否则赋值为 0。设置输出路径为"...\OutputData\Chapter7\FVC_change.dat"（图 7-30），单击【OK】得到植被覆盖度减少率结果。

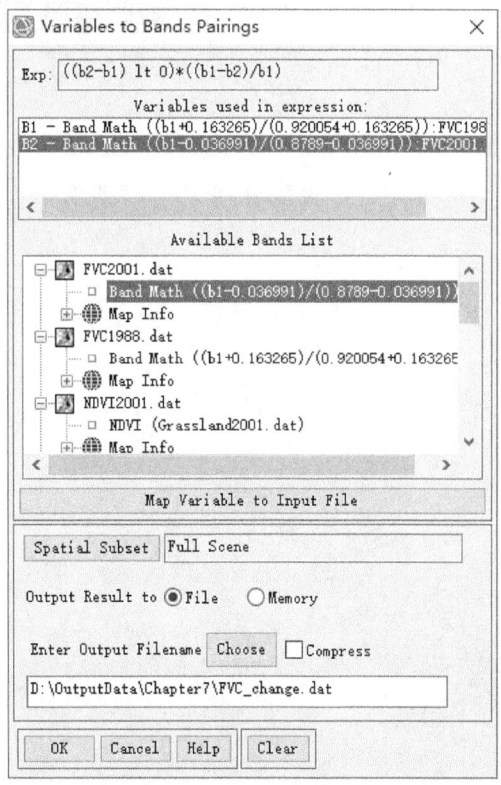

图 7-30 导出植被覆盖度变化率计算结果

参照《天然草地退化、沙化、盐渍化的分级指标》(GB19377—2003)中对于草地退化程度的分级和分级指标,在植被覆盖度监测项目中,当植被覆盖度减少率小于10%时,认为该区域草地未退化;当植被覆盖度减少率在10%~20%时,认为该区域草地发生轻度退化;当植被覆盖度减少率在 20%~30%时,认为该区域草地发生中度退化;当植被覆盖度减少率超过30%时,认为该区域发生重度草地退化。

在 Layer Manager 中右键单击植被覆盖度变化数据,选择【New Raster Color Slice】,在 File Selection 对话框中选中数据"FVC_change.dat",单击【OK】得到彩色分级数据,在 Edit Raster Color Slices: Raster Color Slice 窗口中进行赋色设置(图 7-31)。像元值小于 0.1 的赋为绿色,表示未退化;像元值在 0.1~0.2 的赋为黄色,表示轻度退化;像元值在 0.2~0.3 的赋为橙色,表示中度退化;像元值超过 0.3 的赋为红色,表示发生重度退化。单击【OK】,得到该区域草地退化情况(图 7-32)。

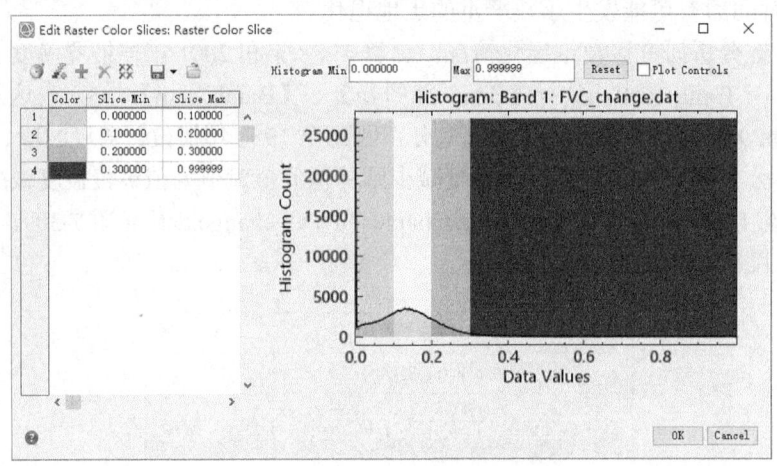

图 7-31　植被覆盖度变化率分级设色

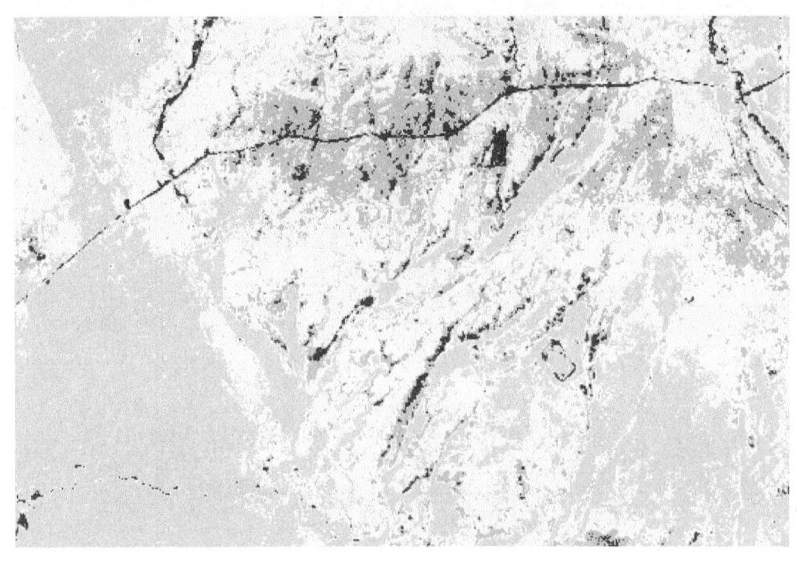

图 7-32　青海省黄南藏族自治州某草原区域草地退化情况

重新赋色后，在 Layer Manager 中右键单击新生成的"Raster Color Slice"，单击【Quick Stats】，统计未发生退化或发生不同退化程度的像元个数，如图 7-33 所示。可以看出，研究区在 1988~2001 年约有 42.11%的区域存在轻度退化情况，15.39%的区域存在中度退化情况，2.79%的区域存在重度退化情况。

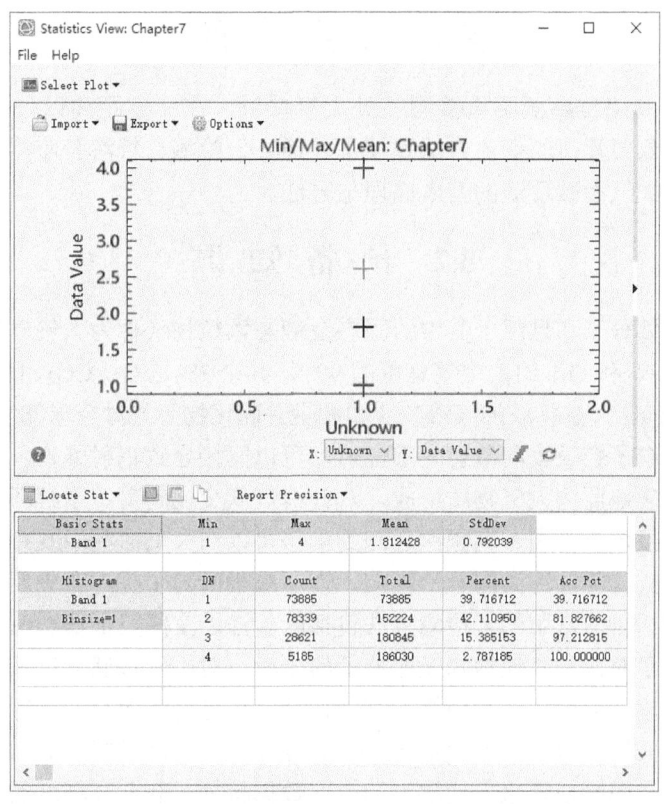

图 7-33　Statistics View 窗口

本案例以青海省黄南藏族自治州某草原区域为研究区，观察该区域从 20 世纪 80 年代末到 21 世纪初的草地退化情况。首先，通过目视判读影像的颜色、纹理、形状等特征简单观察研究区域的草地变化情况。然后，计算两个时间段的植被覆盖度，定量展示植被覆盖层的变化。最后，通过计算植被覆盖度变化率得到研究区草地退化情况的可视化结果，同时结合解译标准和草地退化分级标准，提取得到研究区草地退化信息。

7.5　课后练习

（1）利用 2013 年和 2020 年研究区的 Landsat 数据进行监督分类，对分类结果进行变化检测，并根据转移矩阵进行对比分析。

（2）基于 2013 年和 2020 年研究区的 Landsat 数据，使用 ENVI 的【Change Detection Difference Map】工具对两个时相图像的一个波段进行相减或相除，设定相应的阈值对相减或相除的结果进行分类，即在 ENVI 软件利用图像直接比较法获取土地利用/土地覆盖变化的信息。

第8章 大气遥感

8.1 实践目的

大气遥感是指利用传感器不直接同某处大气接触，在一定距离以外测定某处大气的成分、运动状态和气象要素值的探测方法和技术。通过云检测、气溶胶监测和沙尘暴遥感监测的实践操作，理解大气参数反演的基本原理与方法。

8.2 预备知识

地球大气由气体分子和悬浮于其中的固态及液态颗粒物（称为大气气溶胶）组成。地球表面大气主要包括 N_2 和 O_2，约占空气总量的99%，其余1%是 O_3、CO_2、H_2O 及其他气体（如 N_2O、CH_4、NH_3 等）。大量排放的气溶胶（如烟尘、硫化物等）对全球气候有着一定的影响，气溶胶中的气溶胶粒子会吸收和散射太阳辐射，可以间接导致辐射强迫，影响地球云层和水循环等。快速、准确地监测大气物质组成，对分析气候变化趋势、了解环境污染过程具有重要的作用。而遥感技术大范围、高频次观测的优势可以在大气监测中发挥重要作用。

遥感影像常受到云雾等污染因素的影响，为了减少云雾干扰，首先要从遥感影像中精确检测出云覆盖区域。目前常用的云检测方法包括阈值法、空间特征法和深度学习方法等。其中，阈值法是指基于对云和其他地物光谱特征的分析，对不同传感器以及不同波段光谱特征设置阈值来分离遥感影像中的云和地物。空间特征法通过对影像空间进行分割，提取光谱、纹理等特征以区分云雾和地物信息，实现云检测。深度学习方法则是利用大量遥感影像数据，通过构建深层的神经网络模型来自动学习和提取数据特征，获取高精度的云检测结果。

气溶胶卫星遥感反演已经发展了多种算法，应用比较广泛的气溶胶反演算法主要包括暗目标法、深蓝算法、多角度大气校正算法和深度学习方法等。暗目标法气溶胶反演的基本思想是，海洋以及陆地上浓密植被地区的地表反射率较低，卫星传感器获得的辐射信息中，大气的贡献较为显著，可以以较高精度实现气溶胶反演。深蓝算法则主要应用于高反射率区域，根据大多数区域的蓝光波段地表反射率较低且对气溶胶具有较高标识性的特点，可基于先验地表反射率产品实现气溶胶反演。多角度大气校正算法根据地表与气溶胶在不同观测角度反射率的差异，利用从多个观测角度获取的数据来更精确地分离气溶胶和地表信号。为解决以上基于辐射传输模型方法在异质性区域气溶胶反演的误差问题，深度学习方法被应用到气溶胶反演中。该方法利用深度置信网络来深入挖掘多波段遥感数据中的气溶胶光学信息，从而提高反演精度。

沙尘作为吸收性气溶胶，不仅通过吸收太阳辐射改变大气稳定度和云微物理过程从而抑制降水，还作为环境污染物对人类健康和社会经济发展产生直接或间接影响。近年来，卫星数据已被广泛应用于沙尘监测，基本原理是利用悬浮的沙尘颗粒与其他地物在反射和发射特性上的差异。在识别沙尘暴暴发时，主要利用可见光、近红外通道及热红外通道等多通道组合。沙尘强度作为沙尘监测的一个重要指标，一般是在沙尘识别结果的基础上进行参数反演。

新一代静止卫星 Himawari-8，由于其高频次的观测和多波段的设置，对沙尘气溶胶的动态监测具有显著的优势。

8.3 实践数据

本章实践所使用的数据包括 MODIS 产品中的 MOD021KM 数据、Landsat 8 数据，Himawari 8 数据。此外，本次实践还将用到 MODIS 云检测插件和 MODIS 气溶胶插件。数据及存放路径介绍如下。

（1）MODIS 数据：...\Data\Chapter8\MODISdata；...\ExerciseData\Chapter8\MODISexercise。

MODIS 数据从 NASA 官网下载，数据的获取时间是 2020 年第 92 天，MOD021KM 产品数据是 5 min 的 L1B 图幅元数据产品，包括 36 个光谱通道，空间分辨率为 1000 m。

（2）Landsat 8 数据：...\Data\Chapter8\Landsat8data；...\ExerciseData\Chapter8\L8exercise。

从美国地质调查局（USGS）官方网站下载 Landsat 8 数据，数据获取时间是 2020 年 8 月 21 日，分辨率是 30 m×30 m，包括 OLI 多光谱数据以及 TIRS 热红外数据。波段信息在第 1 章已介绍过，具体见表 1-3。

（3）北京市边界矢量数据：...\Data\Chapter8\beijing。从国家基础地理信息中心下载 2019 年北京市行政边界，用于对原始影像进行裁剪，以得到所需要的研究区。

（4）Himawari-8 数据：...\Data\Chapter8\Himawari8data；...\ExerciseData\Chapter8\H8exercise。

Himawari-8 卫星搭载的 AHIS 传感器有 16 个观测波段（3 个可见光，3 个近红外，10 个红外），Himawari-8 的全盘观测时间间隔为 10 min。可见光波段分辨率为 0.5~1 km，近红外和红外波段分辨率为 1~2 km。数据获取时间是 2016 年 5 月 5 日。数据波段介绍如表 8-1 所示。

表 8-1 Himawari-8 波段数据

通道标识	光谱属性	中心波长/μm	分辨率/km
1	可见光	0.47	1.0
2	（VIS）	0.51	1.0
3		0.64	0.5
4	近红外	0.86	1.0
5	（NIR）	1.60	2.0
6		2.30	2.0
7		3.90	2.0
8		6.20	2.0
9		6.90	2.0
10		7.30	2.0
11	红外	8.60	2.0
12	（IR）	9.60	2.0
13		10.40	2.0
14		11.20	2.0
15		12.40	2.0
16		13.30	2.0

（5）查找表数据：...\Data\Chapter8\lut.txt；...\ExerciseData\Chapter8\lut.txt。基于 MODIS 资料，利用暗像元法反演大气气溶胶光学厚度（AOD）的关键是基于 6S 模式建立 6S 查找表。6S 模式的参数主要包括：几何路径、气溶胶模式、光谱条件、大气模式以及地面反射率。

（6）云检测插件：...\Data\Chapter8\modis_cloud.sav。需要将下载的云检测插件放入 ENVI 安装路径下的"extension"文件夹下，才可进行使用。ENVI 5.4 及以上版本，可以从 ENVI App Store 搜索其他云检测插件。

（7）气溶胶反演插件：...\Data\Chapter8\modis_aerosol_inversion.sav。需要将下载的气溶胶反演插件放入 ENVI 安装路径下的"extension"文件夹下，才可进行使用。ENVI 5.4 及以上版本，可以从 ENVI App Store 搜索其他气溶胶插件。

8.4 实践内容与步骤

8.4.1 云检测和分类

本节基于 Landsat 8 数据产品，以及多光谱波段和卷云波段的反射率差值，利用阈值法进行云检测。

在 ENVI 中加载 Landsat 8 影像数据，浏览至"...\Data\Chapter8\Landsat8data"文件夹，选中"LC08_L1TP_121040_20200821_20200905_02_T1_MTL.txt"数据并打开。之后步骤如下。

（1）对多光谱波段进行辐射定标得到表观反射率。在 Toolbox 中，选择【Radiometric Correction】—【Radiometric Calibration】工具。在 File Selection 对话框中，选择"LC08_L1TP_121040_20200821_20200905_02_T1_MTL_MultiSpectral"，单击【OK】。在 Radiometric Calibration 对话框（图 8-1）中，【Calibration Type】下拉列表选择"Reflectance"，【Output Interleave】下拉列表选择"BIL"。在【Output Filename】下选择输出路径为"...\OutputData\Chapter8\L8_reflectance1.dat"，单击【OK】进行辐射定标并输出结果（图 8-2）。

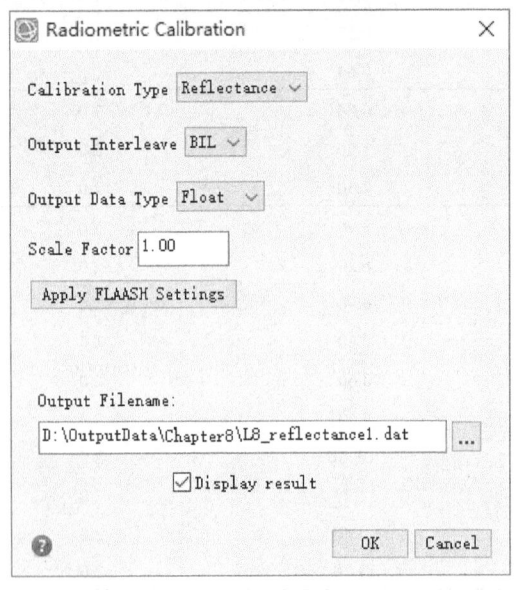

图 8-1 对多光谱波段进行辐射定标　　　　图 8-2 辐射定标结果图（多光谱波段）

(2)对卷云波段进行辐射定标得到表观反射率。在 Toolbox 中，选择【Radiometric Correction】—【Radiometric Calibration】工具。在 File Selection 对话框中，选择"LC08_L1TP_121040_20200821_20200905_02_T1_MTL_Cirrus"，单击【OK】。在 Radiometric Calibration 对话框（图 8-3）中，【Calibration Type】下拉列表选择"Reflectance"，【Output Interleave】下拉列表选择"BIL"。在【Output Filename】下设置输出路径为"...\OutputData\Chapter8\L8_reflectance_b9.dat"，单击【OK】进行研究区的辐射定标并输出结果（图 8-4）。

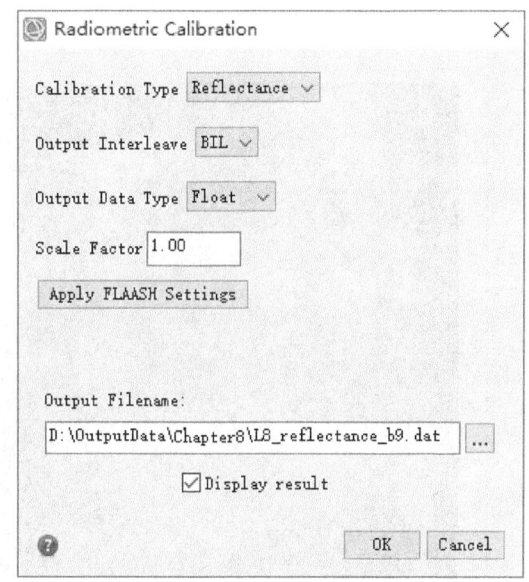

图 8-3　对卷云波段进行辐射定标

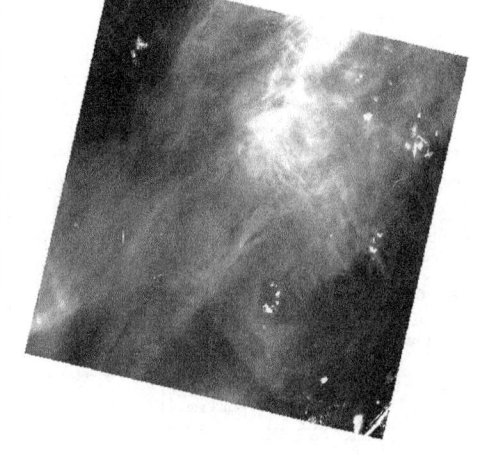

图 8-4　辐射定标结果图（卷云波段）

(3)计算不同波段组合的反射率差值。采用 B9（Cirrus）与 B1（Coastal aerosol）、B2（Blue）、B3（Green）波段之间的差值组合作为云层判识的主要依据，基于经验阈值法作为云层识别的主要条件。各波段组合阈值如下：

$$\text{Min}(B1-B9) = 0.21，\text{Max}(B1-B9) = 0.86；$$

$$\text{Min}(B2-B9) = 0.21，\text{Max}(B2-B9) = 0.89；$$

$$\text{Min}(B3-B9) = 0.23，\text{Max}(B3-B9) = 0.96。$$

计算 $B1-B9$。在 Toolbox 中，选择【Band Algebra】—【Band Math】工具。在打开的 Band Math 对话框中，输入计算公式"b1–b9"，单击【Add to List】，单击【OK】。在 Variables to Bands Pairings 对话框（图 8-5）中，将公式中的"b1"和"b9"分别匹配至"L8_reflectance1.dat"的"Coastal aerosol"波段和"L8_reflectance_b9.dat"影像的"Cirrus"波段。单击【Choose】，选择输出路径为"...\OutputData\Chapter8\b1_b9.dat"，单击【OK】进行波段反射率差值的计算，并输出数据（图 8-6）。

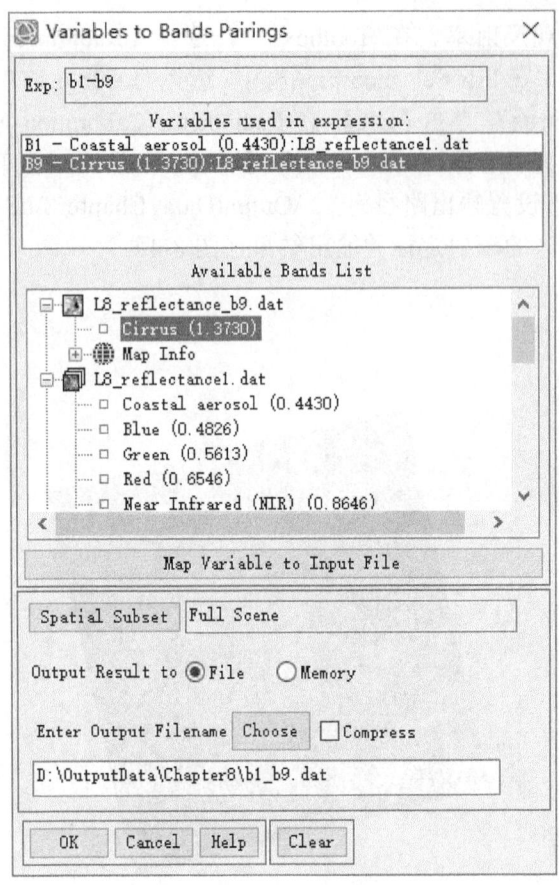

图 8-5 计算波段反射率差值

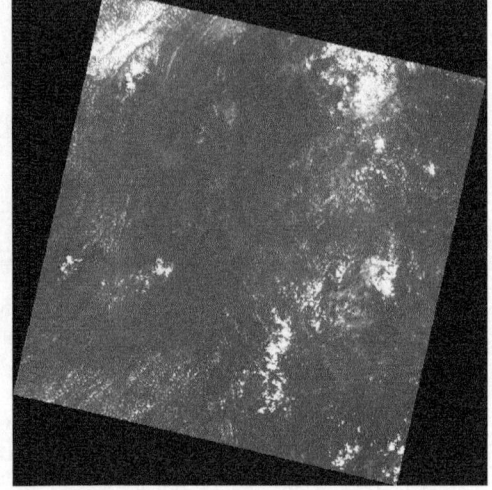

图 8-6 波段反射率计算结果

其他两个波段组合的计算方法相同，分别选择输出路径为"...\OutputData\Chapter8\b2_b9.dat" "...\OutputData\Chapter8\b3_b9.dat"，得到结果如图 8-7 和图 8-8 所示。

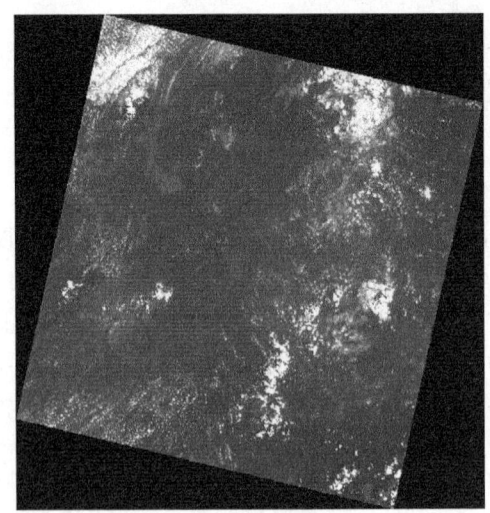

图 8-7 b2 减去 b9 差值计算结果

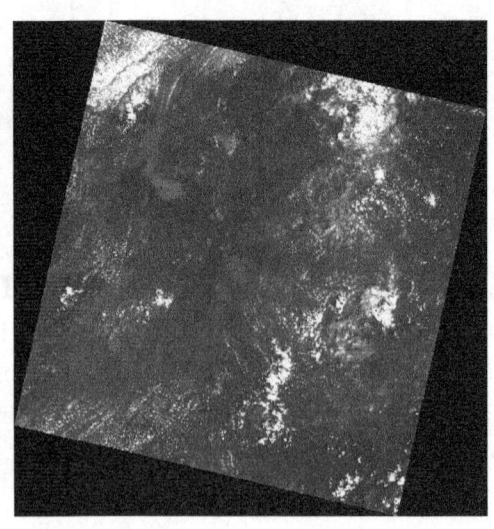

图 8-8 b3 减去 b9 差值计算结果

（4）根据各波段组合下的经验阈值依次进行云检测。首先进行 b1–b9 组合下的云检测。在 Toolbox 中，选择【Band Algebra】—【Band Math】工具。在打开的 Band Math 对话框中，输入计算公式"(b1 ge 0.21 and b1 le 0.86)*1"并单击【Add to List】，单击【OK】。这里需要说明的是，"*1"后图像数据类型从 Byte 转换成了 Integer，如果不做转换，自动加载的图像显示为黑色，设置 2% 线性拉伸后可以正常显示。后续进行类似处理时不再进行解释说明。在 Variables to Bands Pairings 对话框中（图 8-9），将公式中的"b1"与"b1_b9.dat"进行匹配，单击【Enter Output Filename】右侧的【Choose】，选择输出路径为"...\OutputData\Chapter8\L8_cloud1.dat"，单击【OK】进行计算，并输出 b1–b9 组合云检测结果（图 8-10）。

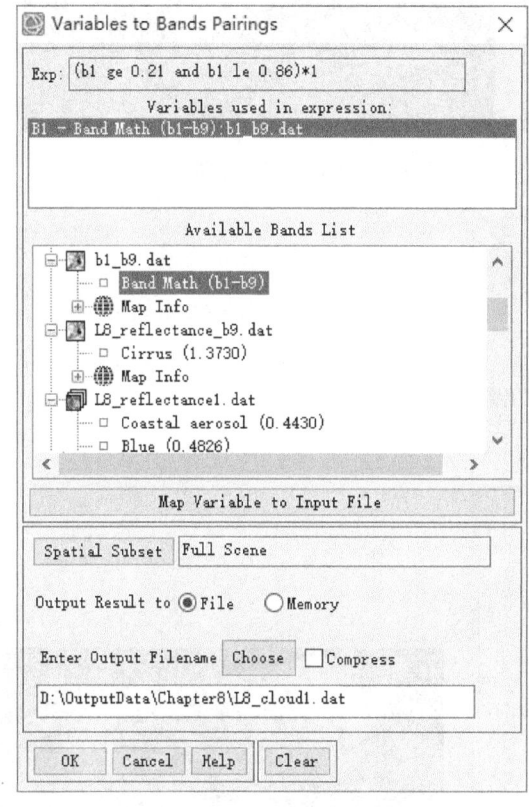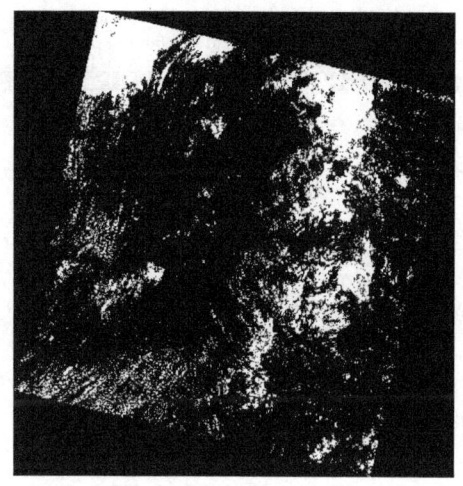

图 8-9　b1–b9 组合云检测　　　　图 8-10　b1–b9 组合云检测结果

其他两个波段组合的计算方法相同，分别设置输出路径为"...\OutputData\Chapter8\L8_cloud2.dat""...\OutputData\Chapter8\L8_cloud3.dat"，得到结果如图 8-11 和图 8-12 所示。

（5）将检测结果合并。在 Toolbox 中，选择【Band Algebra】—【Band Math】。在 Band Math 对话框中，输入计算公式"b1 and b2 and b3"，单击【Add to List】，单击【OK】。在 Variables to Bands Pairings 对话框（图 8-13）中，将公式中的"b1""b2""b3"分别匹配至"L8_cloud1.dat""L8_cloud2.dat""L8_cloud3.dat"，单击【Choose】，选择输出路径为"...\OutputData\Chapter8\L8_cloud.dat"，单击【OK】，输出云检测结果（图 8-14）。

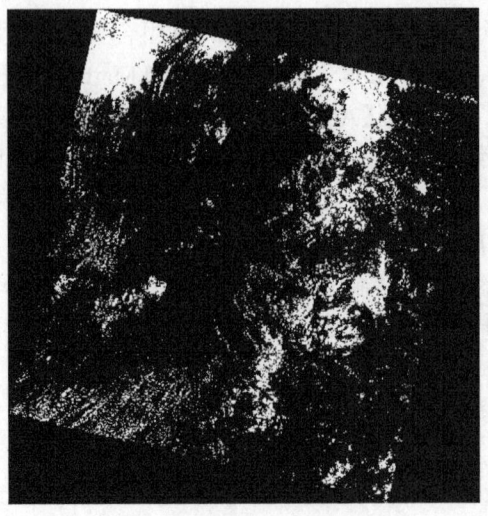 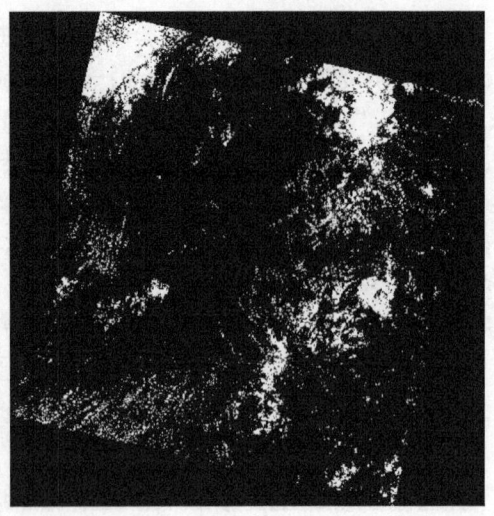

图 8-11　b2-b9 组合云检测结果　　　　图 8-12　b3-b9 组合云检测结果

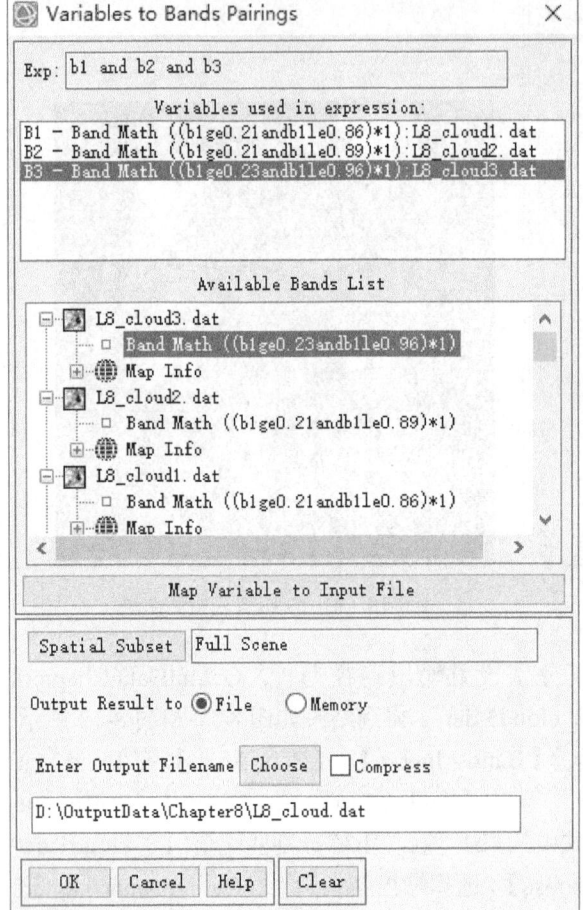 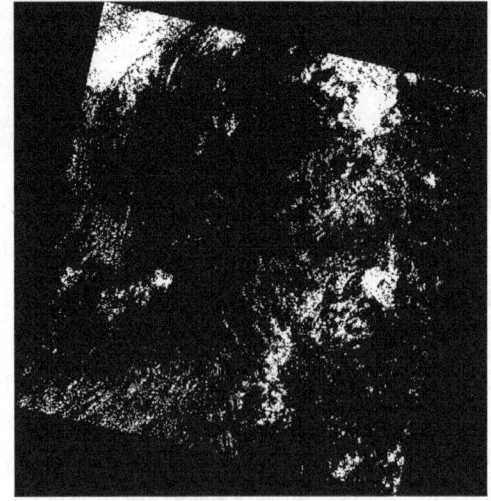

图 8-13　结果合并　　　　　　　　　　　图 8-14　合并结果

选取图像部分区域的检测结果进行查看，效果如图 8-15 所示。

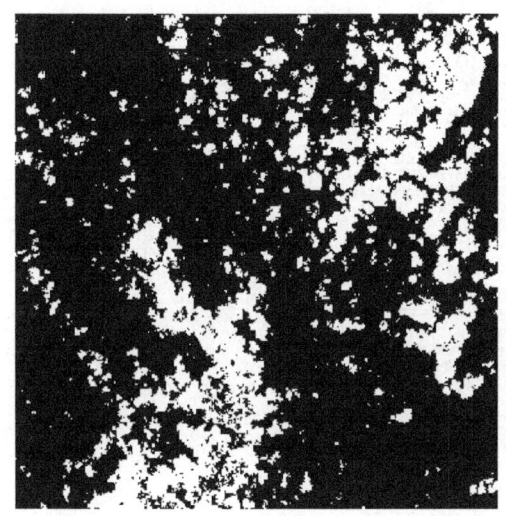 

（a）云检测结果　　　　　　　　　　　　　　（b）原始影像

图 8-15　云检测结果对比图

8.4.2　气溶胶监测

本节基于 MODIS 数据，利用暗目标法对气溶胶光学厚度空间分布进行遥感监测。具体步骤主要包括 MODIS 数据的几何校正、云检测、气溶胶反演。实验前需要安装云检测和气溶胶反演插件，将"..\Data\Chapter8"文件夹下的"modis_cloud.sav"和"modis_aerosol_inversion.sav"复制并粘贴在 ENVI 安装路径下的"extensions"文件夹中，重新启动 ENVI 程序。此时，在 Toolbox 中的【Extensions】下，可以看到【Modis Cloud】和【Modis Aerosol Inversion】工具。

（1）在 ENVI 中打开 MODIS 数据。在 ENVI 菜单栏单击【File】—【Open As】—【Optical Sensors】—【EOS】—【MODIS】，浏览至"..\Data\Chapter8\Modisdata"文件夹，选中"MOD021KM.A2020092.0335.061.2020092131343.hdf"并打开。

（2）进行 MODIS 数据的几何校正，包括发射率数据集、反射率数据集、角度数据集的几何校正。

首先，进行 MODIS 数据的发射率数据集（Emissive Radiance File）的几何校正。在 Toolbox 中选择【Geometric Correction】—【Georeference by Sensor】—【Georeference MODIS】，打开 Input MODIS File 对话框（图 8-16）。在左侧【Select Input File】列表中选择"MOD021KM.A2020092.0335.061.2020092131343.hdf"，在右侧【File Information】下的"Description"字段中可以看到该文件为发射率数据"Emissive Radiance File"，单击【OK】。

在 Georeference MODIS Parameters 对话框（图 8-17）中，单击【Datum…】，在 Select Geographic Datum 对话框中选择【WGS-84】，单击【OK】。由于研究区北京市位于 UTM 北半球投影第 50 带，将【Zone】设置为 50。单击【Enter Output GCP Filename [.pts]】右侧的【Choose】，选择输出路径为"..\OutputData\Chapter8\EmissiveGCP.pts"，单击【OK】。

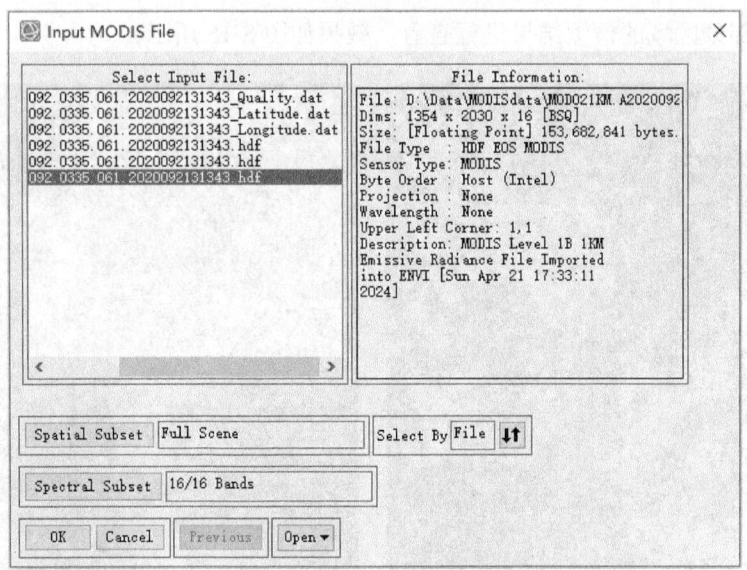

图 8-16 Input MODIS File 对话框

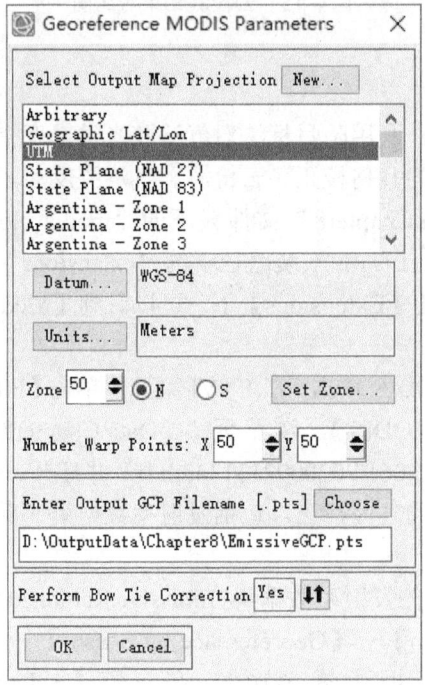

图 8-17 Georeference MODIS Parameters 对话框

在 Registration Parameters 对话框（图 8-18）中，单击【Enter Output Filename】右侧的【Choose】，选择输出路径为 "...\OutputData\Chapter8\Emissive_gc.dat"，单击【OK】，得到发射率数据集几何校正结果（图 8-19）。

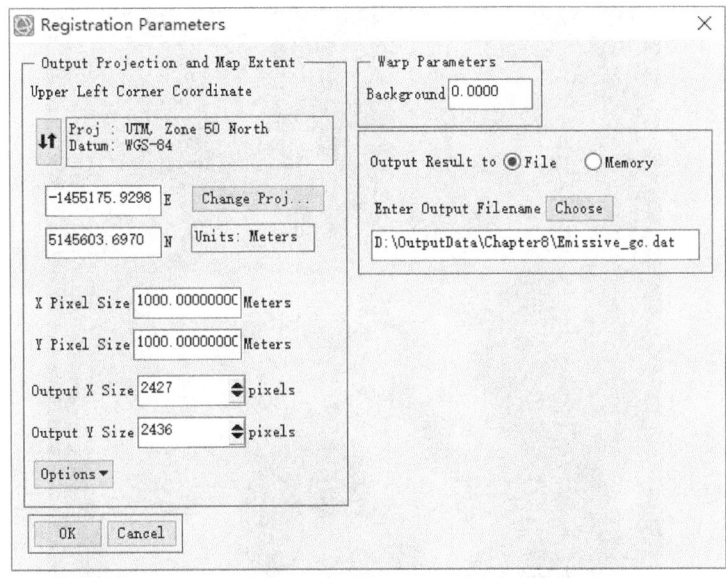

图 8-18　Registration Parameters 对话框

图 8-19　发射率数据集几何校正结果

其次,进行反射率数据集(Reflectance Meta File)的几何校正。步骤与发射率数据集的几何校正步骤一致,注意在 Input MODIS File 对话框中选择输入文件为反射率数据集"Reflectance Meta File"。选择结果输出路径为"…\OutputData\Chapter8\Reflectance_gc.dat",得到的反射率数据集几何校正结果如图 8-20 所示。

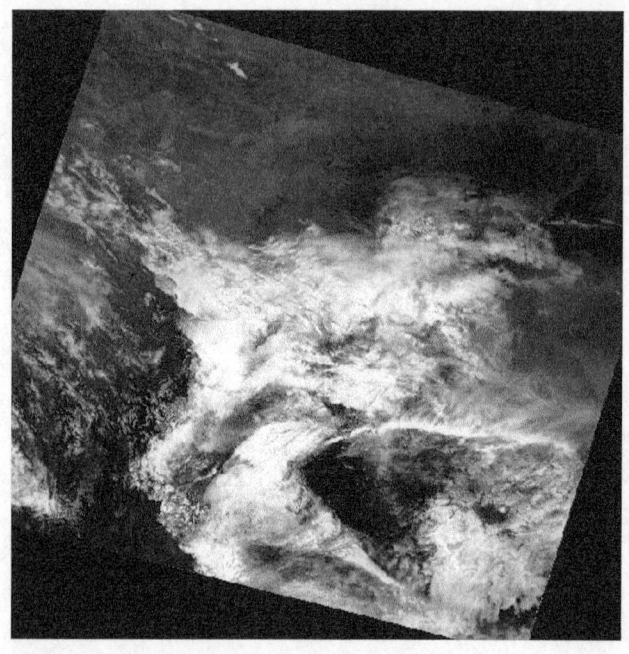

图 8-20　反射率数据集几何校正结果

（3）进行反射率和发射率的图层叠加。为了提高数据处理效率，此处只对北京市范围数据进行处理。在 ENVI 菜单栏单击【File】—【Open...】，浏览至"...\Data\Chapter8\beijing"文件夹，选中"beijing.shp"并打开，用于进行空间裁剪。在 Toolbox 中选择【Raster Management】—【Layer Stacking】，打开 Layer Stacking Parameters 对话框，单击【Import File...】，先后导入反射率和发射率的几何校正结果数据。

先导入反射率的几何校正结果数据，在 Layer Stacking Input File 对话框（图 8-21）中，选择"Reflectance_gc.dat"，单击【Spatial Subset】，再在 Select Spatial Subset 对话框中单击

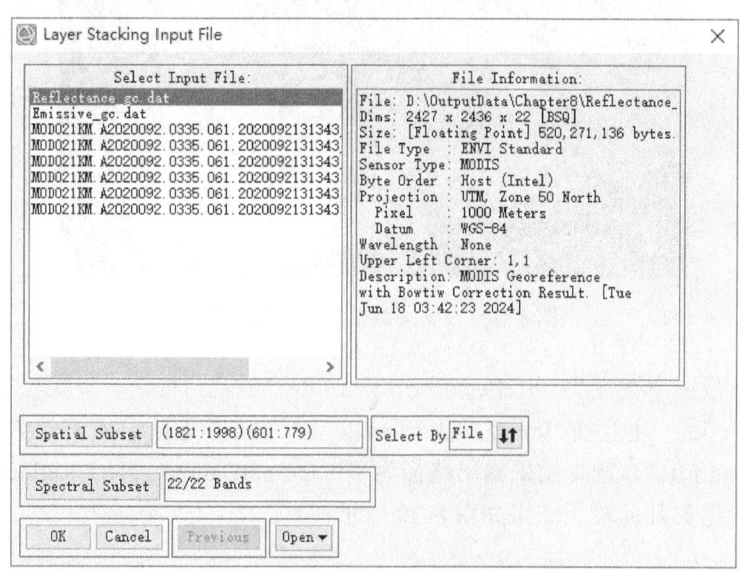

图 8-21　Layer Stacking Input File 对话框

【ROI/EVF】，弹出 Subset Image by ROI/EVF Extent 对话框（图 8-22），选择"EVF: beijing.shp"并单击【OK】。可以看到，Select Spatial Subset 对话框中的空间范围已经改变，如图 8-23 所示，单击【OK】。在 Layer Stacking Input File 对话框中，单击【OK】，反射率的几何校正结果数据导入完成。

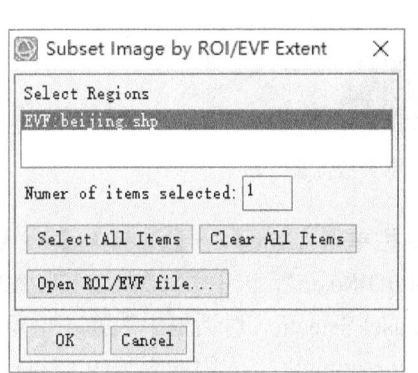

图 8-22　Subset Image by ROI/EVF Extent 对话框　　图 8-23　Select Spatial Subset 对话框

按照同样的步骤，导入发射率的几何校正结果数据，如图 8-24 所示，反射率数据在上，发射率数据在下。其他参数保持默认即可，选择输出路径为"...\OutputData\Chapter8\Ref_emi.dat"，单击【OK】，得到反射率发射率合成图像（图 8-25）。

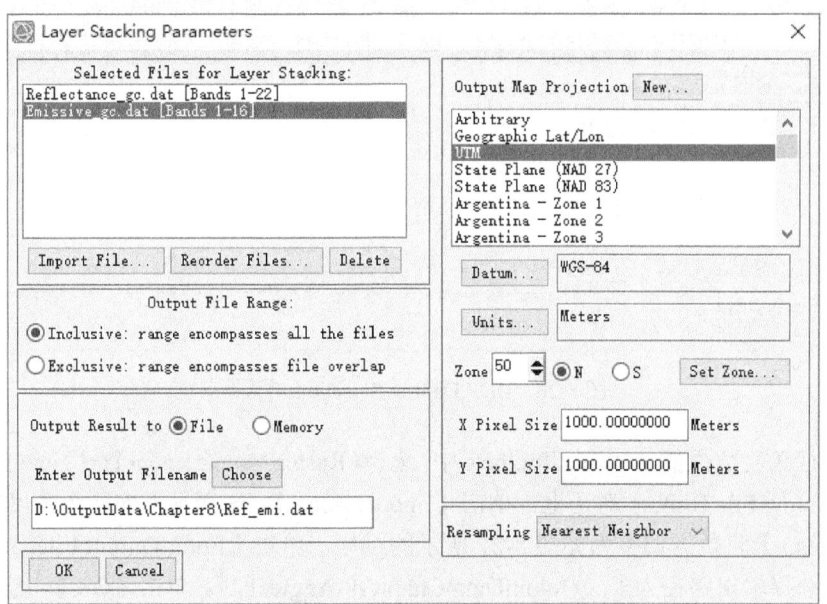

图 8-24　Layer Stacking Parameters 对话框

图 8-25 反射率发射率合成图像

下面进行角度数据的几何校正。在 ENVI 菜单栏单击【File】—【Open As】—【Generic Formats】—【HDF4】,浏览至"...\Data\Chapter8\MODISdata",选中"MOD021KM.A2020092. 0335.061.2020092131343.hdf"并打开,在 HDF Dataset Selection 对话框中选择 4 个角度数据:卫星的天顶角(SensorZenith)、卫星的方位角(SensorAzimuth)、太阳的天顶角(SolarZenith)、太阳的方位角(SolarAzimuth),并单击【OK】,四个角度数据加载完成,如图 8-26 所示。

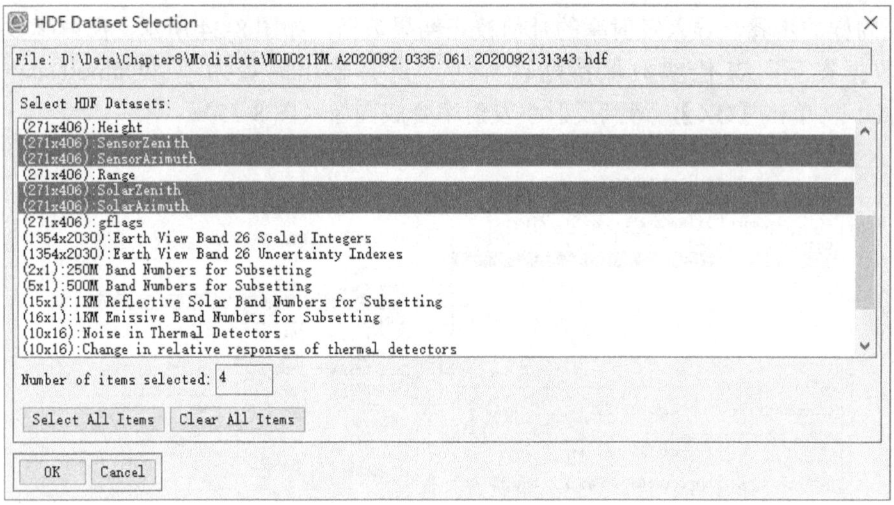

图 8-26 HDF Dataset Selection 对话框

下面进行角度数据的合成。在 Toolbox 中,选择【Raster Management】—【New File Builder】工具,打开 New File Builder 对话框。单击【Import File...】,选择导入的四个角度数据,单击【Reorder Files...】将数据调整为如图 8-27 所示的顺序。单击【Enter Output Filename】右侧的【Choose】,选择输出路径为"...\OutputData\Chapter8\Angle.dat"。单击【OK】,得到的角度数据合成结果如图 8-28 所示。

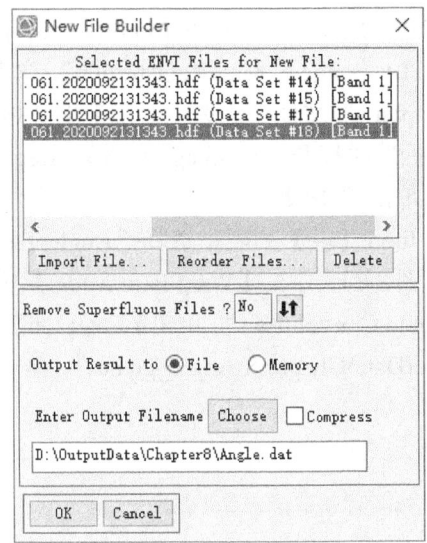

图 8-27　New File Builder 对话框　　图 8-28　角度数据合成结果

在 Layer Manager 中，右键单击"Angle.dat"数据，选择【View Metadata】，可查看该数据的行列数为 406*271。查看原始发射率数据，其行列数为 2030*1354。角度数据和原始发射率数据的空间分辨率不一致，需要对"Angle.dat"数据进行重采样处理。

下面进行角度合成数据的重采样。在 Toolbox 中，选择【Raster Management】—【Resize Data】，在 Resize Data Input File 对话框中选择角度数据合成文件"Angle.dat"，单击【OK】。在 Resize Data Parameters 对话框（图 8-29）中的【Output File Dimensions】中，【Samples】和【Lines】分别输入 1354 和 2030，【Resampling】选择"Cubic Convolution"，单击【Enter Output Filename】右侧的【Choose】，选择输出路径为"...\OutputData\Chapter8\Angle_resize.dat"，单击【OK】，得到重采样结果。

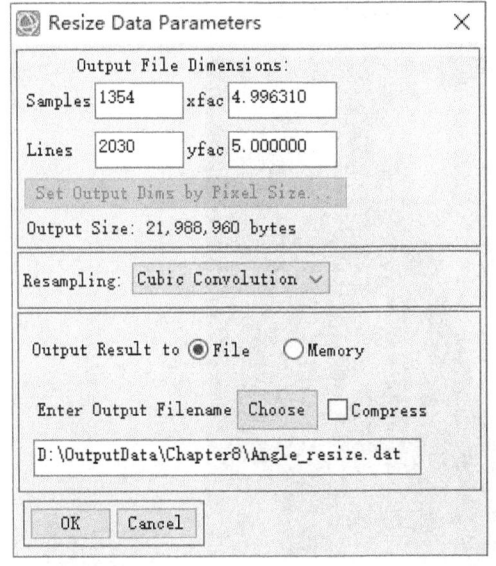
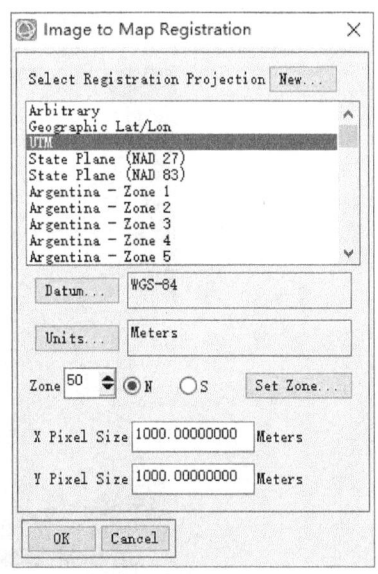

图 8-29　Resize Data Parameters 对话框　　图 8-30　Image to Map Registration 对话框

下面用校正发射率得到的 GCP 控制点来校正角度数据集。在 Toolbox 中选择【Geometric Correction】—【Registration】—【Warp from GCPs: Image to Map Registration】，弹出 Enter GCP Filename 对话框，浏览至"...\OutputData\Chapter8"文件夹，选中对发射率数据进行几何校正时得到的 GCP 控制点文件"EmissiveGCP.pts"并打开。在 Image to Map Registration 对话框中，将分辨率设为 1000，如图 8-30 所示，单击【OK】。

在 Input Warp Image 对话框中的【Select Input File】列表中选择"Angle_resize.dat"，单击【OK】。在 Registration Parameters 对话框（图 8-31）中的【Warp Parameters】下，【Method】选择"Triangulation"，【Resampling】选择"Cubic Convolution"，单击【Enter Output Filename】右侧的【Choose】，选择输出路径为"...\OutputData\Chapter8\Angle_gc.dat"，单击【OK】，得到的角度数据几何校正结果，如图 8-32 所示。

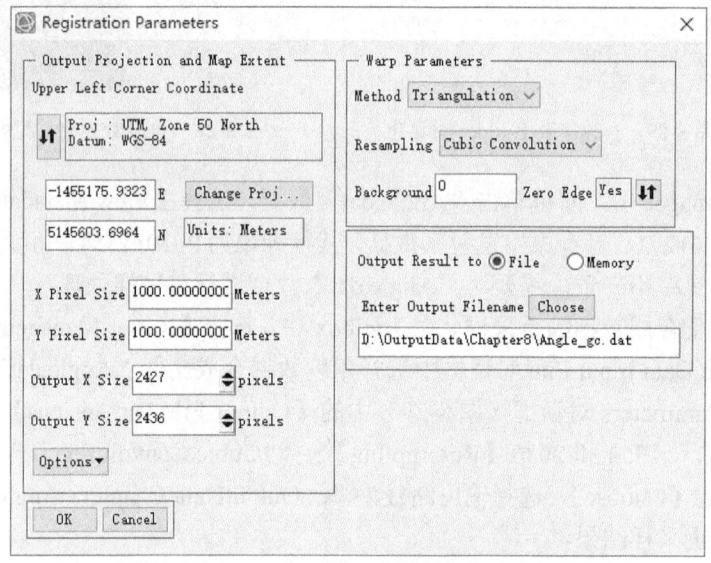

图 8-31　Registration Parameters 对话框

图 8-32　角度数据几何校正结果

下面进行角度数据单位换算和研究区裁剪。HDF 中的角度数据是扩大了 100 倍的，所以在进行气溶胶反演之前要将角度合成数据乘以 0.01。利用【Band Math】工具实现，同时将研究区裁剪出来。

在 Toolbox 中，选择【Band Algebra】—【Band Math】工具。在打开的 Band Math 对话框中，输入计算公式"b1*0.01"，并单击【Add to List】，单击【OK】。在 Variables to Bands Pairings 对话框中，单击【Map Variable to Input File】，在 Band Math Input File 对话框中选择角度数据几何校正结果"Angle_gc.dat"，单击【OK】。在 Variables to Bands Pairings 对话框中单击【Spatial Subset】，在 Select Spatial Subset 对话框中，单击【ROI/EVF】，在 Subset Image by ROI/EVF Extent 对话框中选择"EVF: beijing.shp"并单击【OK】。可以看到，Select Spatial Subset 对话框中的空间范围已经改变（图 8-33），单击【OK】。

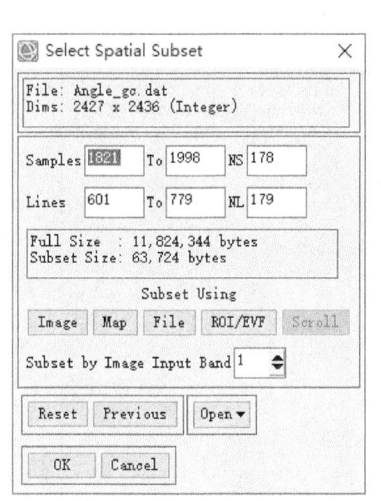

图 8-33　Select Spatial Subset 对话框

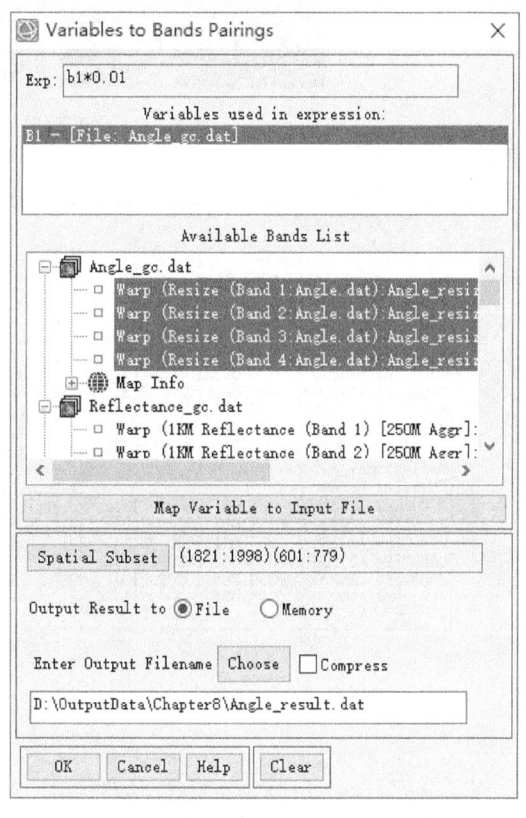

图 8-34　Variables to Bands Pairings 对话框

在 Variables to Bands Pairings 对话框中，单击【Enter Output Filename】右侧的【Choose】，选择输出路径为"...\OutputData\Chapter8\Angle_result.dat"，单击【OK】，如图 8-34 所示。最终的角度数据处理结果如图 8-35 所示。

（4）进行云检测。在 Toolbox 中单击【Extensions】—【Modis Cloud】，在选择几何校正结果对话框（图 8-36）中，选择几何校正后的反射率和发射率合成数据"Ref_emi.dat"，单击【OK】。

图 8-35　角度数据处理结果

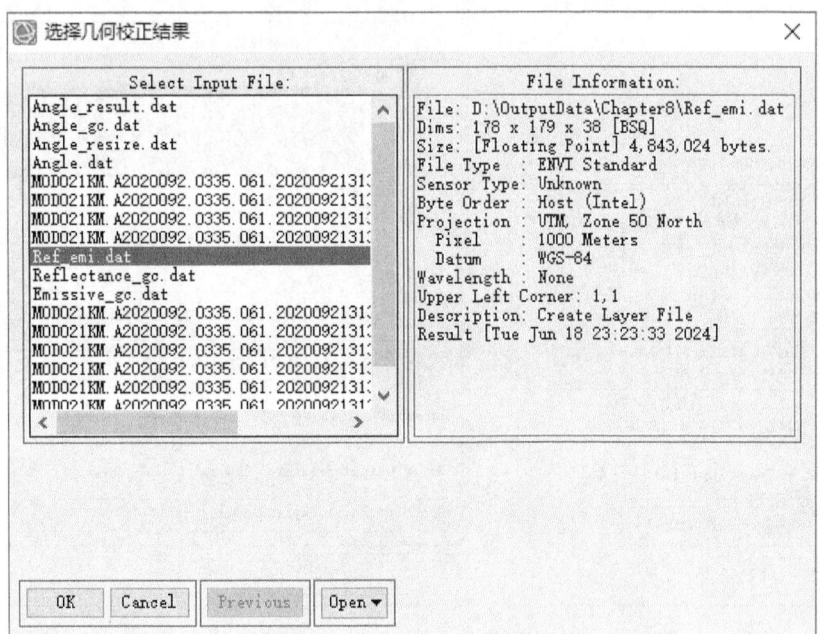

图 8-36　选择几何校正结果对话框

在云检测结果保存对话框（图 8-37）中，单击【Choose】，选择输出路径为"…\OutputData\Chapter8\Cloud_result.dat"，单击【OK】，得到的云检测结果如图 8-38 所示。

（5）进行气溶胶反演。在 Toolbox 中单击【Extensions】—【Modis Aerosol Inversion】。在选择云检测结果对话框中，选择云检测结果"Cloud_result.dat"，单击【OK】（图 8-39）。

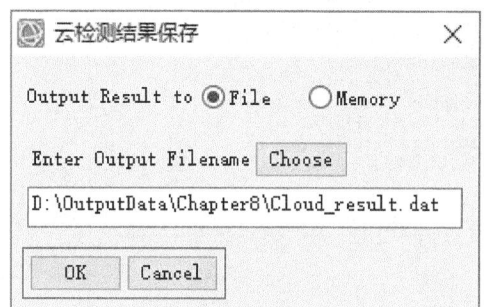

图 8-37　云检测结果保存对话框

图 8-38　云检测结果

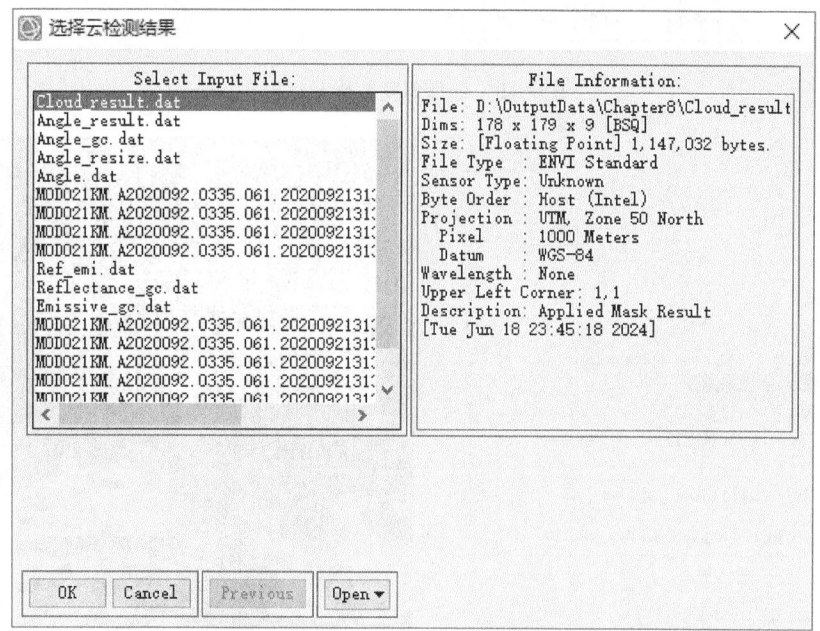

图 8-39　选择云检测结果对话框

在选择角度数据对话框中选择"（3）"中获取的角度数据处理结果影像，即"Angle_result.dat"，单击【OK】，如图 8-40 所示。

在选择查找表文件对话框中，浏览至"…\Data\Chapter8"文件夹，选中查找表数据"lut.txt"，并打开。在气溶胶反演结果保存对话框（图 8-41）中，单击【Enter Output Filename】右侧的【Choose】，输出路径为"…\OutputData\Chapter8\ Modis_aerosol.dat"，单击【OK】。气溶胶反演结果如图 8-42 所示。

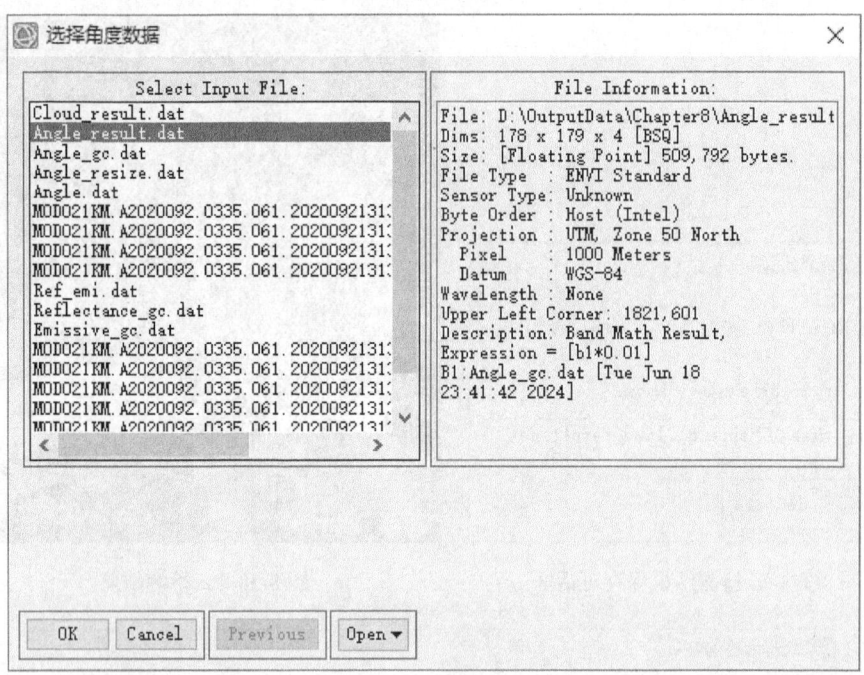

图 8-40 选择角度数据对话框

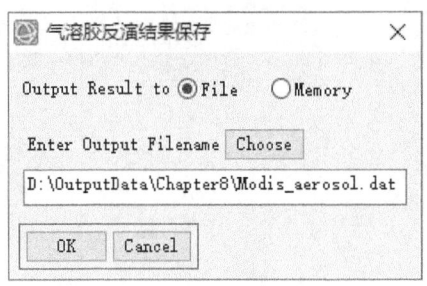

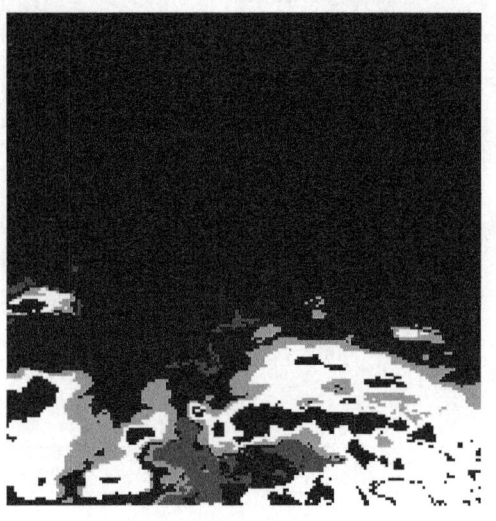

图 8-41 气溶胶反演结果保存对话框　　图 8-42 气溶胶反演结果

（6）对气溶胶反演结果进行后处理。首先，对气溶胶反演结果进行裁剪。在 Toolbox 中，选择【Regions of Interest】—【Subset Data from ROIs】，在 Select Input File to Subset via ROI 对话框中选择气溶胶反演结果"Modis_aerosol.dat"，单击【OK】。在 Spatial Subset via ROI Parameters 对话框（图 8-43）中，选择"EVF:beijing.shp"，【Mask pixels outside of ROI】选择"Yes"，【Mask Background Value】中输入"–1"，单击【Enter Output Filename】右侧的【Choose】，选择输出路径为"...\OutputData\Chapter8\Aerosol_result.dat"，单击【OK】。

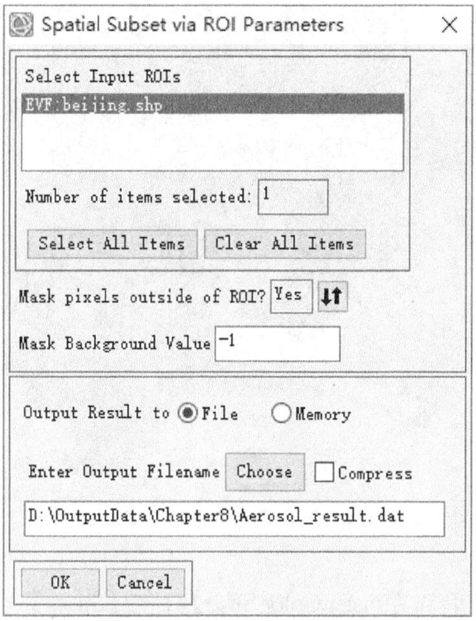

图 8-43 Spatial Subset via ROI Parameters 对话框

裁剪结果的背景为黑色，通过设置【Data Ignore Value】实现背景透明显示的效果。在 Layer Manager 中右键单击【Aerosol_result.dat】，单击【View Metadata】。在 Set Raster Metadata 窗口中单击【Add..】，添加 Data Ignore Value 字段，将【Data Ignore Value】设置为"–1"，单击【OK】，即可将背景值–1 的显示效果设置为透明。

然后，对裁剪后的气溶胶反演结果进行密度分割。在 Layer Manager 中右键单击【Aerosol_result.dat】，单击【New Raster Color Slice】，在 File Selection 对话框中选择"Aerosol_result.dat"，并单击【OK】。在 Edit Raster Color Slices: Raster Color Slice 窗口（图 8-44）中单击【OK】，获取气溶胶反演结果的密度分割图（图 8-45）。

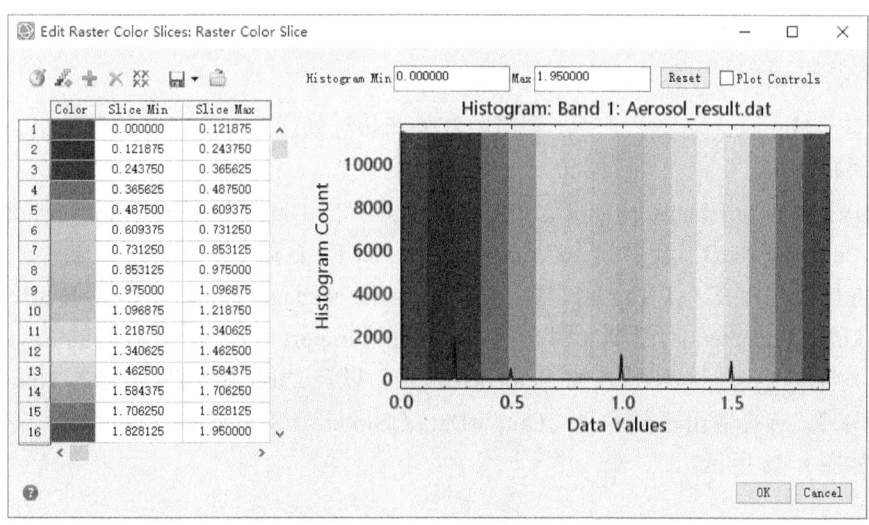

图 8-44 Edit Raster Color Slices: Raster Color Slice 窗口

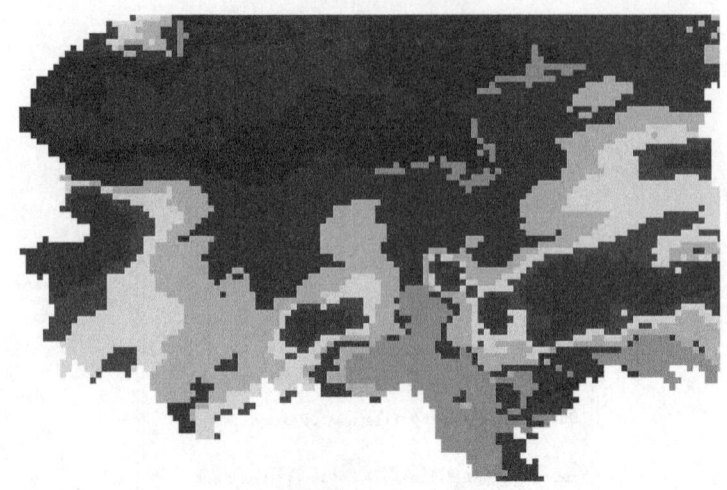

图 8-45　气溶胶反演结果密度分割图（局部）

在 Layer Manager 中右键单击【Raster Color Slice】下的【Slices】，选择【Export Color Slices】—【Class Image...】，可导出密度分割结果。在 Export Color Slices to Class Image 对话框（图 8-46）中，选择输出路径为 "...\OutputData\Chapter8\Aerosol_class.dat"，单击【OK】。

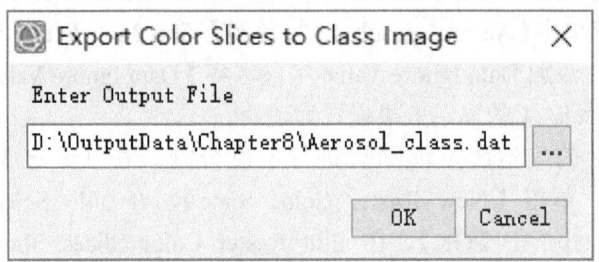

图 8-46　Export Color Slices to Class Image 对话框

8.4.3　沙尘暴遥感监测

本节基于 Himawari-8 数据产品，利用中红外和热红外通道亮度温度差值的组合阈值法进行沙尘暴遥感监测。

在 ENVI 中加载 Himawari-8 影像数据，浏览至 "D:\Data\Chapter8\Himawari8data" 文件夹，选中 "albedo_05.tif" 及 "tbb_07.tif" ~ "tbb_16.tif" 数据并打开。

（1）进行波段合成。在 Toolbox 中，选择【Raster Management】—【Layer Stacking】，在 Layer Stacking Parameters 对话框（图 8-47）中单击【Import File...】，在打开的 Layer Stacking Input File 对话框中选择已经导入的 "albedo_05.tif" 以及 "tbb_07.tif" ~ "tbb_16.tif" 数据，并单击【OK】。选择输出路径为 "...\OutputData\Chapter8\H8_layerstacking.dat"，得到波段合成结果，如图 8-48 所示。

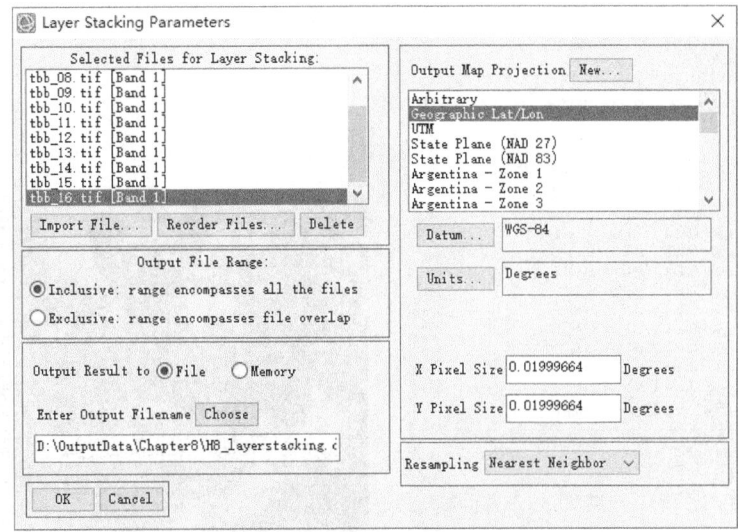

图 8-47 Layer Stacking Parameters 对话框

图 8-48 波段合成结果

（2）进行云检测。云的温度相对较低，所以利用热红外 15 通道的亮度温度小于阈值可以很好地把云检测出来。判识条件：

$$BT_{TIR} < T_{TIR\_Cloud} \tag{8-1}$$

式中，BT_{TIR} 为热红外 15 通道的亮度温度；T_{TIR_Cloud} 为热红外 15 通道亮度温度阈值，此处取 265 K。

在 Toolbox 中，选择【Band Algebra】—【Band Math】工具。在 Band Math 对话框中，输入计算公式"(b1 lt 265)*1"，并单击【Add to List】，单击【OK】。在 Variables to Bands Pairings 对话框（图 8-49）中，将公式中的"b1"匹配至"H8_layerstacking.dat"影像的"tbb_15"波段，单击【Enter Output Filename】右侧的【Choose】，选择输出路径为"...\OutputData\Chapter8\H8_cloud.dat"，单击【OK】，输出云掩膜数据（图 8-50）。

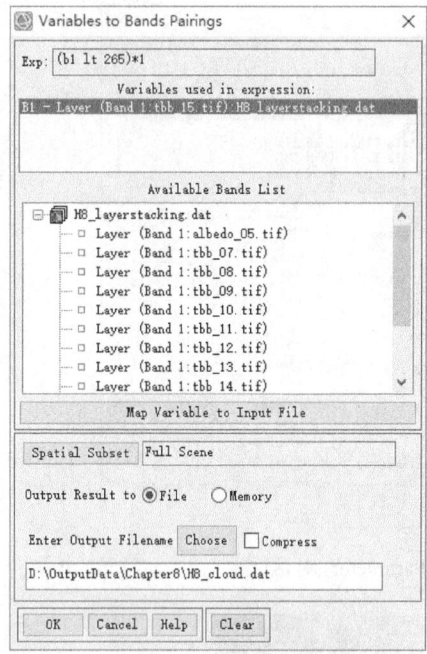
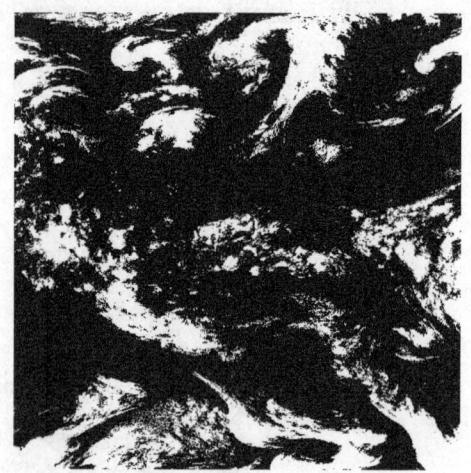

图 8-49　Variables to Bands Pairings 对话框　　　图 8-50　云检测结果

(3) 根据生成的云掩膜对图像进行去云处理。在 Toolbox 中，选择【Band Algebra】—【Band Math】工具。在打开的 Band Math 对话框中，输入计算公式"b1 eq 0"，并单击【Add to List】，单击【OK】。在 Variables to Bands Pairings 对话框（图 8-51）中，将"b1"与"H8_cloud.dat"影像进行匹配，单击【Enter Output Filename】右侧的【Choose】，选择输出路径为"...\OutputData\Chapter8\H8_cloud_anti.dat"，单击【OK】，输出云掩膜数据。

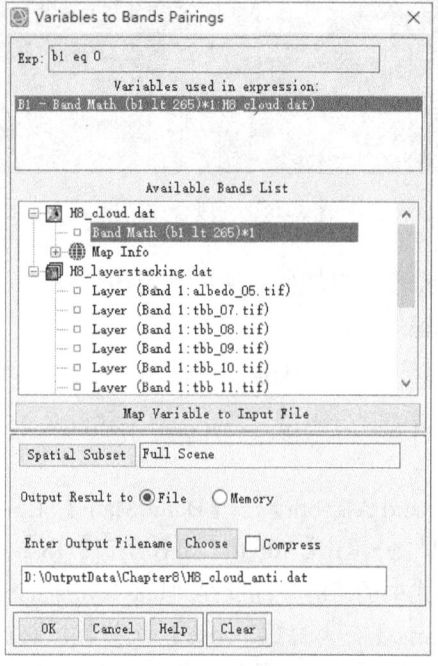

图 8-51　云掩膜建立

在 Toolbox 中，单击【Raster Management】—【Masking】—【Apply Mask】。在 Apply Mask Input File 对话框（图 8-52）中的【Select Input File】列表中选择"H8_layerstacking.dat"数据。单击【Select Mask Band】，选择上一步云掩膜的结果，即"H8_cloud_anti.dat"，单击【OK】。在 Apply Mask Parameters 对话框中选择输出路径为"...\OutputData\Chapter8\H8_nocloud.dat"，单击【OK】进行云掩膜处理，并输出去云影像数据（图 8-53）。

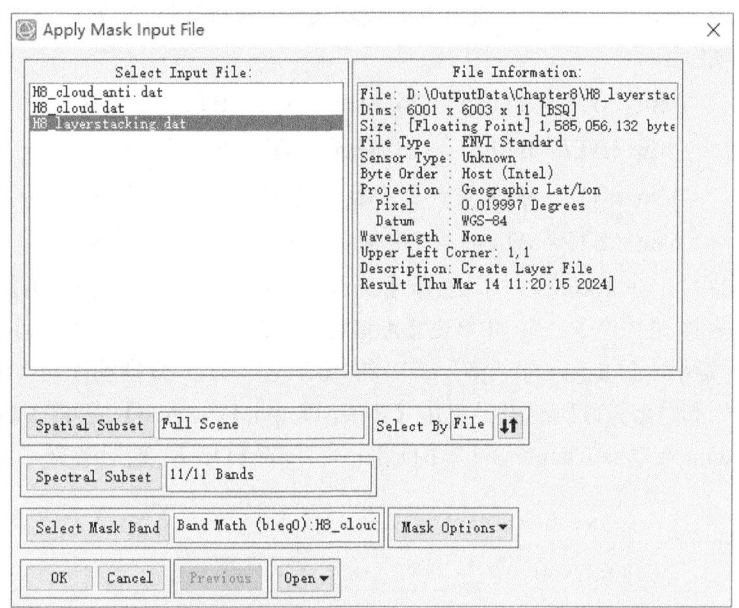

图 8-52　Apply Mask Input File 对话框

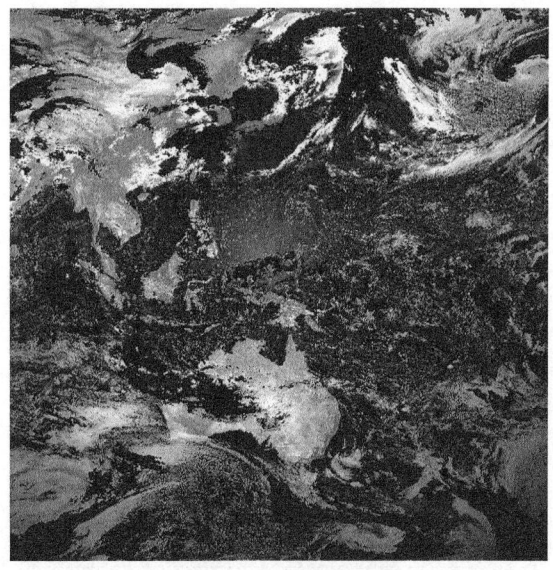

图 8-53　图像去云结果

（4）计算不同波段组合的亮度温度差值。通过分析沙尘与其他地物的遥感光谱特性发现，中红外 3.9 μm 通道与热红外通道的差值具有明显差异。在实际应用中，采用 3.9 μm 与 8.6 μm、9.6μm、10.4μm、11.2 μm 通道之间的差值组合作为沙尘判识的主要依据，计算公式为

$$BTDi = BT7 - BTi \qquad (8\text{-}2)$$

式中，i=11、12、13、14；BT7 为 3.9μm 通道的亮度温度；BT11、BT12、BT13、BT14 分别为 tbb_11、tbb_12、tbb_13、tbb_14 通道的亮度温度。经验阈值可作为沙尘识别的主要条件。各波段组合阈值如下。

Min（BT7−BT11）= 26，Max（BT7−BT11）= 42；

Min（BT7−BT12）= 58，Max（BT7−BT12）= 74；

Min（BT7−BT13）= 22，Max（BT7−BT13）= 38；

Min（BT7−BT14）= 20，Max（BT7−BT14）= 38。

计算 BT7−BT11。在 Toolbox 中，选择【Band Algebra】—【Band Math】，在 Band Math 对话框中，输入表达式"b7−b11"，并单击【Add to List】按钮，再单击【OK】。在 Variables to Bands Pairings 对话框（图 8-54）中，将公式中的"b7"和"b11"分别匹配至"H8_nocloud.dat"影像的"tbb_07"和"tbb_11"波段。单击【Enter Output Filename】右侧的【Choose】，选择输出路径为"...\OutputData\Chapter8\ b7_b11.dat"，单击【OK】，输出数据（图 8-55）。

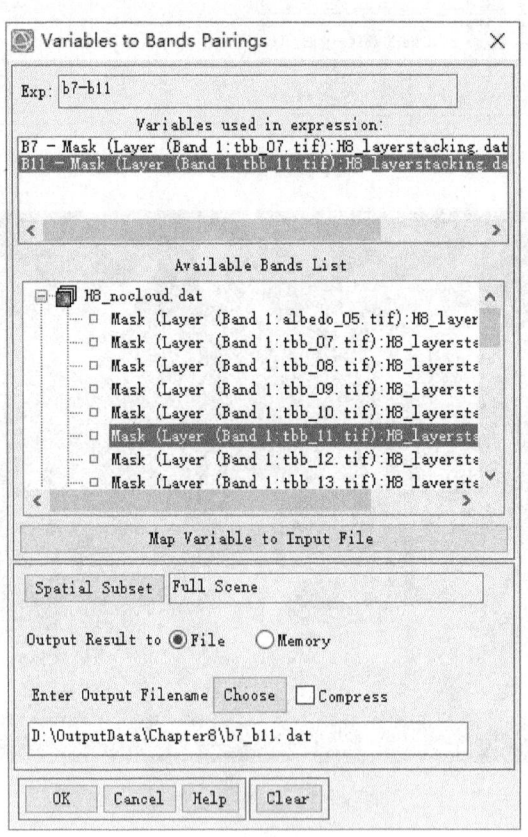

图 8-54　计算波段亮度温度差值

其他三个波段组合的计算方法相同，分别设置输出路径为"...\OutputData\Chapter8\b7_b12.dat""...\OutputData\Chapter8\b7_b13.dat""...\OutputData\ Chapter8\b7_b14.dat"，得到以下结果（图8-56~图8-58）。

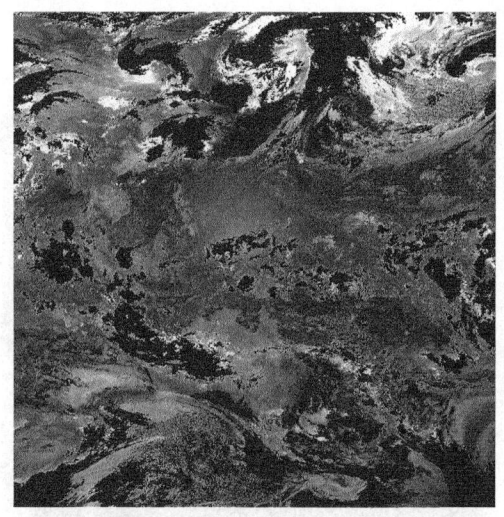

图 8-55　b7 减去 b11 差值计算结果

图 8-56　b7 减去 b12 差值计算结果

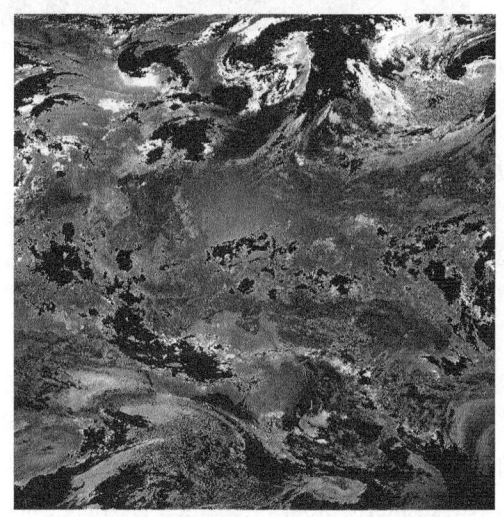

图 8-57　b7 减去 b13 差值计算结果

图 8-58　b7 减去 b14 差值计算结果

（5）根据各波段组合的经验阈值依次进行沙尘监测。先进行 BT7-BT11 组合下的沙尘反演。在 Toolbox 中，单击【Band Algebra】—【Band Math】。在 Band Math 对话框中，输入表达式"(b1 ge 26 and b1 le 42)*1"，并单击【Add to List】，单击【OK】。在 Variables to Bands Pairings 对话框（图 8-59）中，将公式中的"b1"匹配至"b7_b11.dat"影像，单击【Choose】，选择输出路径为"...\OutputData\Chapter8\mask_1.dat"，单击【OK】，输出 b7-b11 组合掩膜结果（图 8-60）。

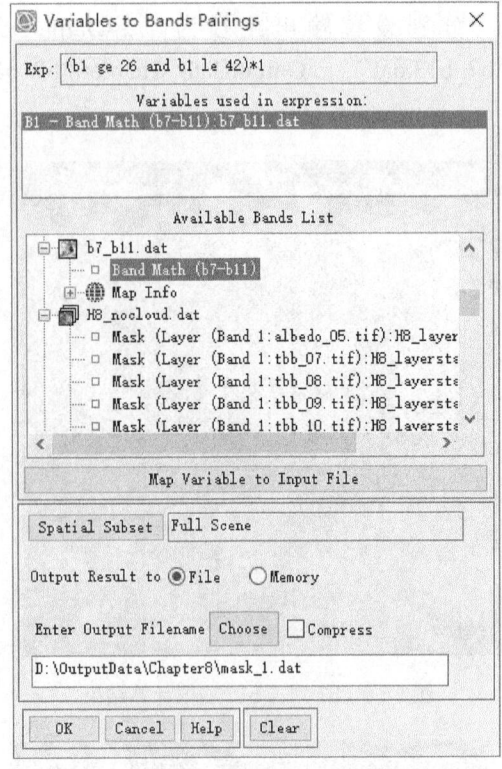 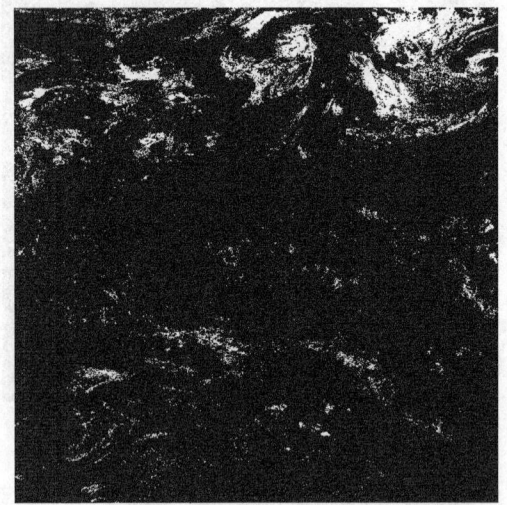

图 8-59　生成 b7-b11 组合掩膜　　　　图 8-60　b7-b11 组合掩膜结果

另外三种组合的掩膜方法同上述方法一致，用 BT7-BT12 波段组合进行沙尘提取时，利用计算公式"(b1 ge 58 and b1 le 74)*1"，得到"mask_2.dat"影像；利用 BT7-BT13 波段组合进行沙尘提取时，利用计算公式"(b1 ge 22 and b1 le 38)*1"，得到"mask_3.dat"影像；利用 BT7-BT14 波段组合进行沙尘提取时，利用计算公式"(b1 ge 20 and b1 le 38)*1"，得到"mask_4.dat"影像。

在 Toolbox 中，选择【Band Algebra】—【Band Math】工具。在 Band Math 对话框中，输入计算公式"b1 and b2 and b3 and b4"，并单击【Add to List】，单击【OK】。在 Variables to Bands Pairings 对话框（图 8-61）中，将公式中的"b1""b2""b3""b4"分别匹配至"mask_1.dat""mask_2.dat""mask_3.dat""mask_4.dat"影像，单击【Enter Output Filename】右侧的【Choose】，选择输出路径为"...\OutputData\Chapter8\mask.dat"，单击【OK】，输出整体掩膜计算结果（图 8-62）。

在 Toolbox 中，单击【Raster Management】—【Masking】—【Apply Mask】。在 Apply Mask Input File 对话框（图 8-63）的【Select Input File】列表中选择"H8_nocloud.dat"。单击【Select Mask Band】，选择上一步掩膜的结果，即"mask.dat"，单击【OK】。在 Apply Mask Parameters 对话框中选择输出路径为"...\OutputData\Chapter8\Dust_result.dat"，单击【OK】进行沙尘提取，并输出提取数据。

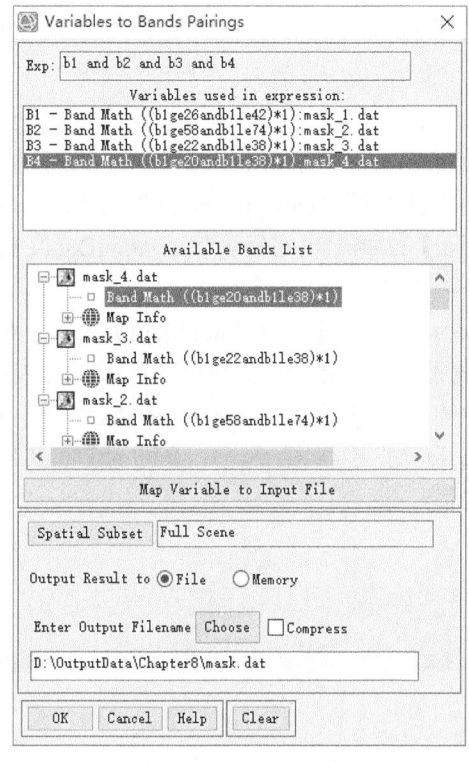
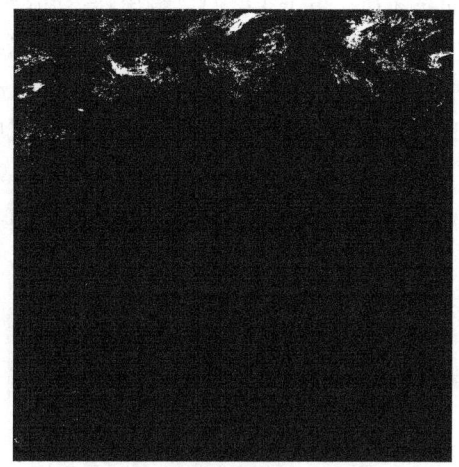

图 8-61 整体掩膜计算　　　　　图 8-62 整体掩膜计算结果

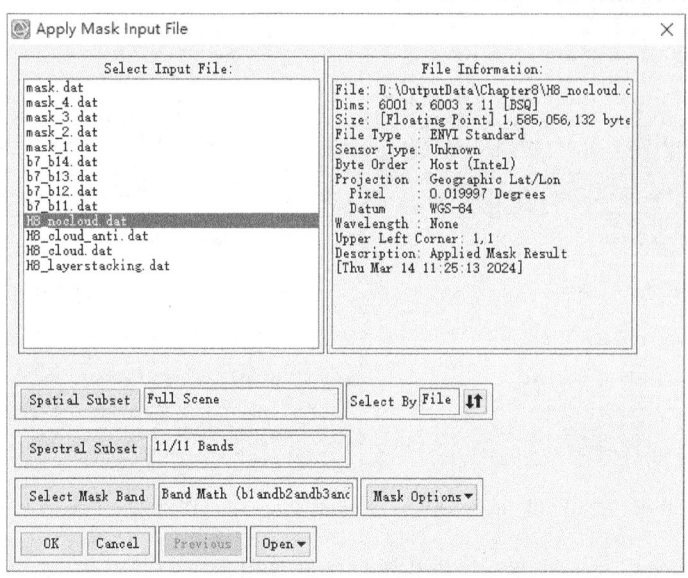

图 8-63 沙尘提取

（6）进行沙尘强度（dust index，DI）指数反演。1.6 μm 近红外波段对沙尘反映明显，可以较好地描述沙尘暴特征。与可见光波段相比，该波段受大气分子和微粒气溶胶干扰较小，在沙尘监测中具有较高的稳定性，沙尘强度与 1.6 μm 反射率之间存在线性一致关系，可以很好解决沙尘监测的标准统一化。沙尘强度计算公式如下：

$$DI = 10 \times (e^{0.8 \times R_{1.6}} - 1) \tag{8-3}$$

式中，$R_{1.6}$ 为近红外 1.6 μm 波段测得的反射率，即 albedo_05 波段。

在 Toolbox 中，选择【Band Algebra】—【Band Math】工具。在 Band Math 对话框中，输入表达式"10*（exp（0.8*b1）-1）"，并单击【Add to List】，单击【OK】。在 Variables to Bands Pairings 对话框（图 8-64）中，将公式中的"b1"匹配至"Dust_result.dat"的"albedo_05"波段，单击【Enter Output Filename】右侧的【Choose】，选择输出路径为"...\OutputData\Chapter8\Dust_index.dat"，单击【OK】，输出沙尘强度指数数据。

（7）去除背景值。在 Toolbox 中，选择【Band Algebra】—【Band Math】工具。在 Band Math 对话框中，输入表达式"b1*b1/b1"，并单击【Add to List】按钮，再单击【OK】。在 Variables to Bands Pairings 对话框（图 8-65）中，将公式中的"b1"匹配至"Dust_index.dat"，单击【Enter Output Filename】右侧的【Choose】，选择输出路径为"...\OutputData\Chapter8\nobackground.dat"，单击【OK】，输出消除背景值结果。

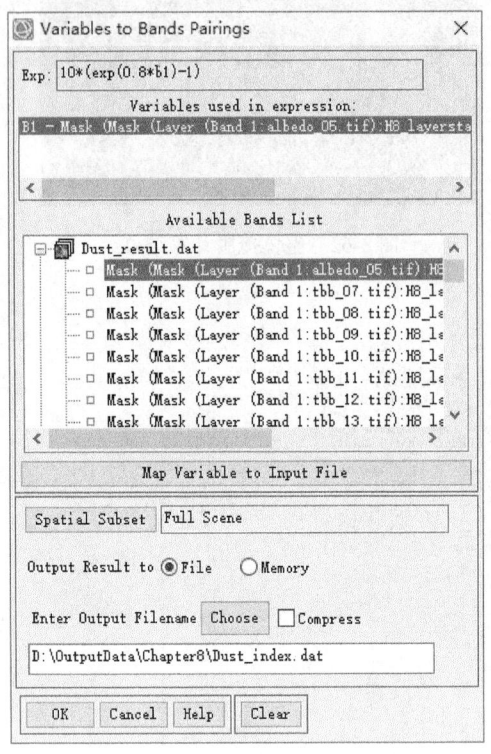
图 8-64　沙尘强度指数反演

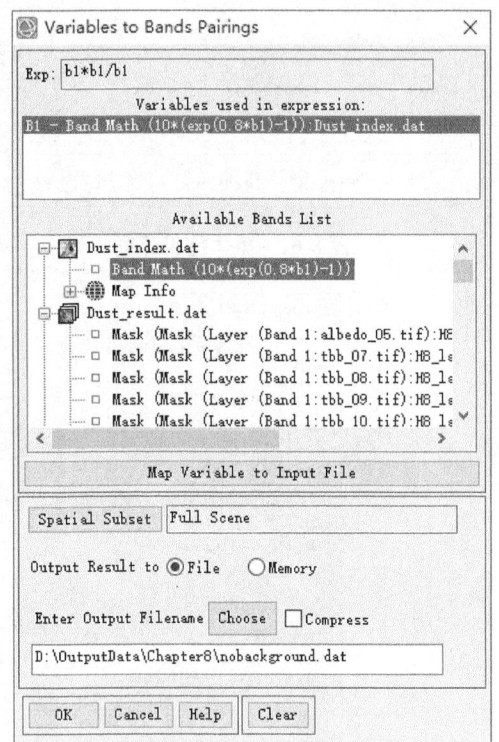
图 8-65　消除背景值

（8）对所得到的反演结果进行彩色分级，使结果更加直观。在 Layer Manager 中右键单击反演结果"nobackground.dat"数据，选择【New Raster Color Slice】，在 File Selection 对话框中选中该数据，单击【OK】得到彩色分级数据（图 8-66），并选取沙尘暴典型区域进行研究和分析（图 8-67）。

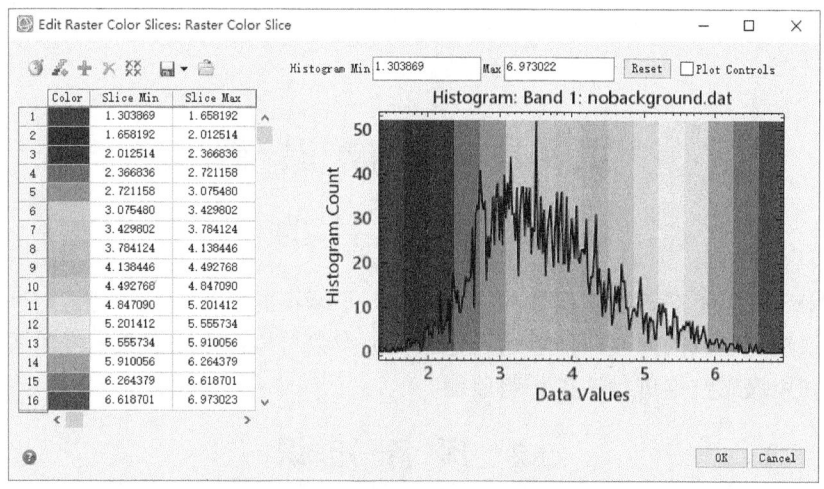

图 8-66 图像彩色分级

图 8-67 典型地区沙尘暴反演结果（底图为 tbb_07 波段）

8.5 课后练习

（1）基于 Landsat 8 练习数据，利用多光谱波段和卷云波段的反射率差值的组合阈值法进行云检测。

（2）基于 MODSI 练习数据，利用暗目标法完成练习数据的气溶胶反演。

（3）基于 Himawari-8 练习数据，利用中红外和热红外通道亮度温度差值的组合阈值法，完成沙尘暴遥感监测。

第9章 植被遥感

9.1 实践目的

掌握 ENVI 环境下多种植被指数的计算方法，了解不同植被指数的特性，理解基于植被指数识别植被覆盖区域的原理，能够通过建立植被指数与植被生物参数的经验关系反演植被参数，能够利用遥感数据进行植被长势监测。

9.2 预备知识

植被遥感是遥感的重要应用领域之一。通过对遥感影像的处理，可以获得植被的分布、类型、生长状况和生物量等信息，为农业、林业等相关部门提供直接的信息服务。为了突出植被信息，研究者们提出了多种植被指数。植被指数是对反映植被特定光谱特征的波段进行分析运算（加、减、乘、除等线性或非线性组合方式）得到的无量纲的指数。植被指数被广泛应用于植被类型识别、参数反演、长势监测、灾情评估、全球变化对植被生态环境的影响评估等领域。

植被的生物参数包括生理参数和生化参数，其中典型的生理参数有叶面积指数（leaf area index，LAI）、植被覆盖度（fraction of vegetation coverage，FVC）、生物量（biomass，BI）、有效辐射比（fraction of photosynthetically active radiation，FPAR）、总初级生产力（gross primary productivity，GPP）等；典型的生化参数有各种色素（叶绿素、叶黄素、类胡萝卜素等）含量、植被含水量等。利用遥感数据来定量估算植被参数主要有三类方法：经验统计模型、物理模型和半经验模型。经验统计模型是根据植被指数与植被生物参数之间的相关关系，以植被指数为"中间变量"，建立植被指数与植被生物参数的经验关系或回归方程。经验统计模型的优点在于方法简便、应用广泛。而缺点在于该方法需要一定的先验知识，在特定区域上构建的经验关系或回归方程不便迁移应用，区域普适性差，缺乏对物理机理的足够理解和认识。物理模型是通过分析植被光谱特征与植被结构、生化组分、外界环境条件等因素的关系而建立起的植物光谱模型。若模型的各种输入参数已知，则可以直接模拟植被的光谱响应曲线；相反，若植被的光谱特征已知，则可选择合适的优化算法来反演植被的相关参数。物理模型主要包括几何光学模型、辐射传输模型、浑浊介质模型、计算机模拟模型等。物理模型法物理意义明确，然而反演过程繁杂，难度较高，需要较多参数，一定程度上限制了它的应用。半经验模型综合了统计模型和物理模型的优点，使模型参数为经验参数的同时还具备一定的物理意义。

9.3 实践数据

本章实践数据包括 Landsat 8 多光谱数据、土地利用/土地覆盖（LUCC）变化数据、MODIS 归一化植被指数（NDVI）产品，以及叶面积指数（LAI）实测数据。此外，本次实习还将用到曲线拟合插件和 S-G 滤波插件。数据及存放路径介绍如下。

（1）Landsat 8 OLI 数据：...\Data\Chapter9\landsat8data.tif。从地理空间数据云网站下载遥感图像，经镶嵌、裁剪得到研究区多光谱数据。数据获取时间是 2019 年 6 月 14 日，分辨率是 30m×30m。波段信息在第 1 章已介绍过，具体见表 1-3。

（2）10m 分辨率的 LUCC 数据：...\Data\Chapter9\lucc10m.tif。10m 分辨率的 LUCC 数据源自 Dynamic World 数据库，从 GEE 下载，该产品是基于 10m 分辨率的 Sentinel-2 影像使用深度学习算法制作而成的。数据覆盖时间为 2019 年 5 月 16~31 日，其具体分类体系见表 9-1。

表 9-1 Dynamic World LUCC 分类体系

一级编号	一级类型	一级编号	一级类型
1	水体	6	灌木灌丛
2	林地	7	建成区
3	草地	8	裸地
4	淹没植被	9	冰雪
5	农作物	10	云

（3）MODIS 数据：从 GEE 下载得到研究区 2019~2020 年的 MODIS NDVI 16 天合成数据（MOD13A1）和土地利用/土地覆盖数据（MCD12Q1_v06），分辨率均为 500m×500m。① MOD13A1 数据：...\Data\Chapter9\MODIS\20**_**_**.tif。该组数据以日期命名，2019 年和 2020 年各 23 幅，共 46 幅。② MCD12Q1_v06 数据：...\Data\Chapter9\MODIS\MODIS_LUCC2019.tif；...\Data\Chapter9\MODIS\MODIS_LUCC2020.tif。MODIS 土地覆盖类型产品第六版（MCD12Q1_v06）共包括六种分类方案：国际地圈生物圈计划（IGBP）全球植被分类方案土地覆盖类型、马里兰大学（UMD）计划土地覆盖类型、基于 MODIS 的 LAI /fPAR 计划土地覆盖类型、MODIS 衍生的净初级生产（NPP）计划土地覆盖类型、植物功能类型（PFT）方案、联合国粮食及农业组织（FAO）的土地覆盖分类系统。本章实践中用到的是 IGBP 分类方案（表 9-2）。

表 9-2 IGBP 分类方案

编号	类型	编号	类型
1	常绿针叶林	10	草地
2	常绿阔叶林	11	永久湿地
3	落叶针叶林	12	农田
4	落叶阔叶林	13	城镇与建成区
5	混交林	14	农田与自然植被镶嵌体
6	郁闭灌木林	15	冰雪
7	稀疏灌木林	16	裸地
8	有林草地	17	水体
9	稀树草原		

（4）LAI 实测数据：...\Data\Chapter9\SamplePoint_for_predict.txt；...\Data\Chapter9\SamplePoint_for_verify.txt。

(5) envi_curve_fitting 插件：...\Data\Chapter9\envi_curve_fitting.sav。

(6) ENVI_Savitzky_Golay_Filter 插件：...\Data\Chapter9\ENVI_Savitzky_Golay_Filter.sav；...\Data\Chapter9\ENVI_Savitzky_Golay_Filter.task。

9.4 实践内容与步骤

9.4.1 植被指数计算

1. 多种植被指数的计算

本节基于 Landsat 多光谱数据，根据不同植被指数的计算公式，利用 ENVI 软件中的【Band Math】工具进行常见的植被指数的计算。

1）差值环境植被指数（DVI）计算

加载 Landsat 8 OLI 数据。在工具栏单击 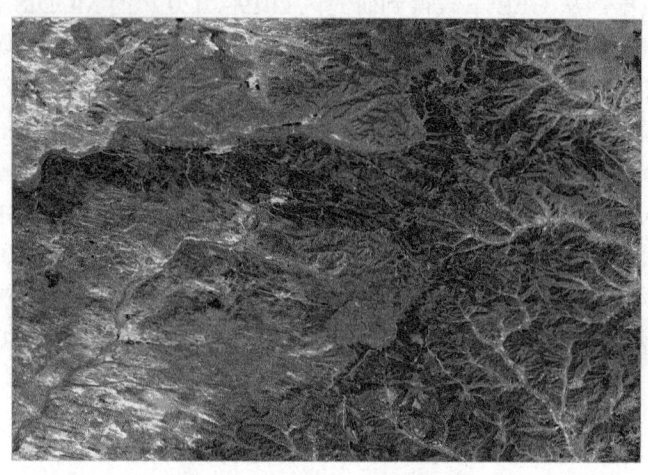，浏览至 Chapter9 文件夹，选中"landsat8data.tif"数据并打开。此时数据将显示在【Data Manager】的列表中，同时数据视图中将显示该数据的灰度影像。在【Data Manager】中，依次单击"Band 5" "Band 4" "Band 3"，并单击【Load Data】，此时数据视图中将显示该数据的标准假彩色影像（图 9-1）。

图 9-1 标准假彩色影像

DVI 计算公式见式（4-1），计算步骤可参考 4.4.5 节中"1.四则运算"下的"1）减法运算"的相关内容。这里需要说明的是，本章实习使用的数据是多光谱原始数据，未经辐射定标和大气校正，因此 DVI 的取值范围由图像灰度值决定，而不是[-1, 1]。

在 Toolbox 中，选择【Band Algebra】—【Band Math】工具，在 Band Math 对话框中输入表达式"b5-b4"，单击【Add to List】按钮，再单击【OK】。在 Variables to Bands Pairings 对话框中，将公式中的"b5"和"b4"分别匹配至"landsat8data.tif"数据的 Band 5 近红外波段和 Band 4 红光波段，并设置输出路径为"...\OutputData\Chapter9\DVI.dat"，单击【OK】进行 DVI 的计算，并输出 DVI 计算结果（图 9-2 和图 9-3）。

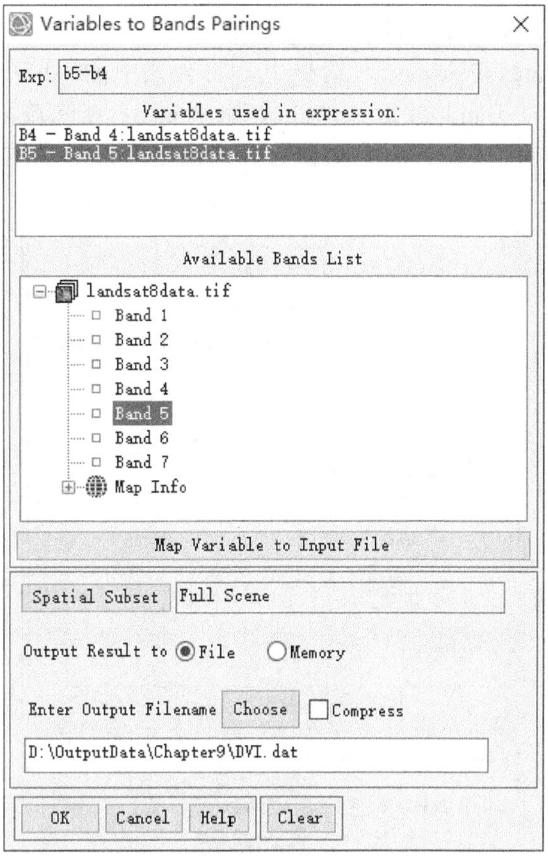

图 9-2 Band Math 工具计算 DVI

图 9-3 DVI 计算结果

2）归一化植被指数（NDVI）计算

NDVI 计算公式见式（7-3），计算步骤可参考 7.4.3 节中的相关内容，也可以通过波段运算工具计算。在 Toolbox 中，选择【Band Algebra】—【Band Math】工具。在 Band Math 对话框中，输入表达式"(float（b5）–b4)/(float（b5）+b4)"，并单击【Add to List】按钮。需要提示的是，由于 NDVI 为比值形式，需要添加 float 函数，将数据类型强制转成浮点型，避免数据类型出现错误。单击【OK】,进入下一步。

在 Variables to Bands Pairings 对话框中,将公式中的"b5"和"b4"分别匹配至"landsat8data.tif"数据的 Band 5 近红外波段和 Band 4 红光波段,并设置输出路径为"...\OutputData\Chapter9\NDVI.dat",单击【OK】,输出 NDVI 计算结果(图 9-4 和图 9-5)。

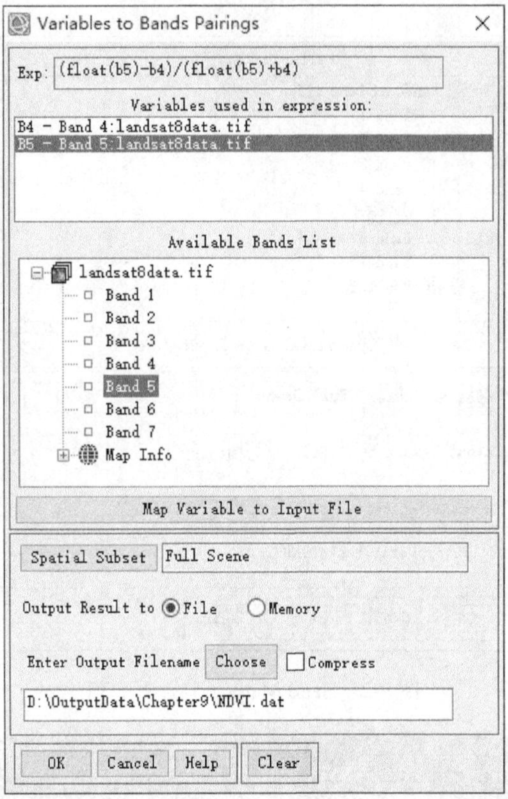

图 9-4 Band Math 工具计算 NDVI

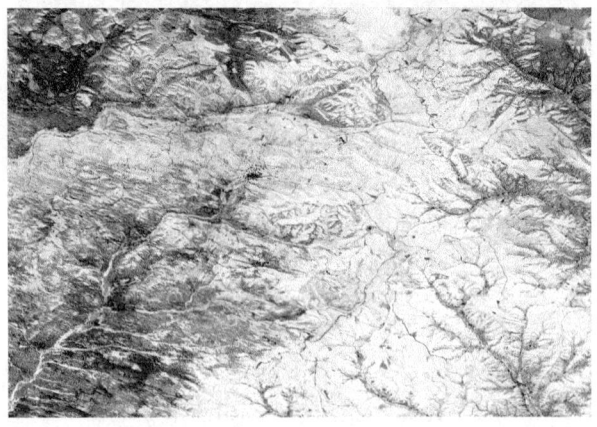

图 9-5 NDVI 计算结果

3）增强型植被指数（EVI）计算

EVI 计算公式如下：

$$\text{EVI} = 2.5 \times \frac{\text{NIR} - \text{RED}}{\text{NIR} + 6.0 \times \text{RED} - 7.5 \times \text{BLUE} + 1} \tag{9-1}$$

式中，NIR 为近红外波段灰度值；RED 为红光波段灰度值；BLUE 为蓝光波段灰度值。

在 Toolbox 中，选择【Band Algebra】—【Band Math】工具。在 Band Math 对话框中，输入表达式"2.5*（float（b5）–b4）/（b5+6.0*b4–7.5*b2+1）"，并单击【Add to List】，再单击【OK】。需要提示的是，由于 EVI 为比值形式，需要添加 float 函数，将数据类型强制转成浮点型，避免数据类型出现错误。在 Variables to Bands Pairings 对话框（图 9-6）中，将公式中的"b2""b4""b5"分别匹配至"landsat8data.tif"数据的 Band 2 蓝光波段、Band 4 红光波段和 Band 5 近红外波段，并设置输出路径为"...\OutputData\Chapter9\EVI.dat"，单击【OK】，输出 EVI 计算结果（图 9-7）。

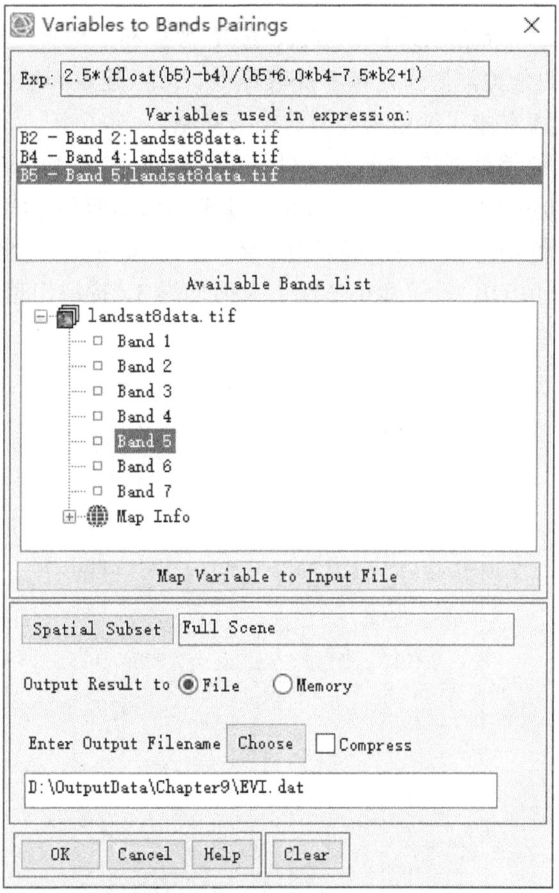

图 9-6　Band Math 工具计算 EVI

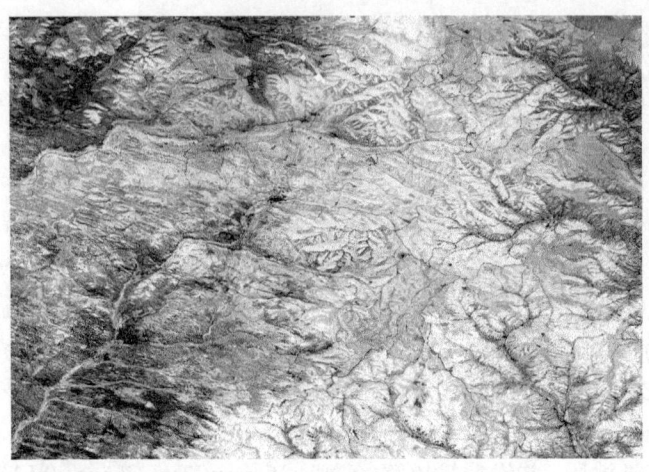

图 9-7　EVI 计算结果

2. 植被指数特性对比

本节加载上节中计算得到的 DVI、NDVI、EVI 数据和土地覆盖数据 "lucc10m.tif"，以 lucc10m 土地覆盖数据的分类类型作为参考提取草地、林地、建筑和水体四种地物类型的 ROI，对比草地、林地、建筑和水体四种地物类型的植被指数。

以土地覆盖数据的分类类型作为参考，利用【Region of Interest（ROI）Tool】，选择【Threshold】，单击 通过阈值提取草地、林地、建筑和水体四种地物类型的 ROI。以水体为例，设定最小值和最大值均为 1，即可提取出水体 ROI（图 9-8）。类似地，设置最小值和最大值均为 2，提取出林地 ROI；设置最小值和最大值均为 3，提取出草地 ROI；设置最小值和最大值均为 7，提取出建筑 ROI（图 9-9）。

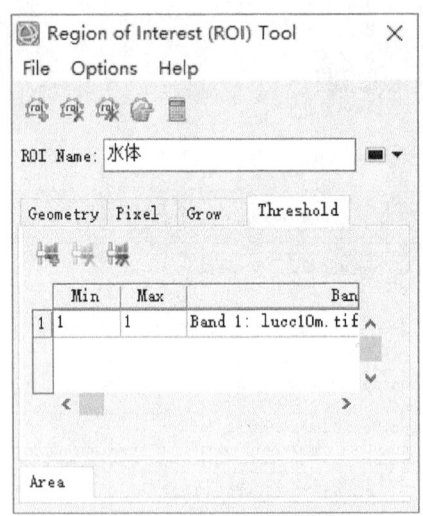

图 9-8　水体 ROI 样本提取阈值设置

将 ROI 样本加载至三个植被指数图层（图 9-10），并在各图层内的【Regions of Interest】文件夹上单击右键，之后选择 "Statistics for All ROIs"，统计不同土地覆盖类型下的各植被指数均值、5%最小值和 95%最大值（表 9-3）。

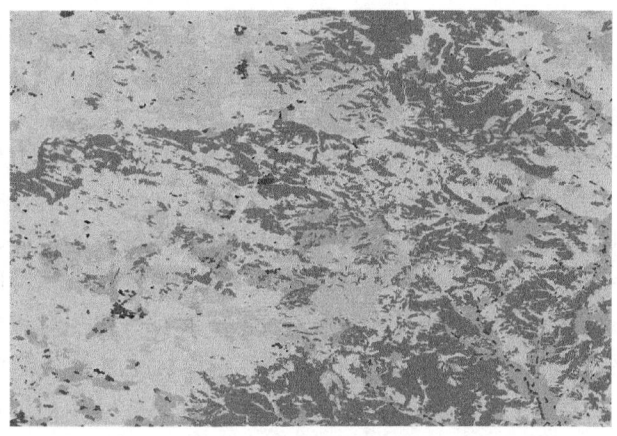

图 9-9 草地、林地、建筑、水体四类 ROI 样本提取结果

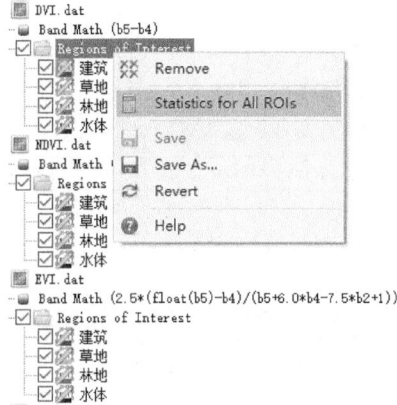

图 9-10 提取草地、林地、建筑、水体四类 ROI 样本

表 9-3 草地、林地、建筑、水体四类 ROI 样本内的植被指数统计数据

土地覆盖类型	植被指数	均值	5%最小值	95%最大值
草地	DVI	2629.607754	1554.294118	3895.176471
	NDVI	0.682165	0.447841	0.853602
	EVI	1.781189	0.912791	2.263950
林地	DVI	3043.872637	2050.896078	4007.778431
	NDVI	0.8361	0.707706	0.892887
	EVI	2.251647	1.586095	2.133135
建筑	DVI	2059.339410	885.2	3346.705882
	NDVI	0.503305	0.197981	0.795209
	EVI	1.157176	−2.751355	−0.110470
水体	DVI	1216.492712	−11.431373	3069.568627
	NDVI	0.451323	−0.015586	0.810877
	EVI	1.254949	−0.490196	1.745098

通过表 9-3 的统计值可以看出，林地、草地像元的植被指数均值明显高于建筑、水体像元，利用植被指数的差异可以较好地进行植被区域的提取。

3. 基于植被指数进行植被区提取

本节根据上节统计结果，划定 DVI∈[2400, 4000]、NDVI∈[0.6700, 0.9000]、EVI∈[1.7500, 2.5200]为植被区域，并利用【Region of Interest（ROI）Tool】工具进行植被区域的提取。特别说明：这里的阈值只是一个大致的范围，仅仅为了说明操作的流程，读者可以根据进一步的分析，选择更合适的阈值。此外，也可以通过分类的方法进行植被区的提取，在分类的时候，可以加入各种植被指数作为特征波段参与分类。具体分类的过程参见第 5 章。

选中 添加一个新的 ROI 图层，并选择【Threshold】选项卡，单击 ，添加新的阈值规则，如图 9-11 所示，依次添加三个植被指数的阈值规则，将三个植被指数的并集作为植被区域。查看筛选的植被范围，如图 9-12 所示。单击【File】—【Save As...】，将该 ROI 数据另存为"vegetation.xml"文件。

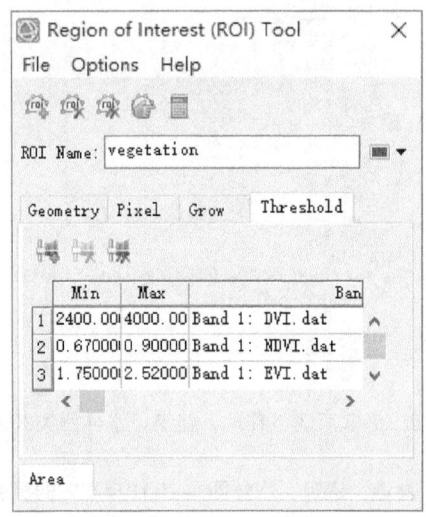

图 9-11 设置植被指数阈值

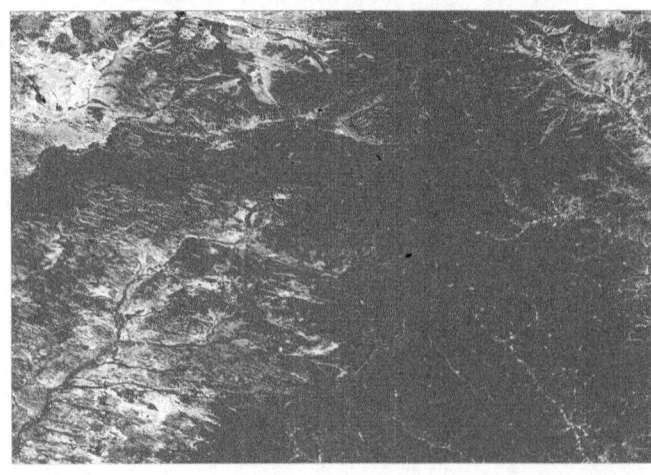

图 9-12 植被范围结果图

9.4.2 植被参数反演

1. 植被覆盖度反演

本节基于 NDVI 数据,利用像元二分法进行植被覆盖度的反演。

1)基于像元二分法的植被覆盖度反演原理

植被覆盖度(FVC)指植被(包括叶、茎、枝)在地面的垂直投影面积占单位面积的百分比。目前已发展了多种基于遥感数据估算植被覆盖度的方法,其中应用最广泛的是像元二分法,即利用 NDVI 植被指数近似估算植被覆盖度,计算公式为

$$\text{FVC} = \frac{\text{NDVI} - \text{NDVI}_{\text{soil}}}{\text{NDVI}_{\text{veg}} - \text{NDVI}_{\text{soil}}} \tag{9-2}$$

式中,$\text{NDVI}_{\text{soil}}$ 为完全为裸土或无任何植被覆盖区域的 NDVI 值;NDVI_{veg} 为完全被植被所覆盖区域的 NDVI 值,计算公式分别为

$$\text{NDVI}_{\text{soil}} = \frac{\text{FVC}_{\text{max}} \times \text{NDVI}_{\text{min}} - \text{FVC}_{\text{min}} \times \text{NDVI}_{\text{max}}}{\text{FVC}_{\text{max}} - \text{FVC}_{\text{min}}} \tag{9-3}$$

$$\text{NDVI}_{\text{veg}} = \frac{(1 - \text{FVC}_{\text{min}}) \times \text{NDVI}_{\text{max}} - (1 - \text{FVC}_{\text{max}}) \times \text{NDVI}_{\text{min}}}{\text{FVC}_{\text{max}} - \text{FVC}_{\text{min}}} \tag{9-4}$$

假设研究区域的 NDVI_{min} 为 0%,NDVI_{max} 为 100%,$\text{NDVI}_{\text{soil}}$ 将被简化为 NDVI_{min},NDVI_{veg} 将被简化为 NDVI_{max},同时式(9-2)将会简化为式(9-5):

$$\text{FVC} = \frac{\text{NDVI} - \text{NDVI}_{\text{min}}}{\text{NDVI}_{\text{max}} - \text{NDVI}_{\text{min}}} \tag{9-5}$$

在具体计算过程中,不同研究者对 NDVI_{min} 和 NDVI_{max} 的取值方式存在差别。有的研究者将 NDVI_{min} 和 NDVI_{max} 取为研究区所有像元 NDVI 值的最小值和最大值,如第 7 章土地退化监测中植被覆盖度的计算使用了该方法。也有的研究者为避免噪声的影响,将 NDVI_{min} 和 NDVI_{max} 分别设置为研究区内 NDVI 直方图的一定置信区间内的最小值和最大值。例如,本章案例中分别选择研究区内所有像元的 NDVI 值的第 5 个百分位数和第 95 个百分位数所对应的 NDVI 值作为 NDVI_{min} 和 NDVI_{max}。

2)植被覆盖度反演的操作流程

在 ENVI 中加载 9.4.1 节中计算得到的 NDVI 数据,并在 Layer Manager 中右击 NDVI 数据,选择【Quick Stats】,进行 NDVI 的统计计算。计算结束后,在 Statistics View 窗口中可以看到研究区 NDVI 的最大值、最小值等统计值,通过单击【Select Plot】可以切换窗口上半部分的视图,并查看 NDVI 的直方图。分别选择研究区内所有像元 NDVI 值的第 5 个百分位数和第 95 个百分位数所对应的 NDVI 的取值作为 NDVI_{min} 和 NDVI_{max}。通过浏览窗口下半部分的数值分布,找到 Acc Pct 对应的 5%和 95%内的 NDVI 值,这里分别为 0.438763 和 0.882387(图 9-13)。

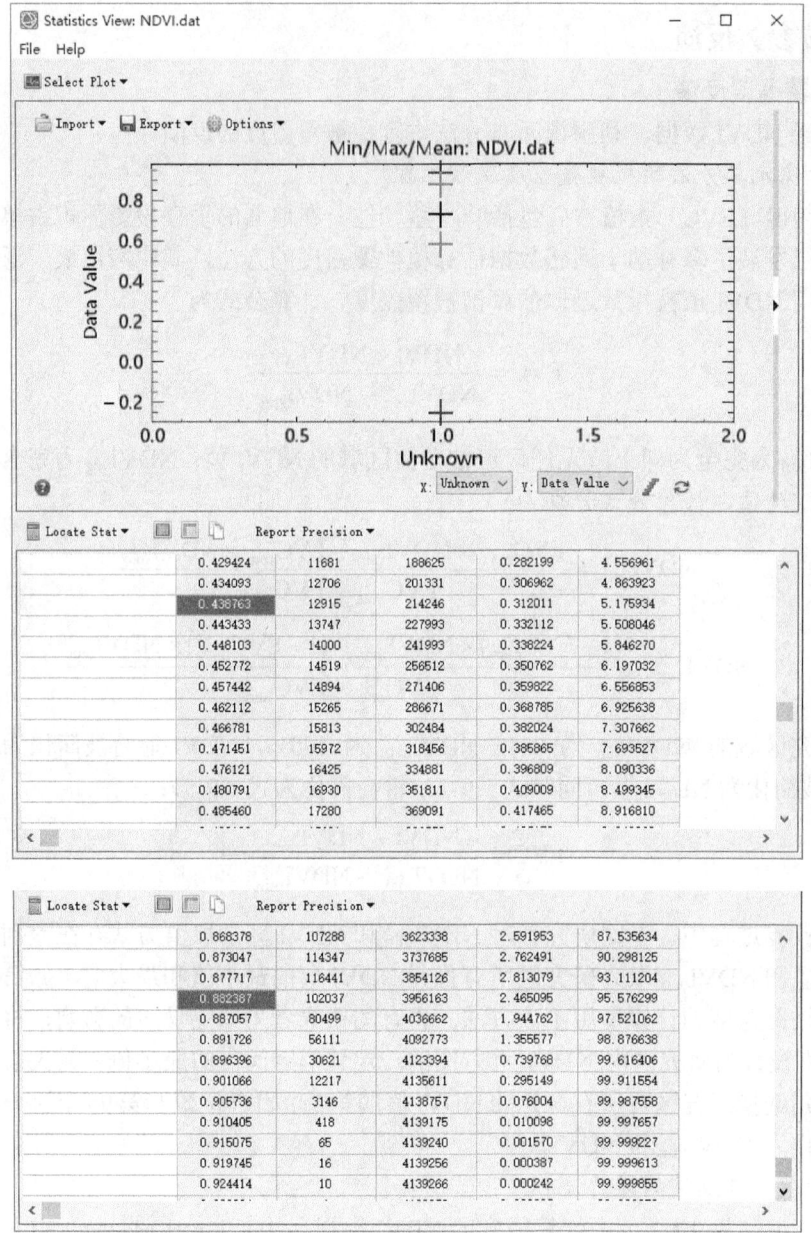

图 9-13 利用 Quick Stats 进行 NDVI 的统计计算

利用 Toolbox 中【Band Algebra】—【Band Math】工具进行植被覆盖度的计算。在 Band Math 对话框中，输入 FVC 计算公式"(b1–0.438763)/(0.882387–0.438763)"，并单击【Add to List】，再单击【OK】。选择 NDVI 数据作为"B1"，并选择输出路径为"...\OutputData\Chapter9\FVC.dat"，完成植被覆盖度的计算（图 9-14 和图 9-15）。

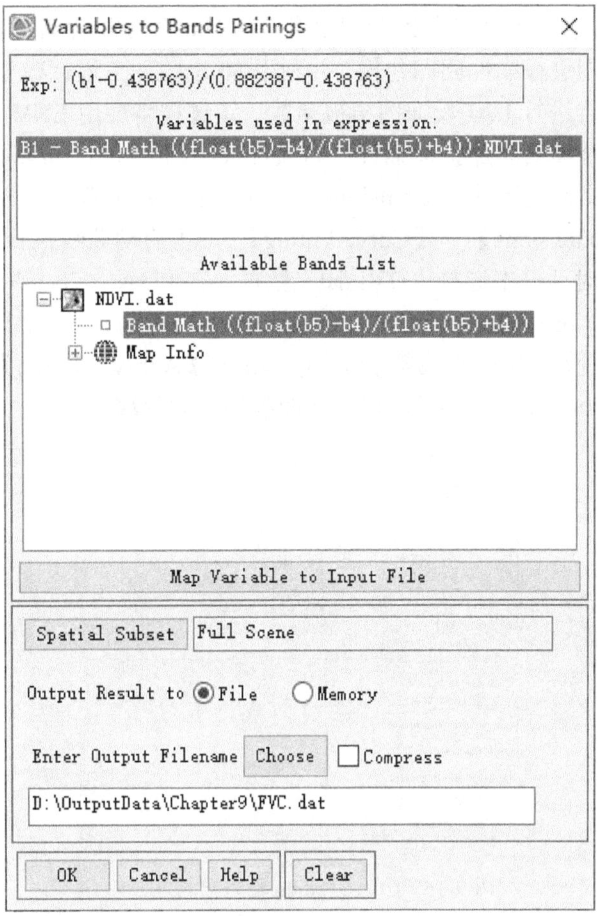

图 9-14　利用 Band Math 进行 FVC 的计算

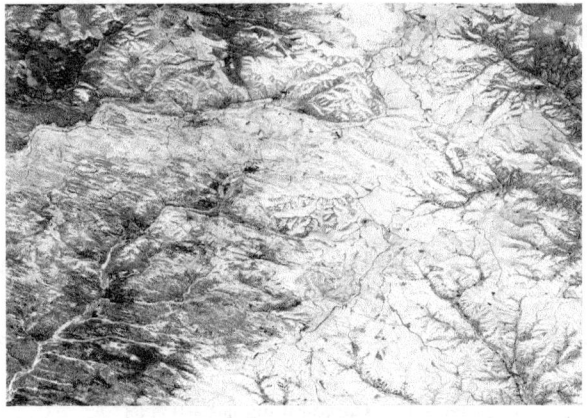

图 9-15　FVC 计算结果

2. 叶面积指数反演

叶面积指数（LAI）指单位土地面积上植物叶片总面积占土地面积的指数。遥感方法是大范围估算叶面积指数的有效途径，通常是将遥感指数（如植被指数 NDVI、EVI 等）与实测 LAI 数据建立统计模型。本节将分别利用研究区的 130 个 LAI 实测点和其对应位置的 DVI、NDVI 和 EVI 数据分别进行线性回归建模，并利用 50 个验证点进行模型精度的验证，根据模型验证结果选择最适合进行 LAI 反演的植被指数。该过程将使用 ENVI 扩展插件操作完成。

ENVI 中曲线拟合需要添加扩展插件，将文件夹中的"envi_curve_fitting.sav"文件复制并粘贴在 ENVI 安装文件夹下的"extensions"文件夹中，并重新启动 ENVI 程序。此时，在 Toolbox 中，单击【Extensions】—【Curve Fitting】，即可启动曲线拟合工具。

在 File Selection 对话框中选择"DVI.dat"数据，在 Please select the input text file 对话框中选择"SamplePoint_forpredict.txt"，参数设置如图 9-16 所示，单击【OK】，得到线性拟合结果。如图 9-17 所示，得到曲线拟合公式。单击【Apply to File】并选择输出路径为"...\OutputData\Chapter9\LAI_dvi.dat"，得到叶面积指数的反演结果图。

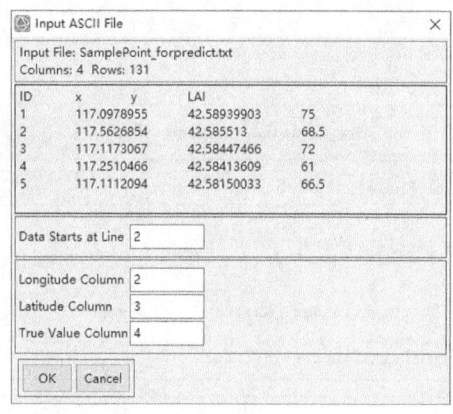

图 9-16　Curve Fitting 输入预测点文件

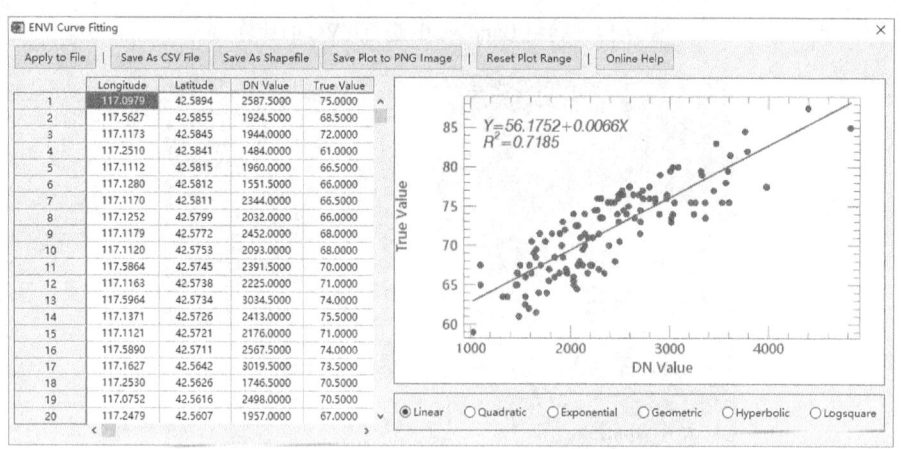

图 9-17　Curve Fitting 曲线拟合图

对于验证点数据，在 File Selection 对话框中选择"LAI_dvi.dat"数据，在 Please select the input text file 对话框中选择"SamplePoint_forverify.txt"，按照上述同样的操作，单击【Save As CSV File】获得验证点数据对应的 LAI 反演值，并存储为"...\OutputData\Chapter9\SamplePoint_forverify_DVI.csv"。

对于 NDVI 和 EVI 数据，进行同上操作，以获取 LAI 反演结果图和验证点数据所对应的 LAI 反演值，分别获得"LAI_ndvi.dat""SamplePoint_forverify_NDVI.csv""LAI_evi.dat""SamplePoint_forverify_EVI.csv"。

在 Excel 中打开.csv 文件进行拟合精度的验证，即计算验证点处 LAI 反演值与 LAI 实测值的平均绝对误差（Mean Absolute Error，MAE），计算公式如下：

$$\mathrm{MAE} = \frac{\mathrm{Abs}(\mathrm{LAI}_{\mathrm{Pre}\,1} - \mathrm{LAI}_1) + \mathrm{Abs}(\mathrm{LAI}_{\mathrm{Pre}\,2} - \mathrm{LAI}_2) + \cdots + \mathrm{Abs}(\mathrm{LAI}_{\mathrm{Pre}\,n} - \mathrm{LAI}_n)}{n} \quad (9\text{-}6)$$

式中，n 为验证点数目；$\mathrm{LAI}_{\mathrm{Pre}\,1}, \cdots, \mathrm{LAI}_{\mathrm{Pre}\,n}$ 为验证点处 LAI 反演值；$\mathrm{LAI}_1, \cdots, \mathrm{LAI}_n$ 为验证点处 LAI 实测值。通过比较计算所得三种植被指数拟合 LAI 的平均绝对误差，选择平均绝对误差最小的指数，作为用来进行 LAI 反演的植被指数。

9.4.3 植被长势监测

植被长势信息反映植被生长的状况和趋势，利用遥感数据进行植被长势监测便于实时了解植被生长状况、分布状况等，以植被指数、叶面积指数等为代表的植被遥感参数是公认的能够反映作物长势的遥感监测指标。

本节基于 2019~2020 年 MODIS 的 16 天合成的 500m 分辨率的 NDVI 数据进行植被长势分析。首先，对 NDVI 时间序列影像进行 Savitzky-Golay 滤波。然后，逐像元计算 2019 年和 2020 年各期 NDVI 值的累加值，比较两年间各像元 NDVI 累加值的差值以此分析各像元两年间的植被长势差异。进一步按植被类型，分别统计不同植被类型像元 2019 年和 2020 年逐期的 NDVI 值的平均值，得到两年不同植被类型的平均 NDVI 生长曲线。最后，对比分析各植被类型两年间的生长差异。具体过程如下。

（1）加载"MODIS"文件夹中 2020 年 23 幅 NDVI 数据，利用【Raster Management】—【Layer Stacking】工具，将 23 幅影像进行波段合成，构建一幅 23 个波段的时间序列影像。单击【Import File...】，加载所有的遥感影像，其他设置保持默认，并在【Enter Output Filename】处填写输出路径及文件名（图 9-18）。

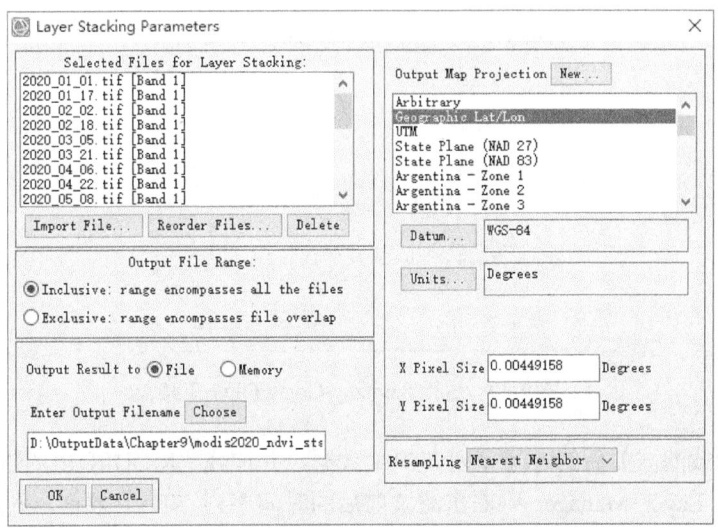

图 9-18　Layer Stacking 工具波段合成

（2）在 Layer Manager 中右键单击上一步生成的时间序列数据，单击【Profiles】—【Spectral】，在图像窗口中拖动视图中的方框，即可查看对应像元的植被生长曲线（图9-19）。受天气条件等的影响，植被生长曲线存在噪声值，因此，首先通过 Savitzky-Golay 滤波对生长曲线进行平滑和去噪处理。

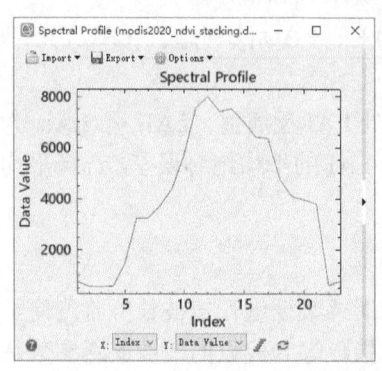
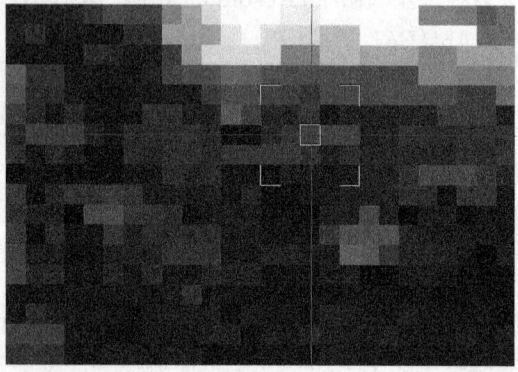

图 9-19　查看时间序列 NDVI 植被生长曲线

ENVI 中 Savitzky-Golay 滤波需要添加扩展插件，将文件夹中的"ENVI_Savitzky_Golay_Filter.sav"文件复制并粘贴在 ENVI 安装文件夹下的"extensions"文件夹中，将文件夹中的"ENVI Savitzky Golay Filter.task"文件复制并粘贴在 ENVI 安装文件夹下的"custom_code"文件夹中，并重新启动 ENVI 程序。此时，在 Toolbox 中，单击【Extensions】—【Savitzky-Golay Filter】，即可启动【Savitzky-Golay】滤波工具。

（3）在 Savitzky-Golay Filter 对话框中，将【Input Raster】设置为时间序列 NDVI 数据，其余参数保持默认即可，并在【Output Raster】处设置滤波后时间序列 NDVI 数据的输出路径（图9-20）。

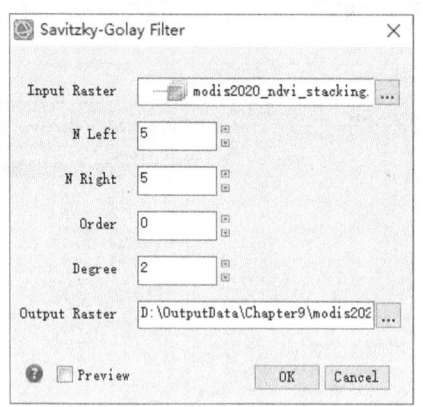

图 9-20　运行 Savitzky-Golay Filter 工具

（4）同时加载滤波前后的时间序列 NDVI 数据，并加载"MODIS_LUCC2020.tif"地表覆盖分类数据，在 Layer Manager 中右击滤波前后的时间序列 NDVI 数据，利用【Profiles】—【Spectral】工具，查看不同地表覆盖下的植被生长曲线，并观察和对比滤波前后植被生长曲线的区别（图9-21）。至此，获取了2020年各像元的NDVI时间序列数据，接下来按照相同的方式自行计算2019年各像元的NDVI时间序列数据。

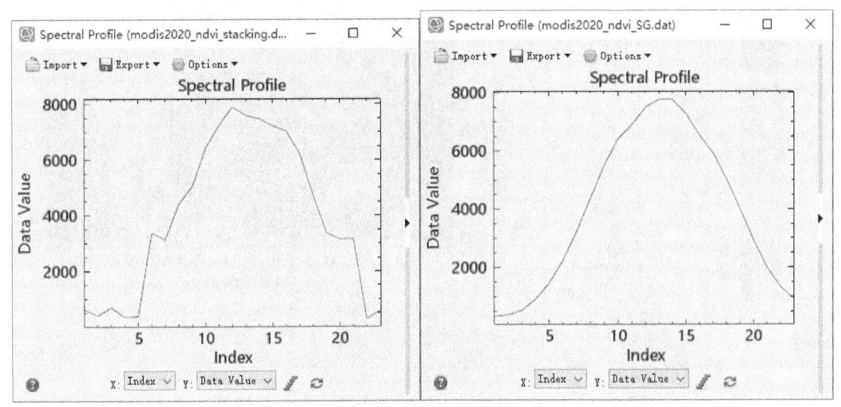

图9-21　查看滤波前后的时间序列NDVI植被生长曲线

（5）利用【Band Algebra】—【Band Math】计算各年NDVI时间序列的累积值。在Band Math对话框中输入表达式"（float(b1)+b2+b3+b4+b5+b6+b7+b8+b9+b10+b11+b12+b13+b14+b15+b16+b17+b18+b19+b20+b21+b22+b23）*0.0001"，单击【OK】。由于MODIS数据的像元值为NDVI值的10000倍，因此在公式中最后乘以0.0001。依次选择滤波后的2020年各期数据，分别对应b1~b23，设置输出路径。至此，完成2020年NDVI时间序列累积值的计算。按照同样的方式，计算2019年NDVI时间序列的累积值。

（6）计算2020年与2019年NDVI时间序列累积值的差值，在Band Math对话框中输入表达式"b2–b1"，并选择2020年NDVI累积值和2019年NDVI累积值分别对应"b2"和"b1"，完成差值计算。

（7）在Layer Manager中右键单击计算得到的差值数据，并选择【New Raster Color Slice】，在File Selection对话框中选中该数据，单击【OK】得到彩色分级数据（图9-22和图9-23）。通过观察数据直方图可以看出，数据大部分为负值，表明大部分像元2020年NDVI累积值低于2019年，即该区域2020年植被的生长状况明显比2019年差。

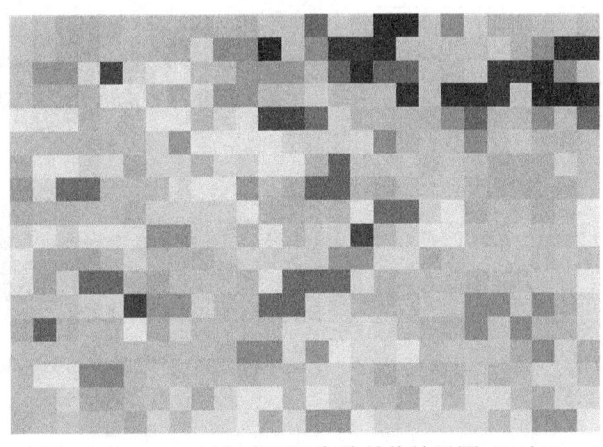

图9-22　NDVI时间序列累积值差值结果图（局部）

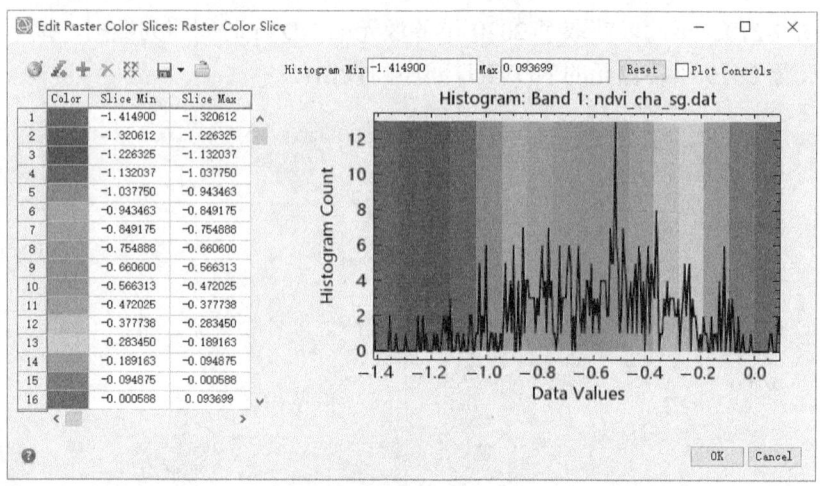

图 9-23　NDVI 时间序列累积值差值分级设色

（8）提取 2020 年草地类型的 NDVI 平均生长曲线。加载 2020 年滤波后 NDVI 时间序列数据和 2020 年 MODIS 地表覆盖产品。首先，在工具栏中单击 ，打开【Region of Interest（ROI）Tool】，单击 新建 ROI，并于【ROI Name】处命名为"Grass"，切换至【Threshold】选项卡，并单击 添加阈值规则，MODIS 地表覆盖产品中草地类型像元值为 10，因此在 File Selection 对话框中选择"MODIS_LUCC2020.tif"，在 Choose Threshold Parameters 窗口中设置【Min Value】为 10，【Max Value】为 10，单击【OK】，可以看到生成的草地类型的 ROI 数据（图 9-24 和图 9-25）。

在 Layer Manager 中右键单击【Regions of Interest】，选择【Statistics for All ROIs】，进行统计分析，如图 9-26 所示。上半部分窗口中以曲线的形式显示了 NDVI 值（×10000 系数）的最大值、均值、最小值。下半部分以表格的形式展示了以上统计信息。

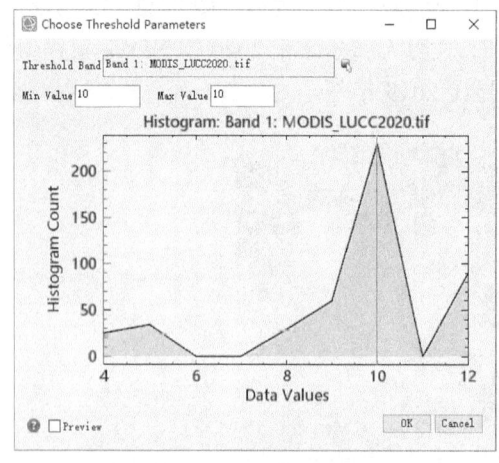

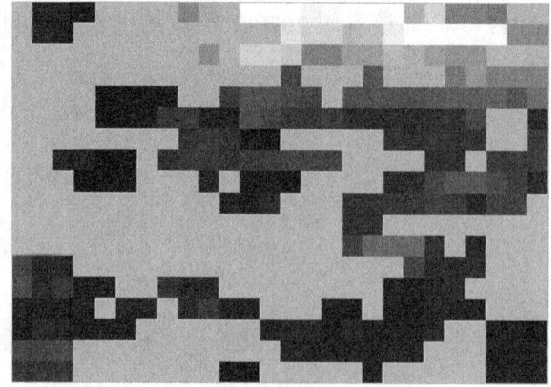

图 9-24　获取草地类型的阈值设置　　　　图 9-25　获取草地类型的 ROI 数据（局部）

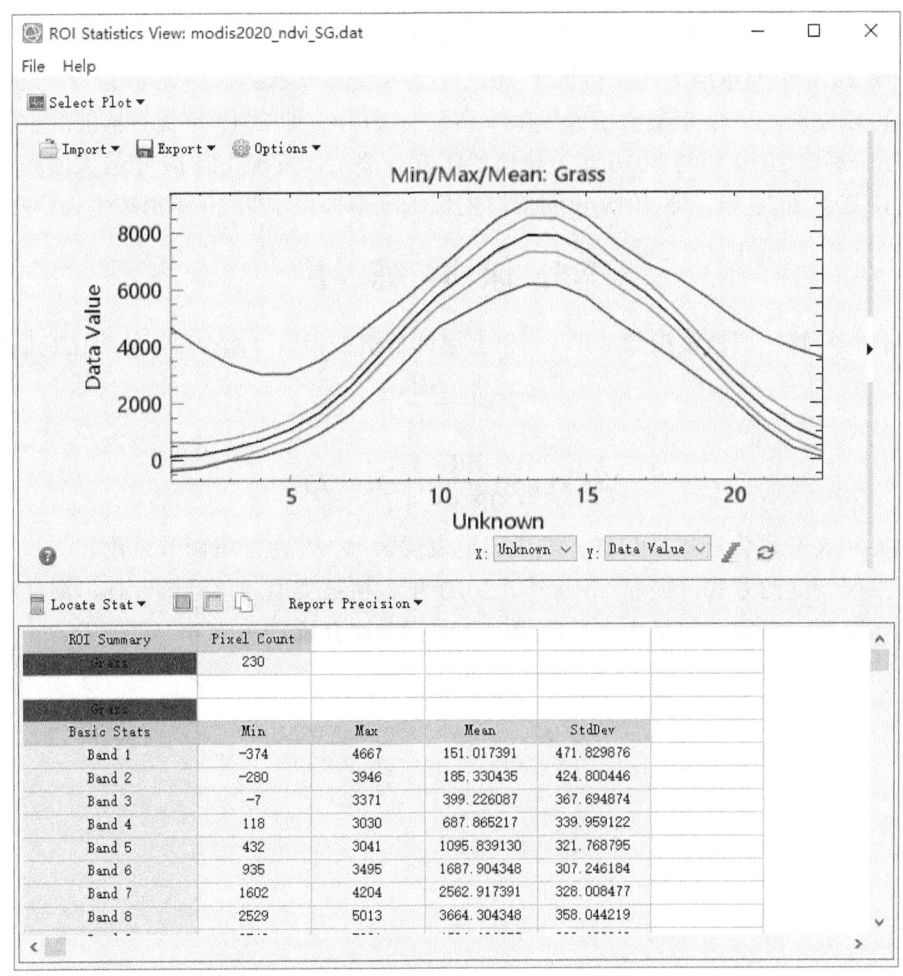

图 9-26 2020 年草地类型统计表

单击【Export】—【ASCII】，设置导出文本数据的路径与文件名。在文件夹用记事本等工具编辑该文本文件，去除文件头后，即可在 Excel 中打开该文本数据。同理，提取 2019 年草地类型的 NDVI 平均曲线，并与 2020 年草地类型的 NDVI 曲线进行对比。如图 9-27 所示，

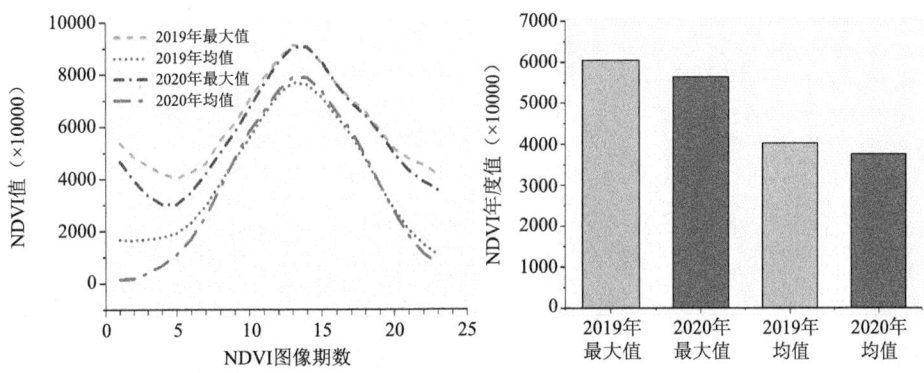

图 9-27 NDVI 统计结果图

对比 2019 年与 2020 年草地均值曲线可以发现第 9~19 期 2019 年 NDVI 均值小于 2020 年，即在此期间 2020 年的草地平均长势优于 2019 年的草地平均长势。对比 2019 年与 2020 年最大值曲线可以发现，2019 年最大值曲线基本高于 2020 年，即 2019 年优势植被的生长状况优于 2020 年。对比 2019 年与 2020 年统计值的年度均值可以发现，2019 年最大值和平均值的年度均值均高于 2020 年，即 2019 年的植被生长状况整体优于 2020 年植被生长状况。

9.5 课后练习

（1）自行计算比值植被指数（RVI）和土壤调节植被指数（SAVI），并对比它们的特性。

$$RVI = \frac{NIR}{R} \tag{9-7}$$

$$SAVI = \frac{NIR - R}{NIR + R + L}(1 + L) \tag{9-8}$$

式中，NIR 和 R 分别为近红外和红光波段的地表反射率；L 为土壤调节系数。

（2）按照相同的方式，提取 2019 年、2020 年各植被类型（落叶阔叶林、混交林、有林草地、稀树草原、农田）的平均生长曲线，并进行对比分析。